立意·省审·表现

建筑设计草图与手法

黄为隽

中国建筑工业出版社

序

人们一般所见到的建筑设计只是几张终结性的图纸，殊不知这些图纸却是从千回百折、呕心沥血的过程中演变而来。草图是过程的起始，在建筑设计整个推敲锤炼阶段中，它是最有效和最关键的手段，设计的基本格局由此而定。一项建筑设计的成败优劣，在草图中即可见分晓。

草图是集智慧、经验、手法、技巧于一体的重要表现形式。一张高水平的草图，哪怕是用笔寥寥，也可得到行家和有关人士的信赖和认可。在草图的不断揣摩和演进中，使方案趋向完美，这也是建筑师提高自身修养，增进智慧、经验、手法、技巧的一个过程。

建筑设计草图可以说是以最快的速度、最简单的工具、最省略的笔触将闪现于脑际的灵感具象的反映于图面。草图在不断琢磨、比较和变通过程中，又可能触发新的灵感火花，使构思向更高层次发展，变通所产生的诱发性效果又往往可使设计构思进入一个始料未及的新境界。但总前提是要勤于动笔，单凭思考是很难有如此收获的。另一方面，一种构思是否可行，也只有通过具象的快捷草图来检验，如此路不通，则随即另辟蹊径，或者对原构想去谬存真，不断修正而渐臻完善。

草图可将创作构想快速显示，以便尽快提供业主、主管部门及同行们研讨，及时得到信息的反馈，随即予以修正，及早得到有关方面的认可，从而可加快设计进程。

电脑的问世和普及，使设计手段开创了一个新局面，但电脑永远不能替代人的复杂思维。在构思创意和快速精达方面，草图的作用是电脑不可企及的。

作草图最简捷而又富有表现力的工具是铅笔。我在美国公司工作时，提供业主们研究定案的从概念性到终结性草图，他们要求我仅用炭笔、铅笔表达。有些快图仅限定一小时完成。作草图的基本功是速写，速写可培养高度的概括能力和把握形象的准确性，所谓洒脱、豪放、“帅气”就基于此种基本功。

以前曾见过黄为隽教授的个别作品，深感其功力足，修养深。此书更使我大开眼界，不论图或文，均可看出他才华横溢。本来，艺术之路无捷径，灵气只可能来自勤奋和悟性，黄教授正是具备了这种特点，他中学时代已打下绘画基础，从事专业学习以来，很快掌握了设计所需的表现手段，加上勤奋，自然就越用越熟、事半功倍和得心应手了。纵观古今中外，几乎所有成名的艺术大师都是在成千上万张习作中狂热地探索才能建立起自己的伟绩。

黄为隽教授治学严谨，功底深厚，他的作品不论是概念性的寥寥数笔或深刻细画皆形神兼备，严谨准确而不失生动，耐人寻味。从他的这本著作中，固然初学者可望获得匪浅的教益，即使是从事建筑设计和习画多年的行家，也可获得不少启迪和激励。

钟训正 1995年5月
于东南大学建筑系

新版前言

20年前，我应黑龙江科学技术出版社之邀编写了这本有关建筑设计草图的书，于1995年纳入该社策划的《当代中国名家建筑创作与表现丛书》中首版发行。此后十年间不断有读者和书店敦促重印，2006年版权期满，天津大学出版社即重新制版印刷，为了应急，当时我只作了少量的删减补充，此版至2011年10月共印制了三次。停印后，图书市场供应渐失。2013年底中国建筑工业出版社有意重新出版，希望我支持并增添些新的内容。我思索再三，也认为毕竟书中借以阐述技法的资料多来自20世纪90年代以前的设计，今天看来相对滞后。而近20年来我国的巨大发展，无论在物质条件、经济水平、技术能力，乃至人们的思维方式、审美情趣和价值观念等方面的变化，皆今非昔比。与时俱进的更新本应责无旁贷，但做起来却又很难。因为设计草图是在一定历史环境和具体要求下的应时之作，既不能修改，也不宜杜撰，何况我已退离职业岗位多年，更无新作可言。经与出版社商定，主体部分只能删繁去冗，略作调整、修改或补充，而侧重在书中的“国内外名家草图作品观摩”部分，增补了至今仍在一线指导创作，且身手不凡的程泰宁院士创作手稿，以及当今新生代的中青年建筑家崔愷院士和周恺大师的创作手稿，企望借助他们富有时代感的精彩手笔为这本旧作带来些新意。至此，书中已收集了四位院士（含此前已收入书中手稿的彭一刚、钟训正院士）和多位建筑名师、教授的手稿，感谢他们的支持弥补了本书写作的一些缺憾。同时也感谢章又新教授对修订再版提出的宝贵建议，感谢侯寰宇、张男等建筑师拨冗协助整理，使书稿得以顺利完成。

当今数字技术的迅猛发展，为设计工作带来了高智、高速的巨大能量，电脑的运用几乎占据了设计工作的全过程。它不只快捷，而且可以把有些手绘难以胜任的复杂空间构成和形态准确地表达和变成现实，显示了信息时代高科技发展的威力。人们离开手绘也完全可以做好设计，看来在电脑问世前视“手头工夫”为建筑师看家本领的说法未免过于绝对化了。建筑设计是门综合性的学问，就在当时也不只是画得好设计一定做得好，反之亦然，只是从整体上成才率有所高低而已。现今如果又走向另外一个极端，在我国逐步重视城市建设过程中追求艺术的高度负责精神和鼓励精品、力作之时，反而弱化对艺术思维和素质的培育，岂不与之相悖？对此，我联想起一些学界泰斗每逢谈到科技创新时，总要论及科学与艺术的关系，许多见解高识远度，对启迪我们从宏观角度思考有益于创新的行为对策至关重要。科学工作是从微观到宏观，从局部到整体探索事物本质与规律的严密逻辑思维过程，但其起始点往往含有浪漫的猜想成分。钱学森教授认为这种创新的思想火花却是由不同事物的大跨度宏观联想所激活的，而这正是艺术家的思维方法，即形象思维的特点。因为艺术的思维恰恰是从整体形象感受着眼，由宏观向微观步步深化探索的。科学工作者懂些艺术可以得益于艺术的灵性，创造耳目一新的认知方式。建筑学是科学与艺术关系最密切的学科，它既是工程技术，也是一种空间艺术，理所当然艺术思维不可或缺。除去对其他艺术的修养外，手绘草图这种锻炼和运用形象思维的手段是科学技术与艺术最直接的结合点。每项设计都是创作，能否创新则完全要看在初始立意时如何正确应对宏观环境？在分析、判断、比较后又怎样选定别具一格的模式和形态？而草图正是记录、比较和作出决策的有效构思手段，是能否出新的关键环节。

学习与应用有所不同，重在素质的培养，只有根基牢固方可施展能量于未来。有些在校生只热恋于电脑易于借鉴和快捷，认为用电脑完成作业有利于模糊成绩等次的差距，可以减少学习的压力，从而将需要日积月累、艰苦磨炼的手头功夫边缘化。但是一遇考研或谋职应试，智能型的电脑严禁进入考场时，就很被动。因为专业素质和原创能力还是要在出手高低上更易于鉴别。从表面上看似乎手绘草图只在设计初始的立意、应对考试，乃至作为主创人与合作者交流授意时，才有明显功效。实际在深层的潜在功能上它的审美素养和形象思维的灵性却贯穿于创作的始终。所以不宜绝对化地将运用电脑与手头功夫分为各司其职或此长彼消的创作手段，倒是应当把二者的特点结合起来相辅相成，以达到更高的创作境界。审美素质的修炼也不是一劳永逸的，随着时代的发展，人们的审美情趣和价值观念也在变化，只要牢记“不进则退”的道理，与日俱新，才能顺应时代的变革而不失创作的灵性。

黄为隽

于天津大学

2014年3月10日

目　录

序

新版前言

建筑设计草图——创作的立意 · 省审 · 表现 ······ 1

一、建筑草图与建筑创作 ······ 2

二、在建筑创作全过程中草图的运作功能与特征 ······ 3

三、绘制设计草图的三要素 ······ 4

四、我画铅笔建筑草图的经验 ······ 6

铅笔草图与设计手法画例 ······ 25

国内外名家草图作品观摩 ······ 127

后记 ······ 204

建筑设计草图——创作的立意·省审·表现

在人类文明高度发达的今天，建筑设计已成为一项艰辛、繁杂而多样的集合性创作劳动。作为工程设计，它是建筑师汇同各相关专业工程师、经济师乃至业主协调一致综合解决问题的过程；作为环境设计，它又是建筑师考虑微观与宏观环境如何有机结合的探求；作为科学性与艺术性综合于一体的设计，它还是将逻辑与形象思维交织在一起进行思考的创作活动。建筑设计的复杂性和实现它所需耗费的巨力雄资，使其有别于其他可以在完成后去鉴赏的纯艺术创作，而特别需要在它的设计前期即得到创作者的预知和业主与主管者的认可。设计的形象构成、多方参与和需要阶段性预审等特点，使建筑师自始至终都需要运筹帷幄，统观全局，并利用图式语言来表达创意，交流信息，取得多方面的认可，达到创作的圆满成功。因而设计图是建筑师的专业语言，设计草图则是建筑师在设计进程中不断探求完善所表达构思意图的语言。这就使图式语言的表达成为建筑师必备的一项基本功。

我从来认为建筑是“做”出来的，而不是“说”出来的。形象设计难以靠“说”来认同，多样陈杂的矛盾交叉更难靠“说”来发现和解决，只说不做那是评论家的事，而不是建筑师的主要功夫。有一句建筑师们的通用语言叫作“画画看”，指的就是创作过程中彼此唯一认可的鉴别手段——图式语言的表达。

图式语言的训练要靠科学分析的头脑、清楚的空间概念和建筑绘画的能力以及与其相关的艺术修养等作基础，所以我国高等学校建筑学与规划专业的入学条件就是：既要有理工科应具备的数理化水准，又要有绘画的基本能力。

回忆20世纪50年代初，国家百废待兴，在青年学子中掀起了一股以学工来报效祖国的热潮，当时我也不甘落后，可又不愿放弃对绘画的爱好，才毅然跨进了建筑学这个亦工亦艺的门槛，开始了建筑设计的生涯。中学时代打下的绘画基础，使我较快地掌握和习惯于运用徒手草图构思的手段，而且越用越熟，事半功倍。现在回想，像我这样灵气不大的人掌握一种做设计的手段，确实比不掌握为好，起码运用它可以笨鸟先飞，抵消一部分由于缺乏天资的负面影响。所以从大学时的专业学习，到毕业后从事设计工作，以至如今从教，始终深受其益。据我所知，在我国从老一辈的宗师到新一代的著名建筑师中，相当多的人都是因为爱画画而走上建筑师的道路。他们早在学生时代就已崭露头角了，后来有的还成为公认的画师。当今在校就读的学生中，才华横溢者，也多在运用草图构思中显露出来。可见绘画与建筑创作之间的必然联系已成为规律。

然而，在我国庞大的建筑师队伍中，并不都有此共识。有相当多的人，尤其是未经过科班训练者，还不太习惯运用草图这样的手段去创作，自然也尝不到它的甜头。现今不少人从设计伊始就离不开三角板、丁字尺，甚至全然没有设计过程中由粗到精，反复比较，不断修改完善的推敲功夫。很难想象，一件不费功夫的产品能成为精品。也很难想象不经过反复锤炼和严格设计手段的训练能够尽快提高建筑师的总体素质。虽说，不会画草图也能设计出好的作品，但我却相信，如果建筑师善于运用草图构思，作品定然会比现在更好。

近年来，智能型工具——电脑已进入设计领域，这对于提高设计效率与设计水平无疑是革命性的促动，但如果以为它是弥补草图构思弱势的灵丹妙药，那将是极大的误解。我确见过几位对电脑掌握颇为熟练的年轻人，由于平日设计不算精到，利用电脑做出的方案和绘成的图却不如那些手头功夫较强者的作品出色。这倒应验了20世纪60～70年代人们都熟悉的一句话“人的因素第一”。人的修养不到，操作机器也将枉然。

草图以形达意，是建筑师创作的手段而非目的，建筑师在通过它来完善自己设计意图的同时，常年反复地运作，也促进了自身审美修养与设计手法的提高，二者相辅相成，作用不可小视。

一、建筑草图与建筑创作

“建筑草图是表述设计构思的建筑语言”；

“建筑画（草图）是及时记录在演变转化过程中不断出现的思维形象，并得以进行分析比较的手段”；

“建筑创作过程中要靠大量草图抓住‘感觉’，调整尺度，萌发创意，深化创作”；

“精到质高的建筑草图训练本来就是建筑师的看家本领”；

……

以上诸多名家的经验之谈，概括了草图与创作间的直接关系。

建筑创作是一个由无到有的过程（照抄照搬者例外）。建筑的复杂性，环境的制约性以及创意的探索性，使其不可能一蹴而就。创作初始，多样并发的灵感闪念，尤其需要迅速地一一捕捉、记录，然后从比较中取舍；陈杂苛刻的要求与限制也需要连同形态条分缕析，作出抉择。创作中间，形象的构成、创意的探求、综合矛盾的协调，又无不在一个“探”字上下功夫，即要从反反复复的试作中求得比较理想的答案。创作接近终结，还要在细节上推敲，尺度上调整，形态上完善。这一个个程序都不是用文字陈述所能奏效的，正如描述一个人的相貌容易，而画像一个人却非易事。形象的东西，还要用形象来解决，这就是做好设计不可缺少用草图进行形象思维的原因。除此之外在创作之中征询各方意见，评议创意优劣，也都需要以形象说明意图，决非以言代物（象）所能达到的。

迄今为止，众所熟知的国内外名家大师，几乎无一不是在草图构思上下功夫的，他们的传世精品背后都有无数草图作铺垫，是心血和汗水的结晶筑成了他们成功之路。我曾粗略地翻阅过由勒·柯布西耶档案馆总编，巴黎勒·柯布西耶基金会荣誉出版的长达32卷的柯布西耶创作手稿，其中仅朗香教堂设计就收集有241页，细部构思占其中一半。在这500幅左右的草图中，既有寥寥数笔的初始手稿，又有用仪器反复校正，画成可以互相比较的精确草图；有宏观整体的形象，也有微观细部的构思。平面的转合处理，立视各面的变化，层层俱到，一丝不苟，充分反映了作者对于创作的严肃态度和对于理想化的执着追求。弗兰克·劳埃德·赖特也是一位草图的多产者，甚至同一作品的手稿也有多幅，但仔细品来却又不尽相同，可见作者为塑造一个形象，不知画了多少草图进行反复的推敲。赖特是一位对创作极其严肃认真的大师，他的草图笔笔落在实处，几乎每个细节都交代得清清楚楚，因而建成的作品细部也是那样的丰富而精到。赖特认为，一般照片不能表达他的创作，只有草图才能说明他的创作。我想，这一方面是因为照片必须反映在创作实施之后，不如草图可以先知先觉；另一方面照片亦不如草图既可宏观，亦可在细微之处见精神。他画的草图极富画境，无论是构图、色彩、用笔及表现都精彩得无懈可击，堪称一帧帧精美的艺术品。

设计草图虽说是创作的手段，但作为建筑画的一种形式，也反映着作者艺术修养的高低，可以从一招一式中见功底。草图既反映作者创作思维与处理手法结合的能力，又体现着作者的表达能力，所以对初学者来说，要提高悟性和表现水平，多想多画是必由之路，轻视草图的训练，等于放弃了自我提高的机会。

设计草图既然是设计思维的反映，必然展现创作者的建筑观。从本书收集诸多名家大师的作品中，不难看出建筑师作品的风格与个性，都淋漓尽致地表现在他们各自创作手稿的画风中。如密斯“严格的简化”、赖特的“有机论”、盖里的“解构”、高松伸的“高技”以及汪国瑜的“中国风”等，无一不在各自的笔尖上述说出自己的主张。建筑创作为每一个参与者提供了成功的机会，而获胜者往往是那些积极求索的人。设计从立意、构思到表达都集中在草图探索的过程中，如果不是时间的约制，这种追求理想化的探索将是无止境的。设计者也将在每一次的求索过程中，逐步提高自己的素养，循环往复直至成功的境地。

二、在建筑创作全过程中草图的运作功能与特征

对于草图的概念，至今仍存在有不同的误解。例如：有人只把那种放荡不羁，由乱线组成模糊形象者视为真正的草图；也有人认为只有教学中形象朦胧不定的意向性草图，才真正具有草图的味儿。前者是因为分不清草图的阶段性而产生的误解；后者则往往是忽略了教育重在启蒙的职业性特点而产生的偏见。对于建筑创作来说，由初始到终结的每一个阶段都是由不确定到确定、由不完善到相对完善的过程，创作每深化一步，都要由设计者自审、自律、自识来完成，直至创作的终结。因此创作过程中一切研究性的图，包括那些需要比较择定和最后审视的阶段性的表现图，都应划入草图之列。其形式必然简繁皆有，粗细并存，客观反映着深化的进程。既不可能要求在创作之始画成落实到细节的草图，也不允许在几近终结仍然停留在概念化的水平，不同的设计阶段，必须有不同的深度要求。

1.初始性草图

创作伊始，思绪万千，形象朦胧，捉摸未定，创作者脑中闪念的立意只有通过草图将多种思路跃然于纸上，从反复比较权衡之中得以选定。同时在反反复复的构想中，不断诱发灵感，悟出形象，使思维升华，萌生创意。所以有的建筑师称“草图是灵感的催化剂”是不无道理的。初始性草图主要反映着创作的立意构思，其表现为朦胧的意象性，粗犷而不具体，强调轮廓性的概念，不求精确的表达，因而也称作概念草图。这种草图只需掌握相对的比例关系，寥寥几笔即可统帅以后的创作趋势，常常是建筑师随时捕捉思维灵感闪现的记录。据齐康、彭一刚院士和陈世民大师介绍，他们许多重要创作的初始构思就是萌生于劳顿的旅途之中，并在随身的纸片上记录下来。本书所收集的盖里的“巴黎美国中心”、埃森曼的“韦克斯那视觉艺术中心”、黑川纪章的“熊本市立博物馆”（147页）、贝聿铭以及贝聿铭事务所作的“达拉斯音乐厅”及“市政厅”、赖特的“诺曼小教堂”和“考夫曼旅客之家”（139、133页）等都是这类草图的范例。

2.中间性草图

随着创作的深化，大局虽握，具象尚待推敲、酌定，草图的作用在于从选定的路子中对方案进行具体化的构思，并在探索比较之中进行创作自检，以便不断修改，步步深化。中间性草图跨越

的幅度最大，花费的时间最长，其特点是从反复构思、多案比较中省审以臻成熟，故亦称为构思草图。其表现形象具体，比例准确，有概括性的环境作衬，能够反映实效。由于它处在方案由不成熟到成熟之间，故繁简、粗细等表现程度也不尽相同。本书收集的大部分草图皆可属之。

3.终结性草图

随着创作方案的成熟，设计需要进一步完善，草图着意在比例尺度的准确推敲与细部手法的刻画。其构思往往集中在酌定不同细部方案的弃取。草图表达了方案设计的最终效果，它既可是完善的建筑画，又可是提供实施性设计的蓝本。它所表达的准确形象与比例，应能成为下一阶段工程设计的指导。终结草图的特征在于表现，图面形象应准确，并以适当的配景渲染烘托出设计的环境氛围，如赫尔蒙特·扬的“纽约哥伦布十号环形广场”（173页）和伊利尔·沙里宁的“克兰布鲁克男生学校”（172页）等都是刻画极为细致而逼真的终结性表现图。

4.实施性草图

在方案确定之后，进行工程设计的全过程中，设计者仍须通过构思比较，核定每一个实施细则的造型效果与构造方案，作为提供绘制工程图的依据。这类草图尺寸应当是准确的，材料与做法需要交代得十分清楚。作为形象设计，图形比例也应正确。尤其在室内设计中，设计者需要画制大量的这类构思草图，直至设计终结。

建筑设计无一不是经过这样一个构思的全过程，只是由于任务的繁简和规模大小不同，周期或长或短而已。单凭一张概念性草图是不可能做成精品的。贝聿铭在他信手勾成的华盛顿美国国家美术馆东馆的概念草图之后，不知还有多少张构思草图来为之深化（尽管后者可能不是由他自己来完成）；我们经常看到赖特所作几近终结的草图，可有谁知道在此之前，这位大师曾进行过多少初始的构想？世上恐怕极少有“得来全不费功夫”的硕果，精心设计来自于不懈地追求，在科学与艺术上均无捷径可走。

草图除为设计自检之外，尚以其快捷的特点，在设计的中间阶段用以协调综合考虑中的各项矛盾，征询业主、主管部门或同行专家的意见，使得信息迅速反馈回设计中来，以求得主观与客观的一致。同时一张准确完美的透视草图，稍经校正不仅可以作为建筑渲染图的依据，而且通过复印、放大（黑白或彩色或稍加着色）即可成为一幅表现图，其快捷效应往往是其他手段所不可比拟的。汪国瑜教授告诉我，他在现场设计黄山云谷山庄宾馆时，常常利用晚上的两三个小时，将预想的构思腹稿画成草图（154页），供第二天早晨各方审查定夺。这种预想与快捷的并存，也是它的主要优势。

现在国外建筑师常常将正式渲染图拿到专业绘图公司去做，以腾出更多时间来完善草图构思。前者由于商品化难免带有几分匠气；后者是建筑师的功力表现，更多几分帅气。如同画家的创作手稿，其艺术价值更为有识者所共赏。许多世界著名大师草图的表现技巧与他们精湛的建筑作品一样匠心独运，已被公认为闻名遐迩的稀世珍品。

三、绘制设计草图的三要素

设计草图既是创作的立意、省审与表现之所需，就不能存在任意性。建筑师所追求的是预想中的真实，一切违背真实性原则的草图不只是徒劳无功，更是自欺欺人，这就从客观上界定了评价草图高下的标准。20世纪50年代初修建北京苏联展览馆（现北京展览馆）时，设计者苏联建筑师安德烈耶夫徒手所画的一些室内设计草图，与建成的实景极相吻合，令许多人观之叹服，从而赢得了人们对这位建筑师的信赖。从本书所收集的马里奥·博塔的众多手稿与其建成实景相对照的一致性中，可以看到一代著名大师所追求的真实性原则。

设计草图要达到真实必须同时具备准确性、生动性、概括性这三项要素。

1.准确性

准确的形象（包括准确的尺度与比例）、准确的光影关系、准确的透视概念乃是达到真实效果的根本。如为人画像，多一分则肥，少一分则瘦，失之准确，必判若两人。对于建筑设计草图也是同样，其准确含义，更不止于建筑本身，还须包含着环境和人的行为要素，前者是自我审省所必需的，后者则包容着表现性的意义。在草图进展的各个阶段，对于准确的理解也有所不同：初始草图，只把握概念性或布局上的准确；进入深化的构思草图，则应在总体形象的比例与尺度上基本准确，防止任何虚假与夸张；终结阶段的表现性草图，则应从总体到细部一丝不苟地将设计意图全面、清楚地展现出来，并以尺度恰当的配景与人的行为描述出设计所处的环境与自身的性格特征。

2.生动性

“观画入境”，即画面描述与实际境界相吻合，也是体现真实性的原则，做到者可使图面生气盎然。欲入境必恰当地渲染氛围，使观者得知设计主题的应时、应地、应用的特征，而非千人一面，千地一景。有效的环境烘托，才能突出建筑的性格特征，才有鲜明主题的效应。生动性包括对于设计形象刻画的设计构思和对于草图表现的操作技法，前者不但需要思路敏捷，而且心中记录有多种灵活多变的处理手法；后者要求绘画技巧娴熟，笔下生辉，达到栩栩如生的效果。例如，汪国瑜所作黄山云谷山庄草图，借鉴传统山水画技法对形、对景皆予准确而传神的刻画，使“人作”与“天成”合一，生动地再现了建筑及其所在的黄山佳境（157页）。张文忠所画的两幅室内手稿（162、163页），以流星般的运笔将餐厅的内景准确鲜活地勾画出来。设计草图就是要求具备在准确原则下的生动。

3.概括性

删繁去冗，运笔流畅，才能达到草图的快捷效应。在设计过程中，建筑师脑中思绪万千，新异的构思常常萌生于冥思苦想中的一闪念，这就需要有熟练的技巧和概括性的表达来迅速记录这些瞬间意念的形象。同时，在繁杂的设计过程中，往往要画出数以百计的草图，如果不加取舍，不分主次、巨细，一律均等对待，不仅难得快，而且也难以显出设计的精神所在，达到感染人的效果。中国传统画中所忌三病之一是“板”，即指取舍不当而言。故抓住关键，重染精绘；放松一般，轻描淡写是概括性的重要原则。从本书所收集陈世民大师的几幅创作手稿中，可见寥寥数笔之功，使形韵全在其中，它不只是概括性极强的例作，与建成作品相对照，还包含着令人信服的预见的准确性（188、189页）。所以概括能力的强弱，在于设计者的功力与修养，这与平日苦练绘画基本功有着不可分割的关系，切不可等闲视之。

上述三点要素，并非人人都已理解、都能做到，这里边有技法因素，也有认识的问题。技法问题，勤学苦练终可达到；认识问题，则须及早纠正，以免误入歧途而失去草图构思的真实意义。针对目前许多画草图中显露出的弊病，我以为尤其应当注意以下之讳忌。

（1）为“草”而草，为帅而“帅”。中国画历来忌“俗、匠、火、草、闺阁、蹴黑”六气，其中“草”气与“蹴黑”气即指粗率而不文雅与无知妄作而言。当今在建筑设计中，初学者也常误将草图视作草率之图，故而以“草”为“帅”，故意在图上画出许多无中生有的乱线或故意含混不清，不求形象的准确与深入的表达。形成这种游戏性的草图，常常源生于“只见树木，不见森林”的认识偏颇，看到某些大师的初始概念图就误认是一切设计过程草图的典范，更有甚者认此为“大师风度”，既可不费力，又能显水平，这种“无知妄作”是对草图功能之谬解。草图乃针对完图而言，无论采取什么方式（徒手或仪器表达），运用什么画种，它都是一定设计阶段中尽可能完美地表达设计者意图的语言，并借之起到自检与自审的作用。表达得越完美，说明设计越深化，反之则“粗率”、“浅薄”。草图的职能，不在哗众取宠和自诩，却在于为创作服务。画得帅，固然令人鼓舞，但需功力到家自然水到渠成，非故弄玄虚所能成效。徒手草图虽不要求横平竖直，但也不可将绘画中变形趣味带到建筑草图表现中来，使形象歪歪扭扭，有损于作为工程设计的科学技术性准则，初学者应尤以为戒。

（2）朦胧混沌、不求落实。教学

中教师指导学生学做设计，常常故意以朦胧不定的形象作启示，使学生能独立思考，大胆发挥，然后再从过头的超越中拉回来，美国著名建筑师凯恩称此为“欲擒故纵”，认为这是启发“创造性语言来进行表达的诀窍”。但有时出于教学需要也要在后期帮助学生深入完善，用深化的表现做出示范。如果，误将前期含混不定的草图当作风范，追求混沌而朦胧的效果，不愿在笔笔落实上下功夫，这就失去了草图对设计的促进作用。初学者在学画草图时应当懂得对不同创作阶段要求所应采取不同的手段与侧重的方式，切不可无目的地去追求某种画风的意趣。

（3）准确的建筑，失真的配景与光影。在多年的教学实践中，往往有这种情况，初学者在作草图时，画建筑非常认真，画配景或为建筑施加光影却疏忽大意，常常出现比例、尺度不准，透视谬误，氛围不当等弊病。例如：有的草图因树木、人物过大，使建筑的尺度相对显小；有的透视建筑画得虽好，但因配景（人物、汽车等）所取的视高与建筑不一，感觉失真；有的建筑朝北，却当作向阳而施加光影，与建成后效果适得其反；还有的设计身居闹市却陪衬以茂密树林作衬景，丧失了地域特征……这些均可因小误而失了大意，有损了整体效果的表现。尤有甚者以树木配景等有意遮盖设计处理的薄弱处，更是不求设计问题真解的自欺作法。相比之下，建筑大师赖特的求实精神却值得我们钦佩，他从不在自己绘制的草图上虚构，他所表达的树木都是构想栽植或客观存在的实在物，这种严肃的创作态度，也正是草图表达真实性所必需的。

（4）刻意求全，谨小慎微。一般来说，草图之作用在于求得作者思路的纵情发挥，初始的放任不羁，随着设计的深化，逐渐归顺，步步收紧，只此才能不拘一格，具有创作性的施展。如果创作伊始即求笔笔落准，线线靠实，必限制思路的扩展，草图亦缺灵气。画草图如同言情，要畅开胸怀，虽要细心，还须大胆。图面可统观全局，也可局部构思，除终结性表现外，无须注重图画之完美。现今有些发表的草图，连同建筑形象一起把立意、构思、借鉴的源流全用图文表现在一张纸上，如同“宣言”一锤定音，看来似乎省去了作者创作过程的笔墨功夫，实则违反了创作构思由曈昽而弥鲜的发展规律，如误将这种事后拼凑成章的草图当成典范模仿，势必束缚自己的手脚。画草图务必要不吝纸墨，想到笔来，以充分表露想象力为终止，即可得心应手了。

四、我画铅笔建筑草图的经验

画草图，每个人都有自己的喜爱、习惯和擅长的表现方式，因而也各自形成不同的定见。正是这种千姿百态的定见，汇成了草图的大千世界。例如在画种上，有人擅长运用钢笔，有人擅用铅笔或炭笔、马克笔、毡头笔；有人喜于素描，有人则善于彩绘，甚至将几种画混合使用，如铅笔或钢笔淡彩、炭笔粉彩等，但都离不开以快捷的效应为选择之前提。在表现方式上，也有粗粗细细之别。中国画讲“虽粗而不乱，虽工而不软弱”，即指形式不同但可异曲同工。为达到创作成功的最终目的，尽可“不择手段”，不拘一格，不必拘泥于某种局限的约制。

我曾从事工程实践多年，职业的习惯养成多于求实而少于洒脱的画风，从教以后虽为启迪之教学需要所替代，但旧风难变，好在当今教育与实际创作结合日趋紧密，倒也不成负面影响，但谈及掌握草图要领终是见地浅薄，只能作无理论的经验之谈。

1.注重全方位的基本功能锻炼

画草图，虽说简单到一纸一笔，却笔笔重千金，落笔之中包含着长期的基本功训练：如素描及速写的练习，透视规律的掌握，光影观念的建立，以及日益积累的对自然界物象的观察与把握等。对初学者来说，当然不能等待练好基本功再画，而是要在画时，时时思考着这些基本功力的要求，使画草图与练基本功二者齐头并进，相辅相成。一个基本功较深的建筑师总是胸有成竹的，画起草图也得心应手。

练习画草图可以从两方面着手：一是描图，二是速写与写生。描图既可练

图1-1 ● 用拷贝纸描渲染图——练习勾线与光影处理。

习对于建筑形态的把握，光影关系的处理与黑白灰色调的搭配，同时也可以积累资料，熟记各种手法的运用，不仅练习了手头功夫，也提高了建筑设计的素养。描画的对象可以选择自己喜爱的建筑图或照片。图1－1～图1－7就是我在大学三年级以前用铅笔在拷贝纸上描画《**COLOUR**》上的图和杂志中的照片。那时比较勤奋的学生都描有厚厚的一本或数本图，从中受益匪浅，有的学生因此而成为班上设计与画图的佼佼者。然而复印机出现后，学生以逸待劳，减少描图这项基本功的练习，随之手头工夫也明显下降，对于这种现象是不可掉以轻心的。画速写，采用线描法可以练习勾线的准确和形象的概括能力（图1－8、图1－9），采用渲染法则有利于对光影的把握（图1－10、图1－11），有时做些细致的写生，更可以练习对建筑质感与肌理的表现（图1－12）。透视观念与对自然物象理解也会在摹写客观实体的过程中逐步建立起来。

2.紧紧把握各创作阶段的表达要领

画草图须有明确的目的，宜根据解决问题的不同而有所侧重。在设计的初始立意阶段，要注重整体“框架”的建立，架子搭得不好，即使细节考虑周全也将枉费心机。此时草图应在大局的思考与表达上下功夫，图面尽管反复描改，也要有明确的意向，如图1－13。设计深化阶段，则注重设计空间的内外结构与建筑各部位相关性的表达，并留有

图1-2

● 用拷贝纸描照片练习勾线与把握黑白灰色调的关系。

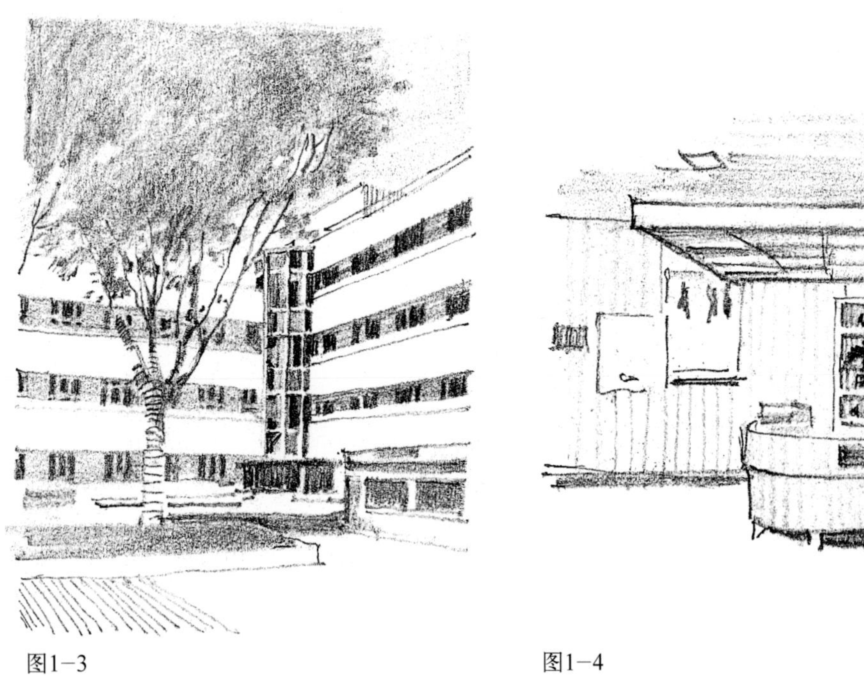

图1-3

图1-4

图1—5

图1—6

图1—7

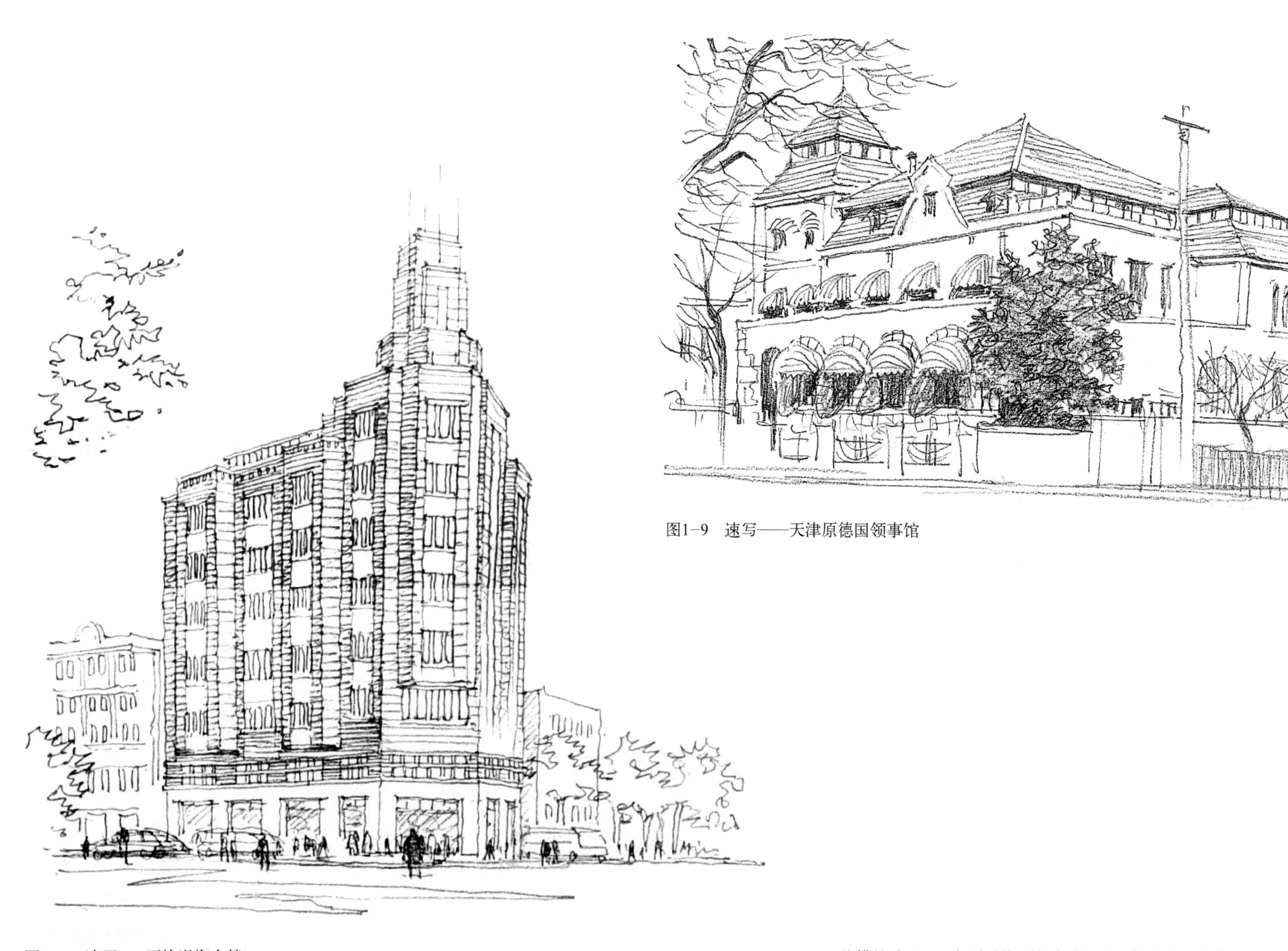

图1-9　速写——天津原德国领事馆

图1-8　速写——天津渤海大楼

● 线描法速写——有利于练习准确地勾线和提高对形象的概括能力。

图1–10　速写——原天津英文学校

● 渲染法速写——有利于掌握光影的正确处理和建筑与衬景的黑白灰色调关系。

图–11　速写——原天津西站

推敲比较之余地。用笔可粗细相间，不必做细致加工，也不求图面完整，如图1–14。设计终结阶段，构思成熟，应着重表现方案的成果，由巨到细用笔宜准确，画时应三思而后行，务使图面构图完整，含有画意。作图可分次完成（图1–15）。

①先草拟，注重大关系与比例，并使细部落位，图勿求净，可反复捉摸直至准确为止；

②覆盖拷贝纸，将肯定的线用仪器校正水平与垂直；

③再覆盖拷贝纸，将校正的轮廓徒手一气描成完稿，亦可施之光影与配景。

以上虽经3次作业，一般稍复杂的单体透视亦可在2小时左右完成。大片鸟瞰图较为费时，拟先画成平面透视，达到平面图形的闭合后再升为立体，作图仍可分3次完成（见118页）。

3.寓生动于准确之中

（1）时时注意保持建筑各部位间及建筑与环境要素间的相对比例关系。随手勾勒的构思草图常没有绝对的比例，但头脑中必须有相对的比例观念，这一关系把握好了，草图翻为正图才不走样，否则将前功尽弃。我常以正方体作为各部位间衡量彼此关系的依据，极易控制高宽比例及全局关系。有时也可以用公认为绝对尺寸化一的“门”、“床”作依据来寻找与其相对应的尺度关系。

（2）熟知透视学的规律。画草图

时，不但要掌握灭点、视平线这样一些基本法则，更要掌握透视衰减与视角对应之规律。例如：在同等投影宽度范围内，等分的透视衰减率减小，意味着实际宽度也小；等分的透视衰减率大，意味着实际宽度也大。透视本身无绝对尺度，用正方体和对角线来检验透视的相对比例关系和衰减的趋势，对练就熟练而比较准确的透视概念大有裨益。其他建筑部件也同样可用与该部位正方体相对的比例来控制（图1－16）。对于复杂的院落式平面构成和鸟瞰图用方格网校正，更能控制全局。此外，对于锥体顶点位置的确立，可以对角线（或辅助对角线）交点的位置来确定（图1－17）。如此练习，久而久之，信手勾成的透视即可基本做到准确了。

（3）光影配置务必正确。光影是形成建筑立体化的根本，投影形准方可显示建筑的真画目。尤其是小面的阴影、入口或重点刻画部位的阴影更要形准，且宜用坚实有力的笔触刻画之，其他部位则可相对放松，以强烈对比来活跃画面，达到生动的效果。光影与朝向亦不可误置，选择主次受光或一明一暗的关系更需有现实的根据（图1－18，图1－19）。

- 写生——细致地摹写建筑实体，有利于准确把握物象的轮廓，练习对质感与肌理的刻画，以及对建筑光影与配景的表现，可为绘制建筑草图打下坚实的基础。

图—1—12

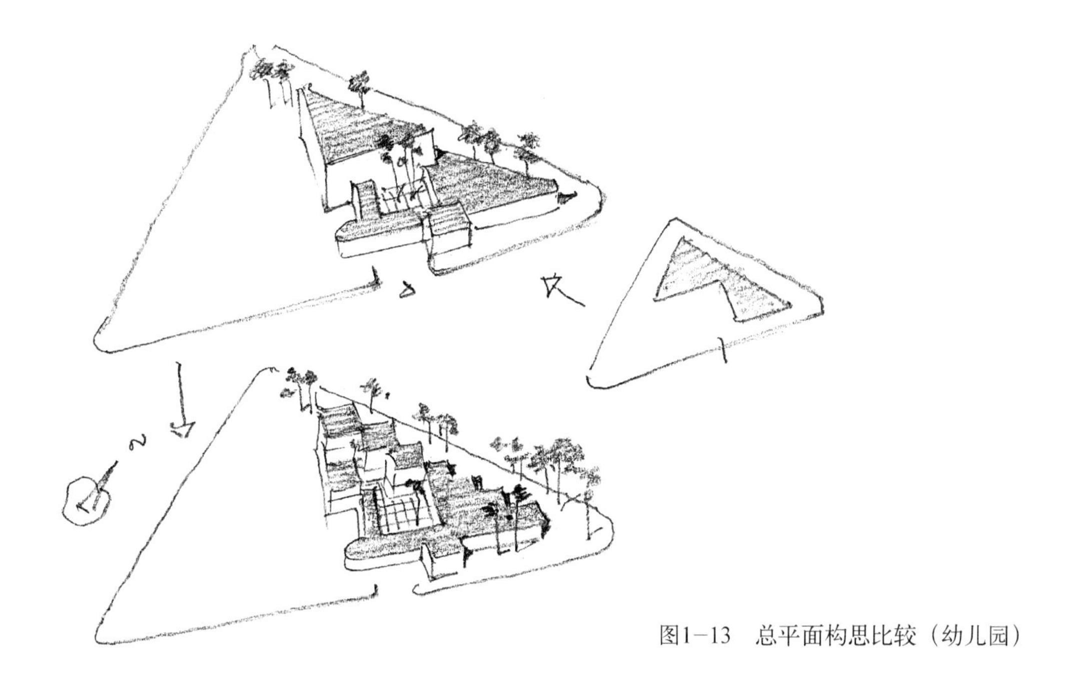
图1–13　总平面构思比较（幼儿园）

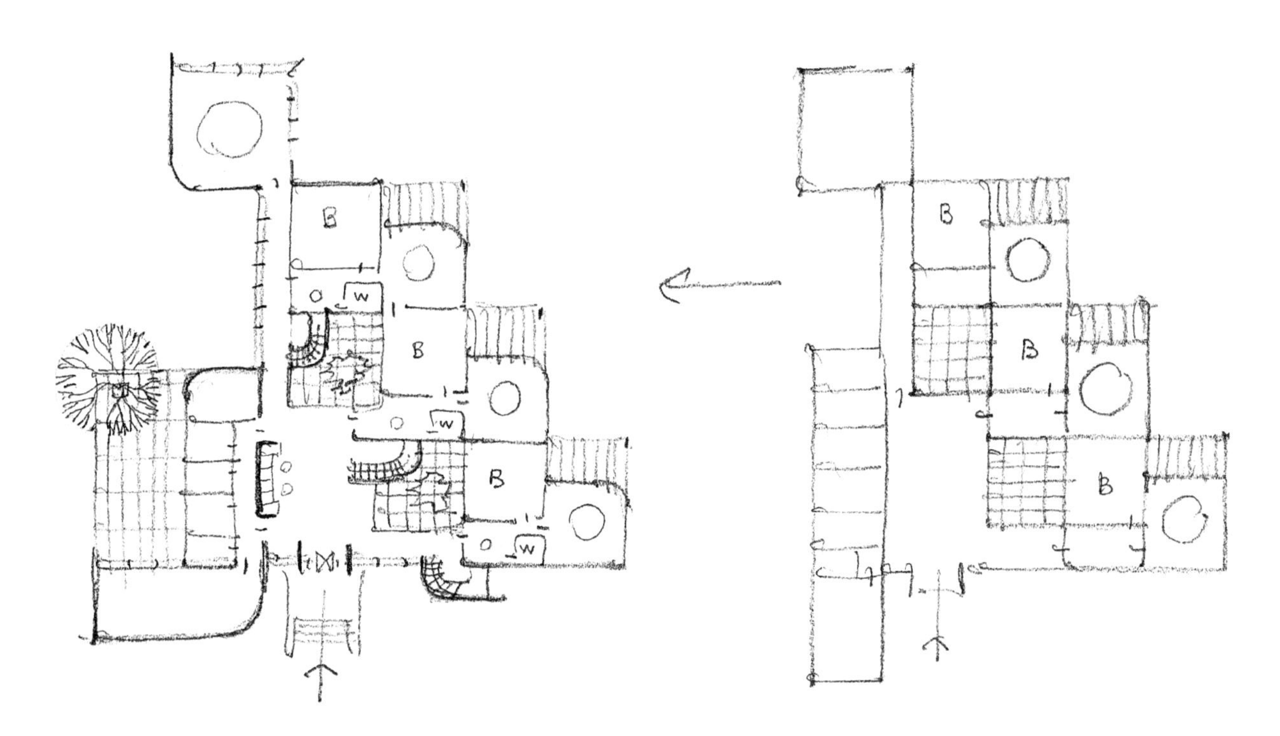

图1–14　利用草图修正、润色（幼儿园）

（4）以烘托主体为原则，决定配景的繁简。烘托不是只作陪衬，须为整体增辉，如配置不当则成画蛇添足，对全局损而无益。一般说来，大树宜繁，小树宜简；独树宜繁，群树（如行道树）宜简；前景宜繁，远景宜简；离开建筑者可稍繁，贴近建筑衬托其轮廓者必须从简。相对主体而言，繁不可喧宾夺主，简不可无自然之趣。画树巧在枝干与树形，干须挺而有力，枝则不宜繁多。中国画有“学树先画枯树”，“向左树大枝向右，向右树大枝向左”之说，强调的就是画枝干与掌握枝与干的平衡。初始草图无须注意配景；构思草图配景可以较概括性的表现，用笔不在多，神到即可（图1–20）；终结性草图中近树须强调躯干、枝叶与整体树形的刻画，针对建筑图的图案特点可写实，亦可抽象而强调出装饰趣味（图1–21）。对于其他城市环境中常有的设施如旗杆、路灯以及汽车、自行车、人物等也可在图中适当点缀，以增加画面的真实性。

（5）人物的点缀应与建筑性格相呼应。一般常把建筑图中的人称之为“比例人”，这是表达建筑尺度感的一种方式。点缀人物的另一作用则是使建筑的环境氛围更加鲜明，突出设计主体的性格特征。一幅建筑图没有人物点缀，似不食人间烟火而缺乏生动；如只有人形而缺乏行为特征，也会显得呆滞；只有恰如其分地画出与主题相一致而富有行

1.徒手草绘建筑与配景，并安排好画面构图。

2.覆盖拷贝纸，用仪器校正轮廓与透视线。

3.再覆盖拷贝纸，舍弃废线徒手描出准确的轮廓与定位线，
此时即可成为一幅线描的终结表现图。

4.在线描基础上，亦可进行铅笔渲染，以达到表现质感与光影的目的。

图1-15　终结性表现草图的绘制程序

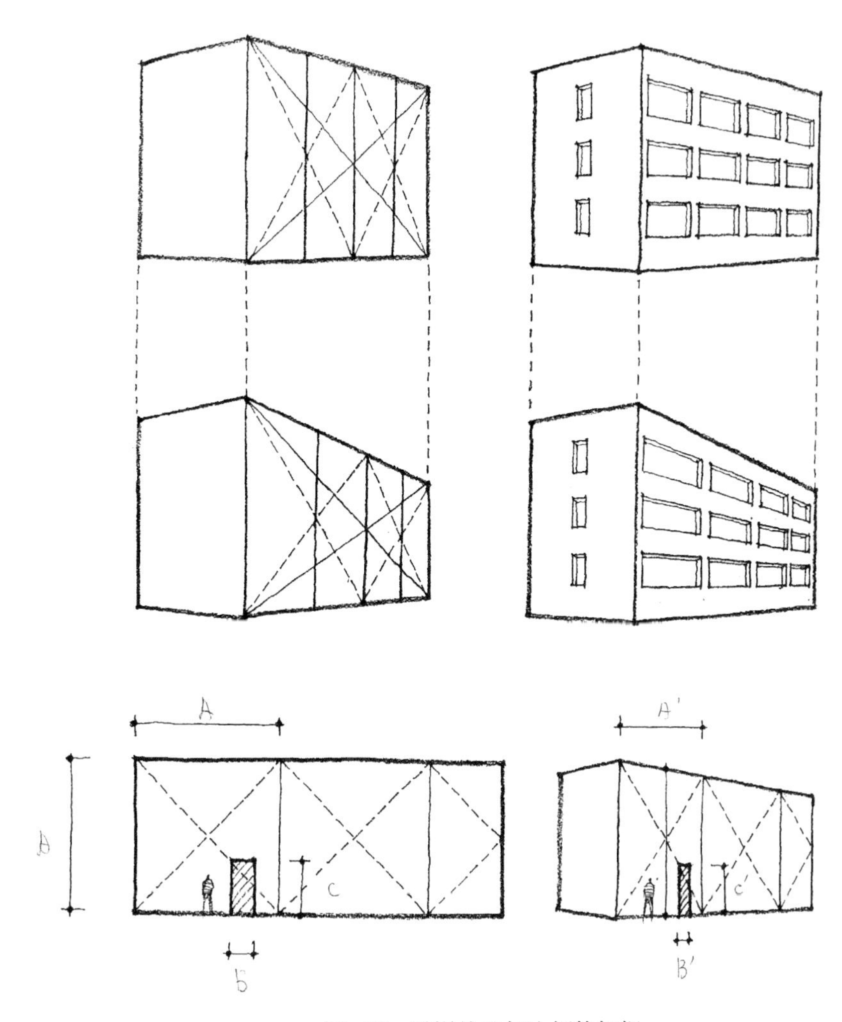

图–16　透视关系与比例的把握

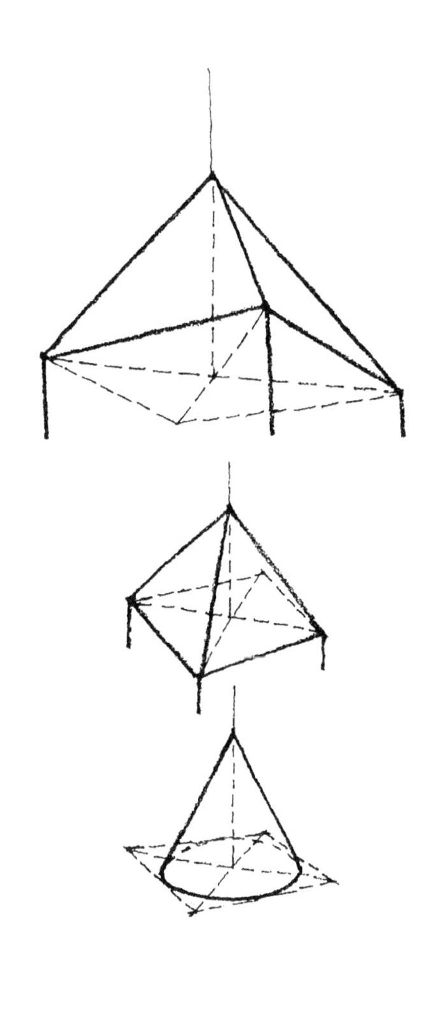

图1–17　中心的控制

为动态的人物，才能达到画龙点睛的目的。除行为特征外，还应注意人物所在的地域特征与时代特征。现在画建筑图有一不良倾向，画面皆为洋人，令人难辨设计是在国内还是在国外。我在《ARCHIT-ECTURAL DESIGN》（VOL.49 1974. NO.4）杂志上看到过外国建筑师所画的一幅并非目前实现的为法国在中国构思的展览建筑透视（图1–23），是在北京展览馆外附加的篷罩设计，图中十分真实地表现了20世纪70年代初中国人的形象，这种求实态度确实值得我们学习。画人物，还尤其应当以整体感为重，不必求得每个人体形态的完整，以免费时过多又产生僵化之感，但动态描画须与建筑功能相符，方可达到烘托主题气氛的效果（图1–22）。

4.铅笔草图的工具选择及技法

铅笔草图采用的工具极其简单，纸张多用拷贝纸或有光纸，利用其纸薄、面涩、透明度强的特点，可覆盖描改，弃废择优，以达到设计进取之深化所需。根据个人不同的习惯，有人喜欢用粗铅，也有人喜用加过工的阔笔作图，效果当然各有千秋。我喜用铅笔作图，是因其质松、笔滑、可粗可细、可轻可

图-18 表现性终结草图的光影选择一

重，可表达粗放，也可刻画细腻，尤其是能画出不同色阶的黑、白、灰调子，具有丰富的层次。同时，铅笔还有可擦可抹的优点，便于随时修改，但只能喷以定画液后才易保存。然而铅笔图经过复印加工，另有别开生面的效果（图1-29，图1-30），与炭笔画虽相似而不相同，更便于保存，只是需在高分辨率的复印机上复制才可达到满意的效果。我画铅笔草图，喜将软铅削尖来画，利用对不同斜度与力度的掌握得到虚实、浓淡、粗细、坚松等各有所求的奇妙效果。例如，垂直用笔可得坚挺有力的细线；稍作倾斜可获得宽笔效果，用力则实，轻画则虚，用笔轻重变化可生退

图1–19　表现性终结草图的光影选择二

晕效果；与画面接近平行之用笔，又可铺衬大片灰面，具有快捷均匀的功效（图1–25）。在创作初始阶段，我多用4B～6B铅笔，利用其质软铅黑来表达意向性要求最佳。创作深化阶段，多用3B～4B铅笔，利用其侧峰与尖峰，达到作画粗细兼备的深度要求。创作终结阶段，改用1B～3B铅笔描绘，重点处加用4B铅笔提神，使图面达到比较精致的要求。现在由国外进口的1B～2B的0.3mm和0.5mm之树脂铅芯，运用于自动铅笔十分便利，用在刻画精细之处更恰到好处。橡皮可选择可塑橡皮擦大面积的轻浮在纸面的灰色，用红环橡皮擦重深处（深刻于纸面内之重深色）都较为宜。

铅笔草图技法多样，我常用来做草图的大约有如下三种：

（1）素描法，也可称为铅笔渲染。此画法比较写实，也易被业主或主管部门看懂。终结性草图采用此法经过复印放大，既可提供制作彩色渲染，亦可稍事加工为铅笔或彩色铅笔表现图，费时不多，事半功倍，一般2号或3号图稿二三小时都可完成。素描法富有光影效果，对于检验设计实效颇为有利，在表现时，除轮廓准确无误，尚需对黑、白、灰调子掌握适度，故作画者需有良好的素描根基。初始概念草图可用粗铅或中粗铅直接绘制，以便掌握大局构思；画构思草图时我习惯于将软铅笔削尖，适应粗细表达之需要，灵活掌握用笔倾斜度，画出或宽或窄、或深或浅的线条；终结表现，要求细致深入，可将线描与光影结合绘制，在建筑轮廓、细部和重深处，尤其受光面的外廓线，用垂直尖锋刻画，可达挺拔有力的效果，大片灰面则宜用笔侧斜，铺画而成。但

- 构思草图中作为衬景的近树与远树可用较概念化的方法表现，宜以强调环境的气氛为主，并应注意与所衬托建筑间的比例关系，用笔不多，神到即成。

- 小住宅中的树应相对地高些，才能恰当地表达建筑的真实尺度。

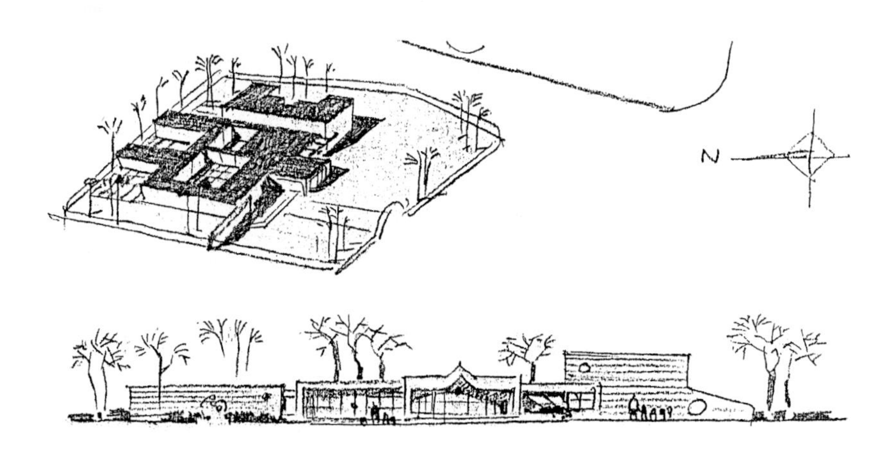

- 幼儿园中的树可带有几分童话色彩，更能烘托主题而富有情趣。在鸟瞰图中以不遮盖建筑的表现为原则，寥寥数笔表达出枝干就足够了。

- 枝叶可稍作渲染，使之与建筑的光影一致。

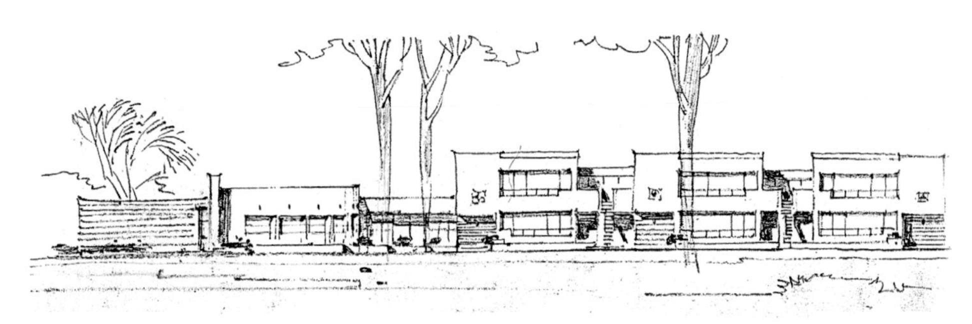

- 近树应重躯干的动态描绘，不必细琢，以避喧宾夺主之嫌。

图1-20　构思草图中的衬景

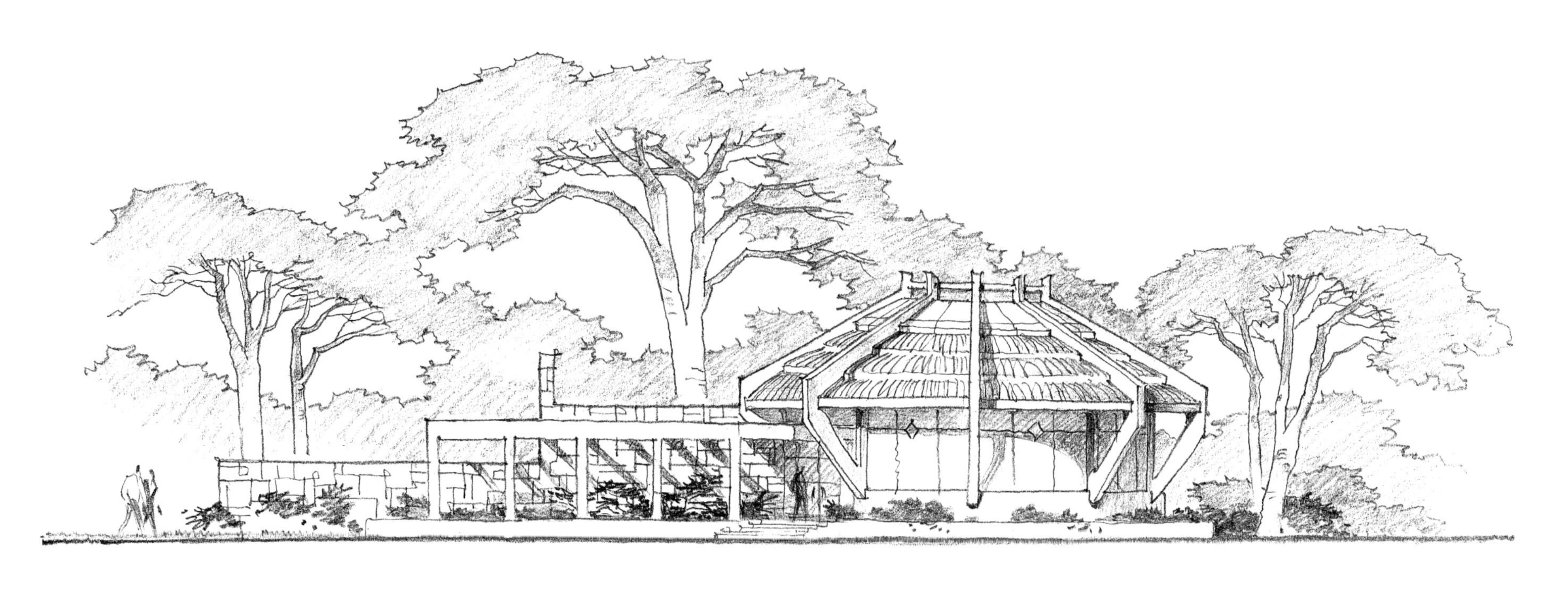

● 终结性草图中近树的表现应特别强调树木躯干、枝干与树形的刻画。以白描勾线为主的草图，也可用抽象形态表达以增加画面的装饰趣味。

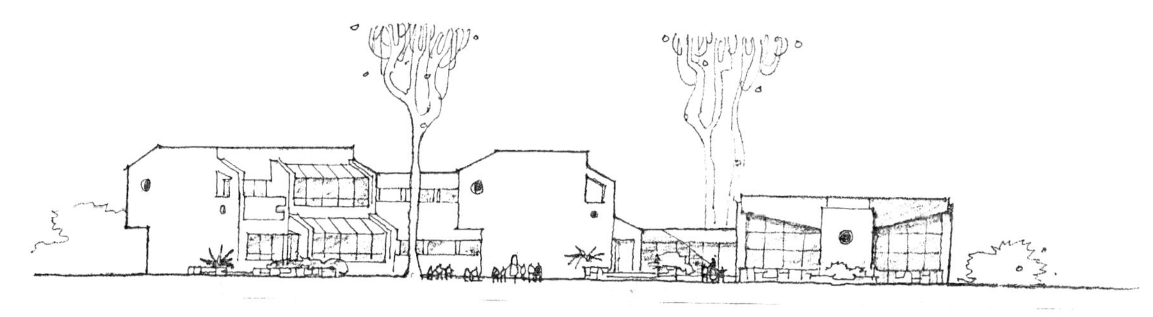

图1-21　终结草图中的衬景

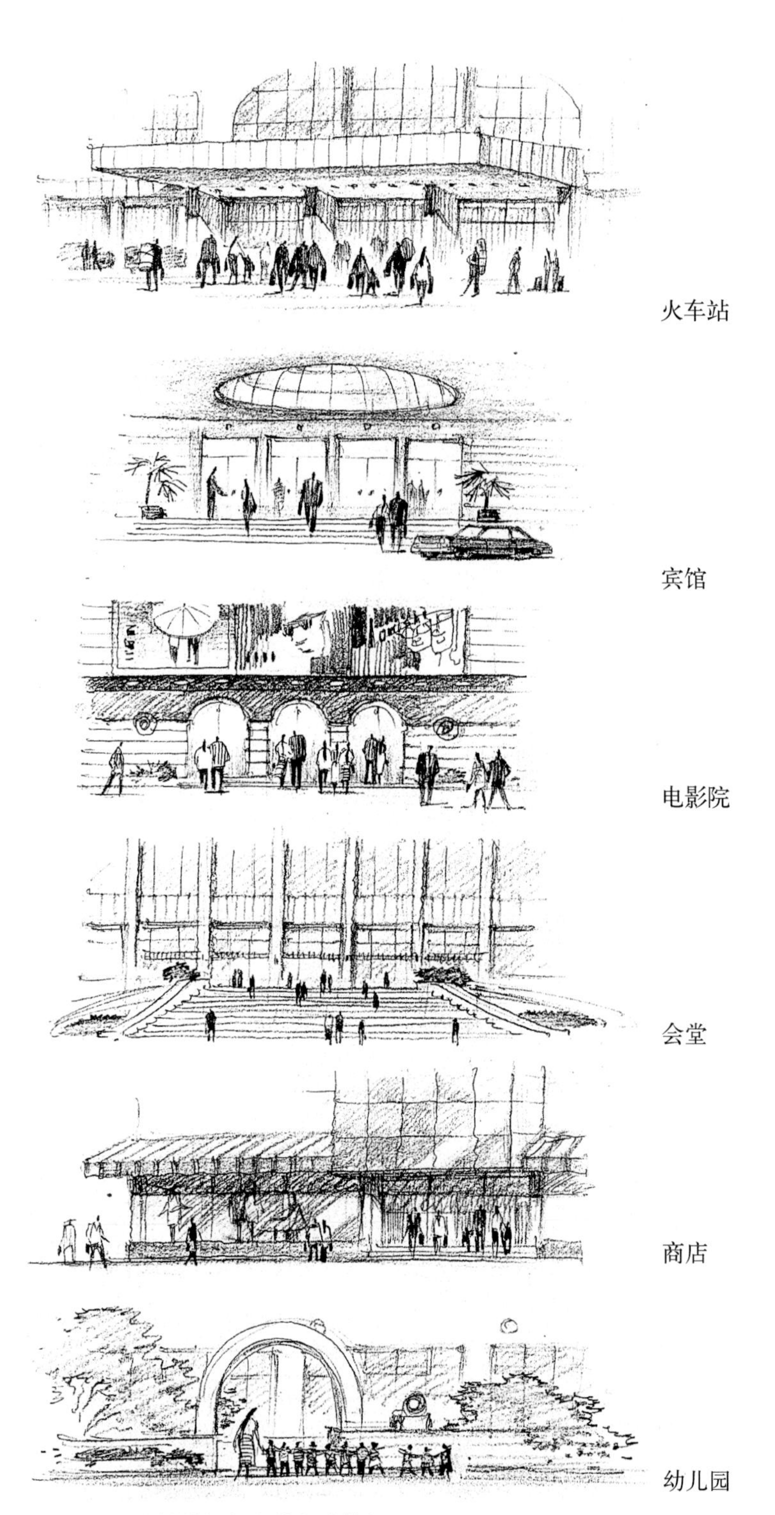

图1–22　建筑性格与人的行为特征

图1–23　为法国在中国构思的展览建筑图（并非目前实现）
——摘自《ARCHITECTURAL DESIGN》VOL.49

图1–24　汽车造型的结构特征

作画时纸下铺垫也极重要，直接在凹凸不平或带有木纹的硬板上描绘，线条难得流畅，底板的不平也将印刻于画面使之深浅不匀。故一般铺画大面灰调时，宜在画纸下再垫几层拷贝纸，而画重深色及挺拔线条则可铺垫稍硬之图画纸。但画绿化及配景，即使大面也不宜底衬太软，以免造成过于均匀的板滞，而改用粗面硬纸作衬底来画，反能呈现大片松、柔的质感，颇似自然界绿树的斑驳效果。点缀人物，则以细笔用力刻画，极易跃然纸上，起到画龙点睛、活跃画面之功效。作铅笔图无论线条坚实还是疏松，用笔都宜干脆利落，防止有拖泥带水之感。渲染之色阶变化少，易显干涩；层次多，才能气韵生动；尤其把握深浅相互衬托的素描关系，更是至关重要（图1–26）。

（2）线描法，亦可称之白描。此法要求有较好的勾线工夫，方可使线条流畅有力，达到一定的装饰效果。初始草图多呈重复性乱线，这是由于从反复推敲中寻求形象的概念所现；构思草图和终结草图则渐趋规整。线描法以线的组合来表达设计意图（有时略施阴影），故往往需要考虑完备才落笔，落笔时一般用线要长，完闭封口，交接处不宜叠加，尤忌以断断续续的短线相接。画衬景需概括力强，作者宜熟知树木、汽车、人物等形态，并善于归纳、简化，因而具有一定的难度。常见一些线描草图，表现建筑虽好，但因衬景画糟而顿然失色，故不可忽视衬景练习之重要。线描草图特点在于清新利落，各部位交代清楚，它对设计深化实施十分有利，而采用铅笔较之钢笔线条更富弹性和力度，且便于修改完善（图1–28）。

（3）叠合法，系用线描与素描叠加绘制的草图。为了探索多种表现途径，我常常将不同的技法叠加运用，以别开生面的构图寻求画境的情趣。例如，素描法渲染图面分量较重，用来表现主题比较合适，而白描图面分量稍轻，利用来表现前景和远景更能突出主题的重要，二者叠合可丰富画面的层次，达到独特的装饰效果（图1–27）。建筑大师赖特也常常采用这样的方法作出独具一格、构图精美的建筑草图。

美国颇有影响的建筑家L · I凯恩说过这样一句可用作借鉴的话："建筑家对他的艺术精神和表现秩序的认识，只有当他面前的问题被看作一个整体部分时才有可能"，而设计草图应当正是创作者艺术精神和表现秩序的统一。我们祈望创作美好的建筑作品，当然就需要画出漂亮而达意的建筑草图。

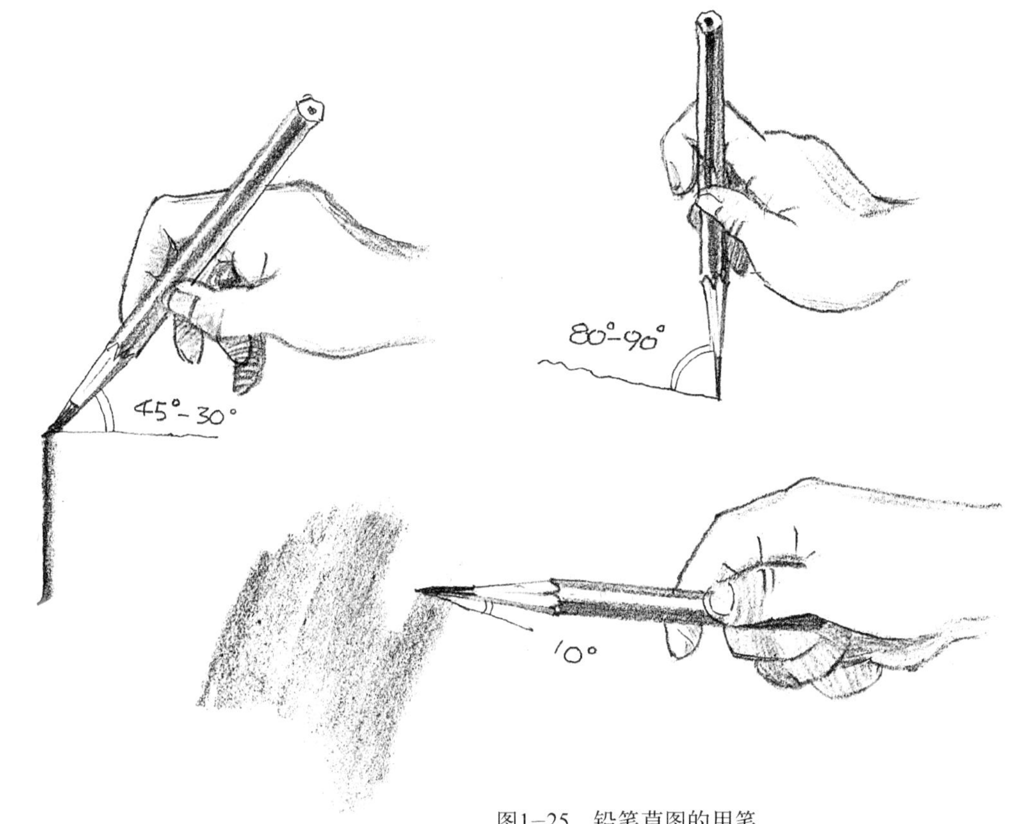

图1–25　铅笔草图的用笔

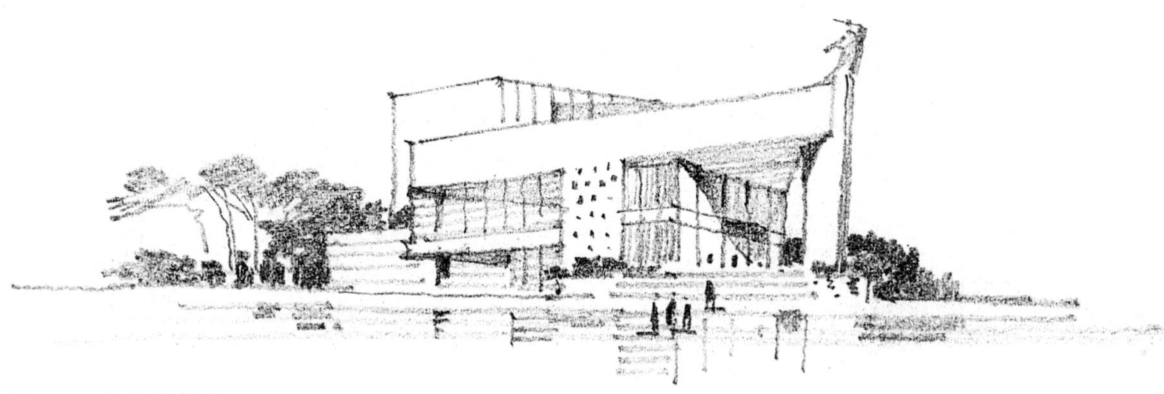

图1-26　渲染法草图

图1-27　叠合法草图

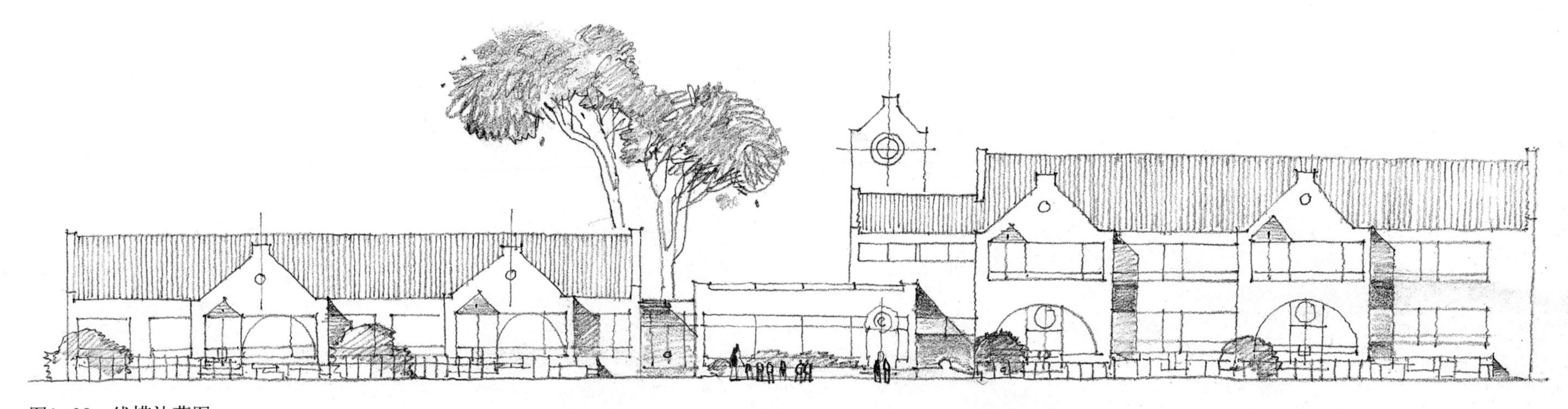

图1-28　线描法草图

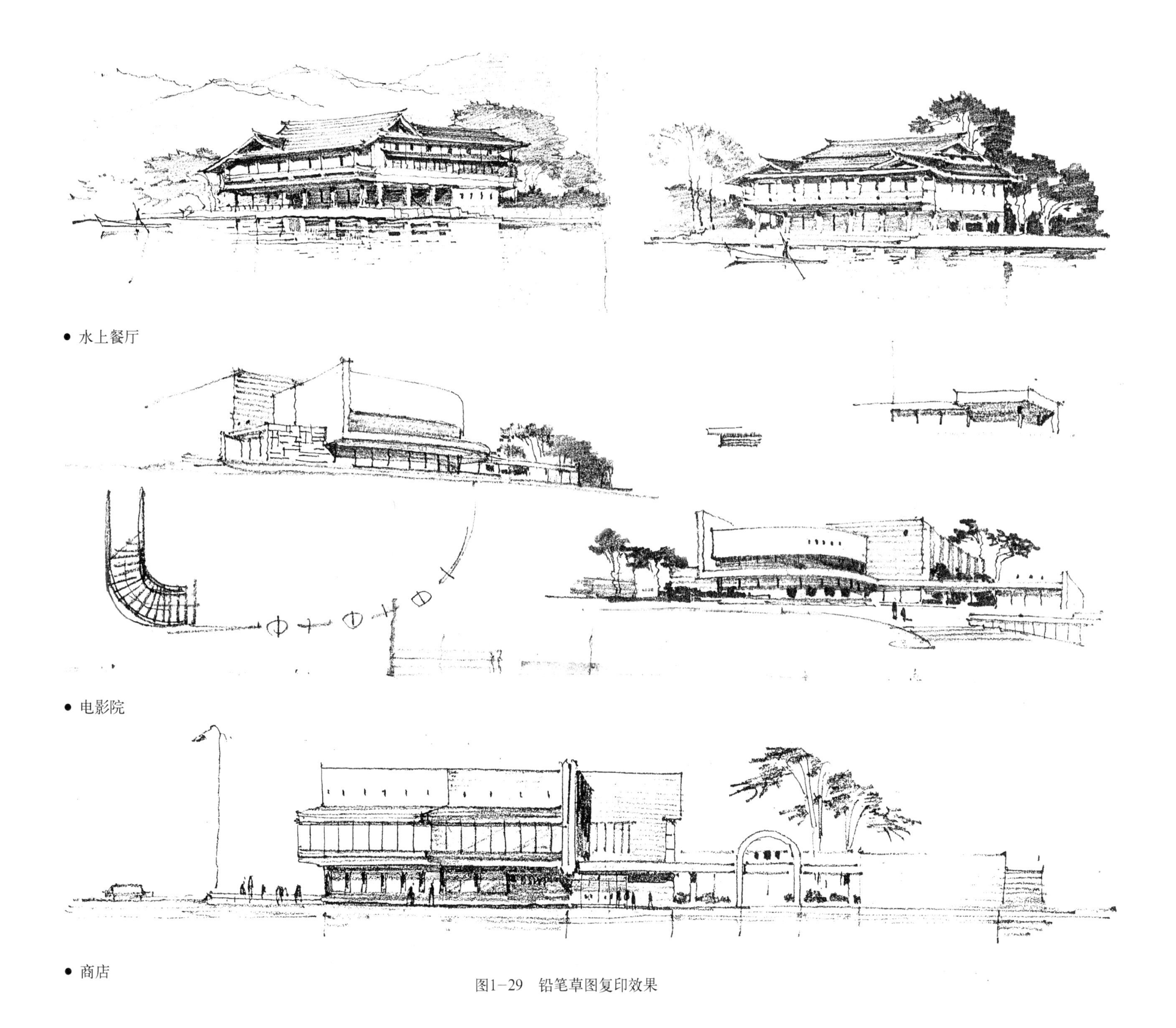

● 水上餐厅

● 电影院

● 商店

图1－29　铅笔草图复印效果

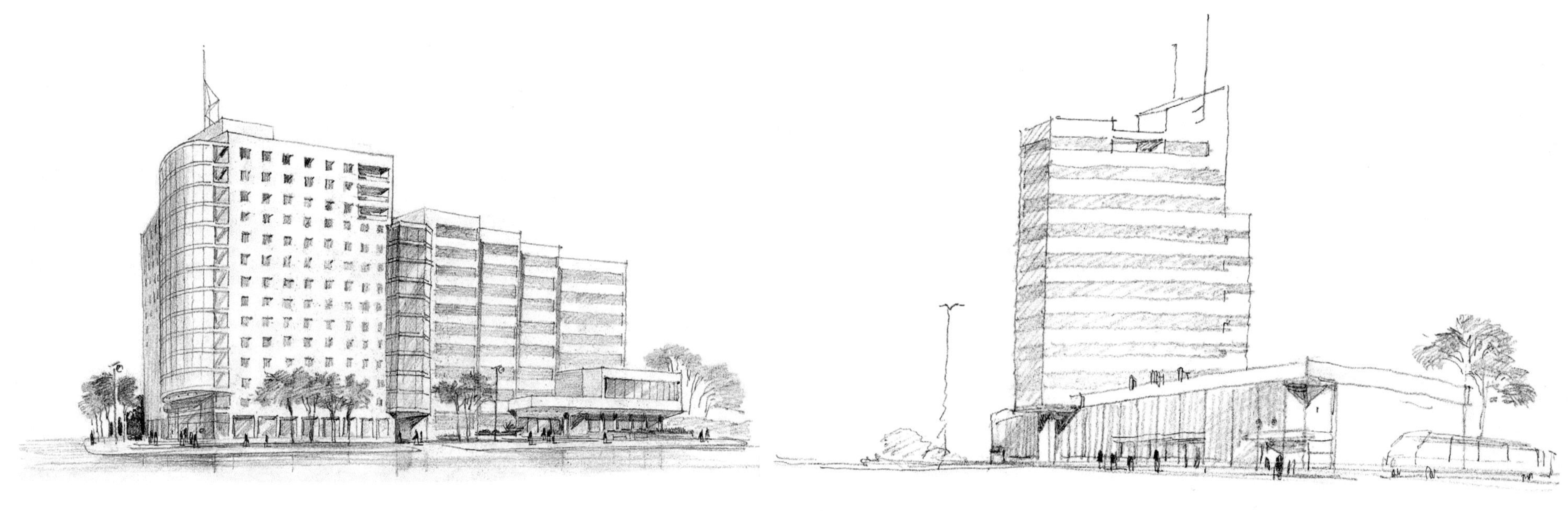

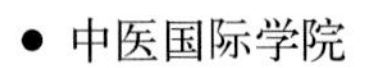

● 中医国际学院

● 汽车站

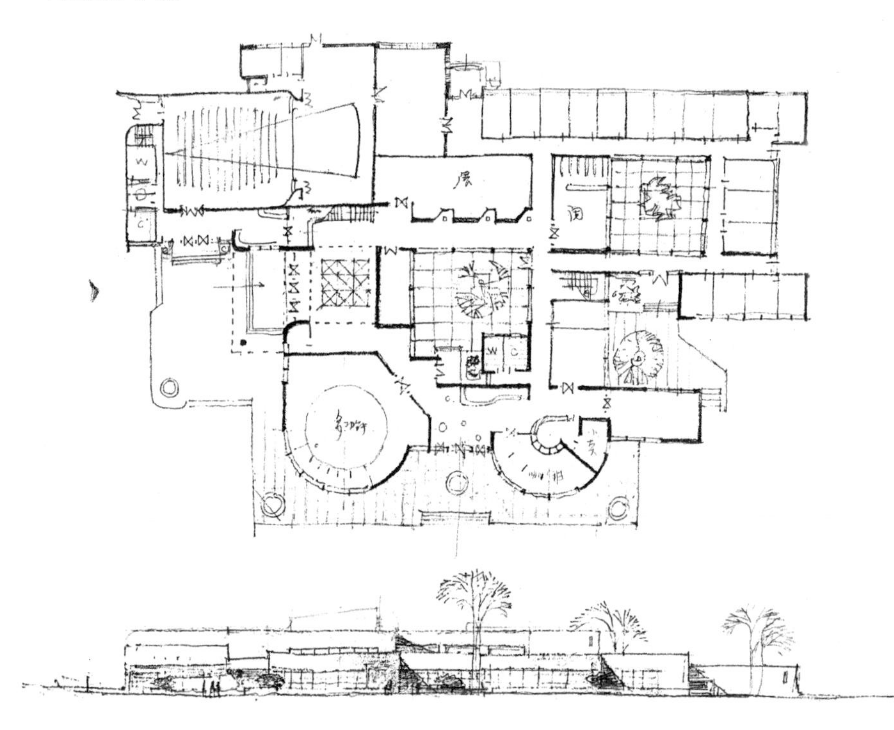

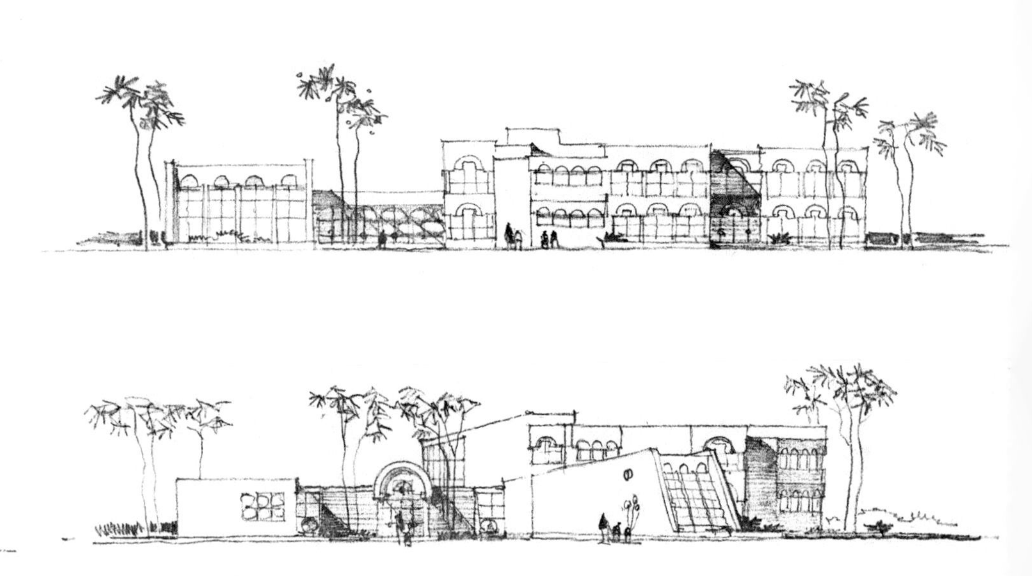

● 文化馆

● 幼儿园

图1-30　铅笔草图复印效果

铅笔草图与设计手法画例

设计是建筑师解决功能区划、空间想象、尺度感知、视觉秩序与技术保证等综合辩证能力的体现，无论周期或长或短，它都要经过一个边想、边画、边改以臻相对完善的构思过程。在此过程中，建筑师要靠运用自己熟练的某种草图作手段，不断反思，执着求索，将理性的逻辑与非理性的灵感相互交织，达到自认接近理想的创作结果。

在我跨入建筑专业门槛以来的半个多世纪中，设计草图和我结成了不解之缘，它也成为我表达专业意图的最佳语言。少年时代的酷爱绘画，尤其偏爱漫画和铅笔画，为我后来练习建筑草图的勾线与渲染带来了不少好处，特别是创作过程要求的敏思速达更要靠娴熟的技法来满足，这使我自然地沿用着已经比较熟悉的铅笔画种。为防止铅笔作画时易抹易蹭的弊病，我常常避开直接使用三角板、丁字尺等仪器作图，逐步形成了徒手勾画草图的习惯。所以下面介绍的画例，绝大多数都是徒手绘制的铅笔手稿。

铅笔画保存不易，画在薄薄的拷贝纸上保存更难，在从未意识过我会来编一本建筑草图的当年，更无意去保留什么手稿了。从创作体验和草图技法两方面要求，这里呈献的画例很不周全，例如构思过程草图保存甚少，而方案终结草图又显偏多，似不能反映方案创作过程的全局。更感遗憾的是我真正从事建筑师业务工作的20多年中，几乎没有留下几张手稿，而现有留存的草图又绝大多数是20世纪80年代从教以后的所作。受教学工作的局限，其中除了为学生改制的设计作业外，尚有一些受业主和设计单位委托所作的方案手稿，由于种种原因后者付诸实施的仍然有限，而这些有限的工程在业主参与和有关设计部门主持修改并编制施工设计后，保留大部原貌和面目全非的都兼或有之。因而，这些"画例"够不上什么作品介绍，旨在说明设计草图及手法在依据环境立意之始，在反复推敲、构思比较之中，乃至最后设计意图表现等过程的重要作用，并以我自己的经验展示了运用草图技法所应掌握的分寸，祈望由此引起对这一创作中重要操作手段的共识。

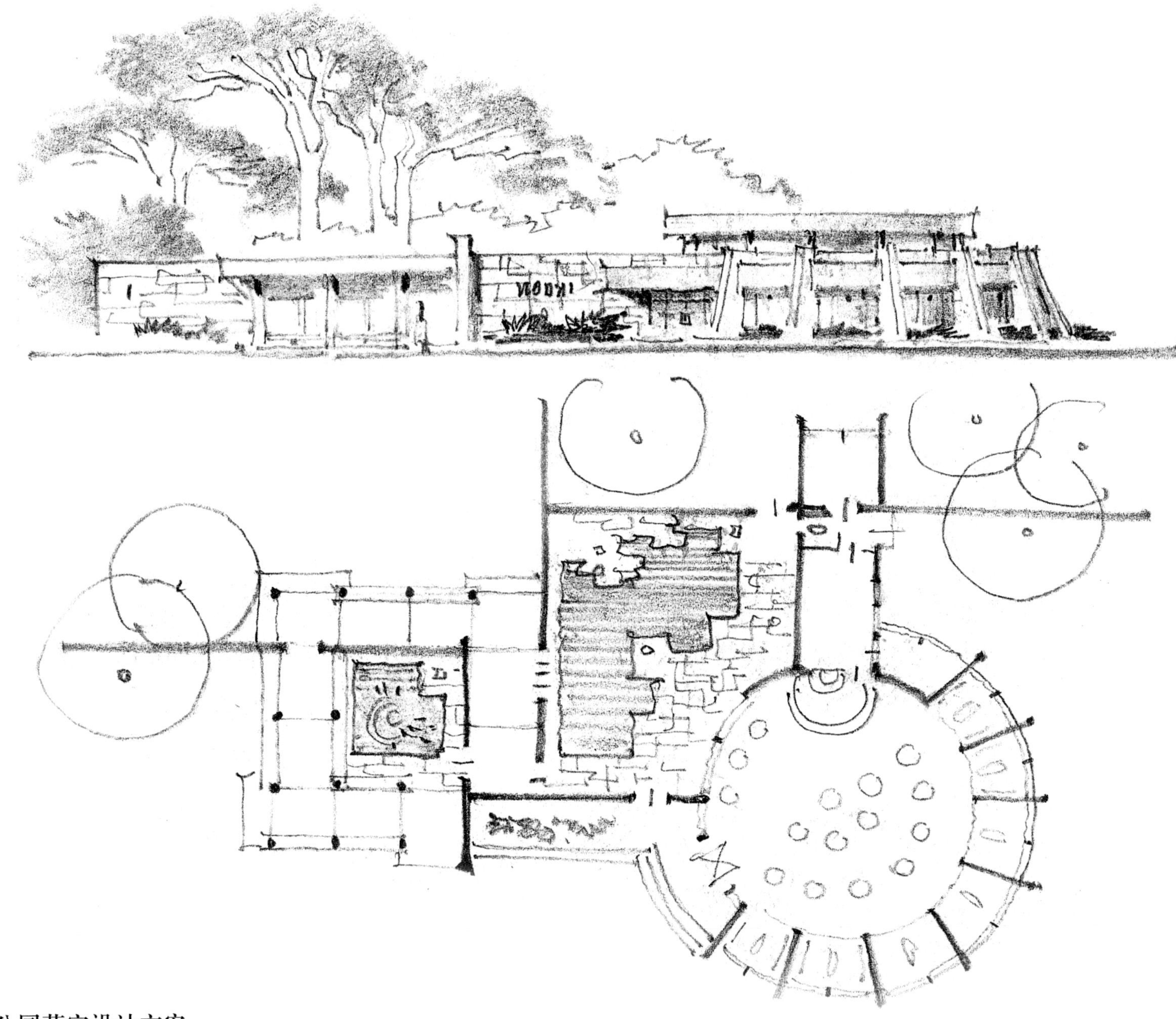

2-1.公园茶室设计方案

这幅为低年级学生修改的方案草图，用软铅笔简练地勾出平面与立面各部位的组合关系，取得构图的均衡与趣味，重在立意，具体处理留给学生去深化。主体的实与衬景的虚皆用落笔轻重取得，并显示了铅笔画的力度感。

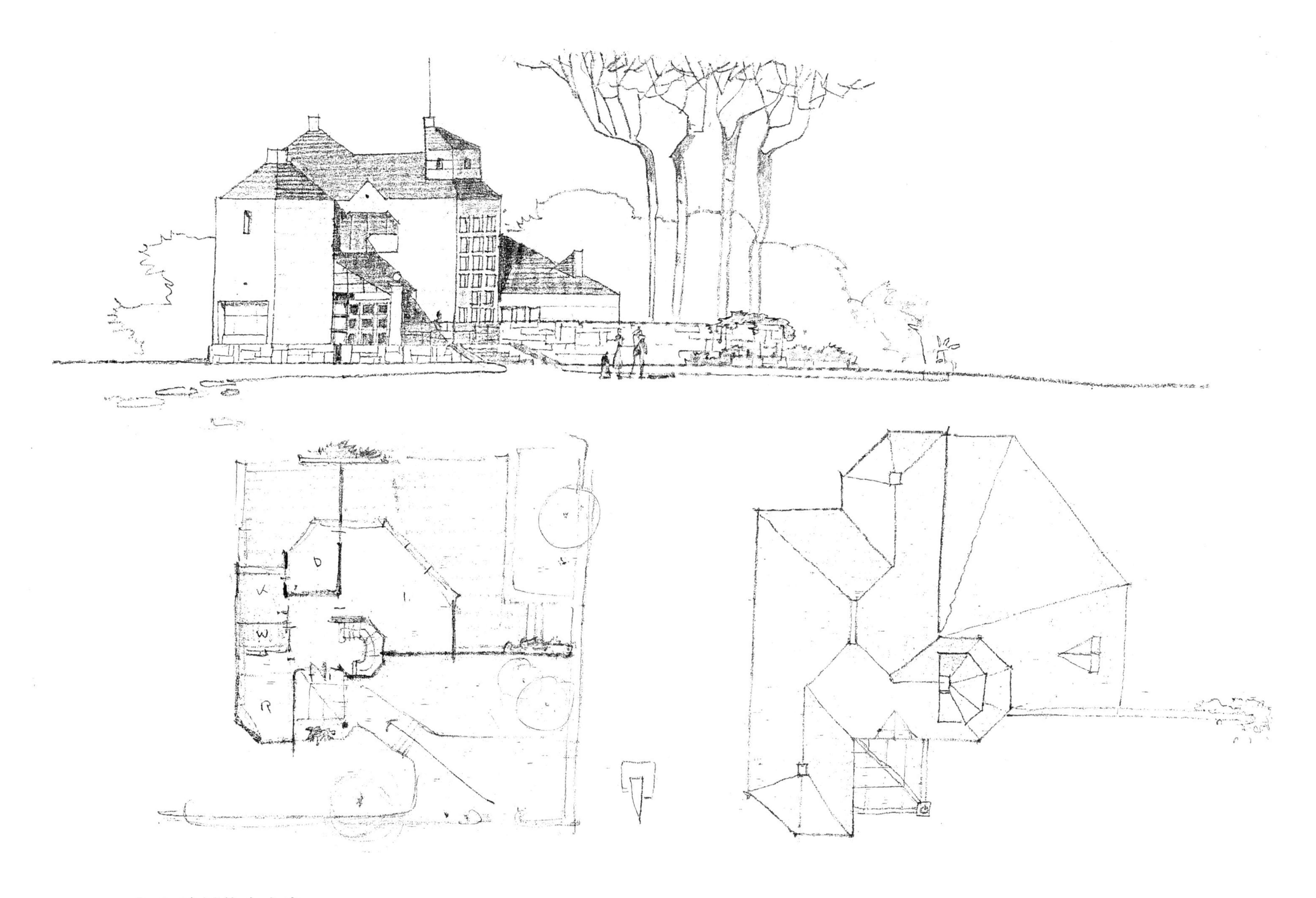

2-2.欧风住宅方案

课题假设在天津旧租界区，为学生修改的草图强调意象的表达，树木、围墙、衬景着意渲染出独院住宅的气氛，平面与屋顶表达了设计初始阶段的朦胧构想。

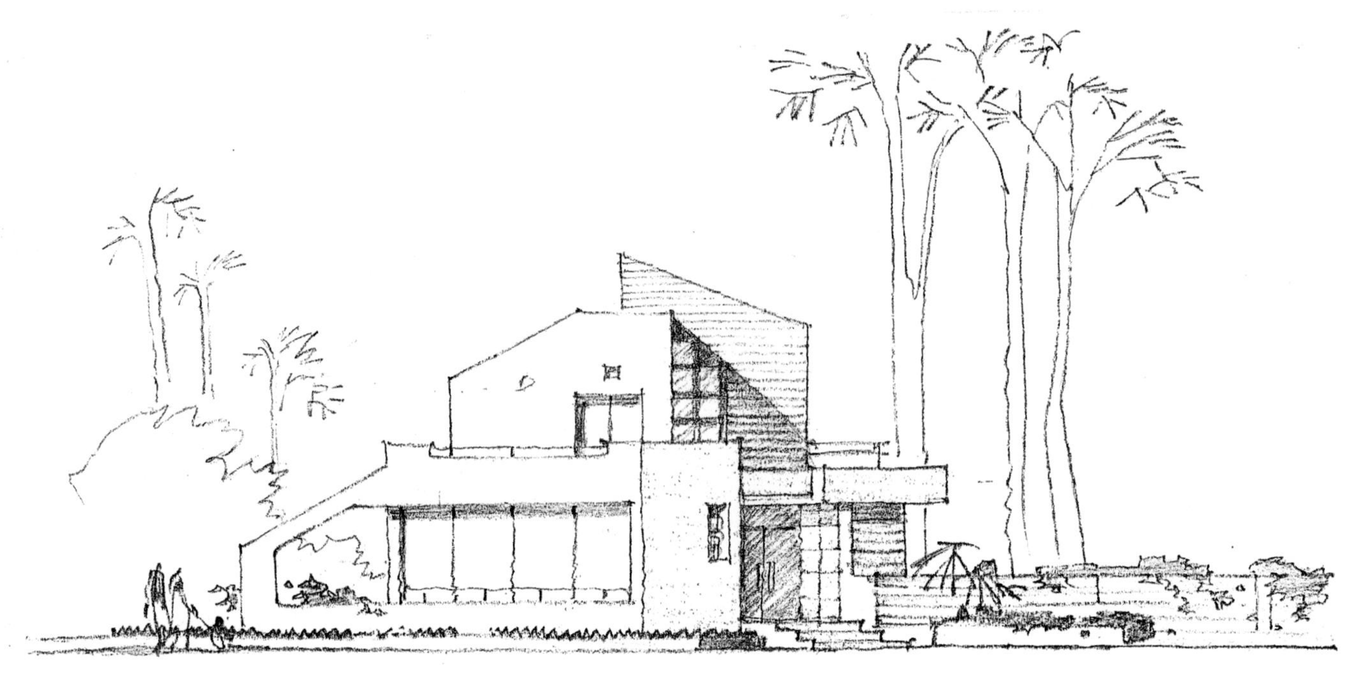

方案一构思草图

方案二构思草图

2-3.小住宅方案

用简单数笔概括出预想的形象是画草图常用的手法，此时建筑和树木、花草、人物等配景都应以流畅而不拘谨，洗练而少繁冗的线条轻松地勾勒，方能表达得栩栩如生。初始阶段平面与立面旨在反映头脑中的组合意象，详细设计尚待继续深化中修改、完善。

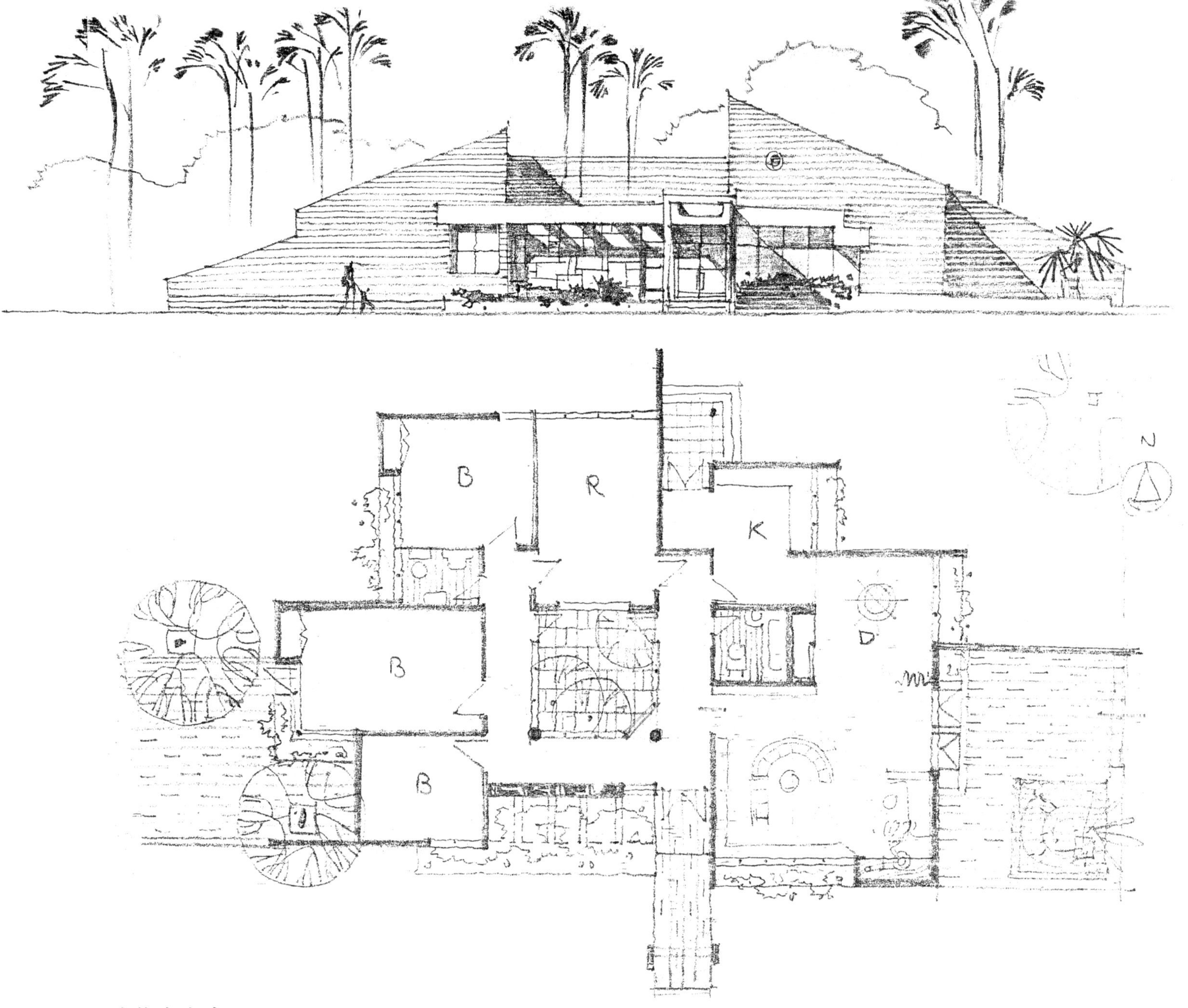

2-4.小住宅方案

在课题深化阶段为学生改制的草图，强调平面各部位尺度的准确与比例的协调，以达到可为依据与比较的效果。4B铅笔可粗可细极易区分平面中的剖线与投影，立面中的近景与远树的关系。草图以准确、生动为学习提供示范。

方案设计终结表现—外观透视

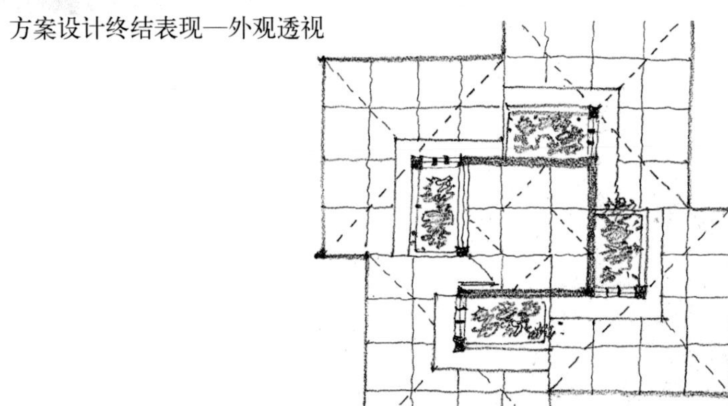

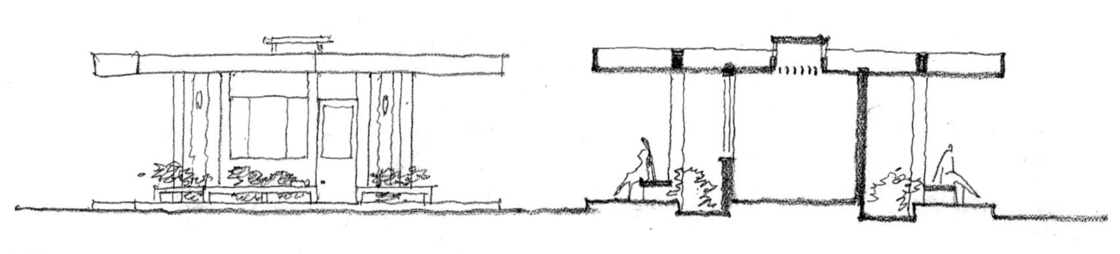

终结草图（立、剖、平面）

2-5.某街心公园绿化管理站

任务要求设计拟淡化功能特征，而达到园林小品的造型效果。方案采用四把钢筋混凝土伞组成廊亭，中间围合部分为管理室，顶盖挖空形成的光影与下部花池相呼应，周边环以休息坐凳，构成生动的景点。初始草图只用寥寥数笔检验构思意象，认定后则用仪器与徒手相结合绘成终结性表现图。

图面以建筑为中心，用灰调子的远树把它衬托出来，近树则用阔笔的鲜明笔触使其显出枝叶与体积而跳到前景上来，作为中景主题的建筑刻画细腻、光感鲜明，近地的树影起着平衡画面的作用。这幅表现性草图充分运用软铅笔可塑性的特点，利用黑灰色调及笔触轻重粗细之别，拉开了远景、中景、近景的层次，渲染了绿化公园的环境氛围。

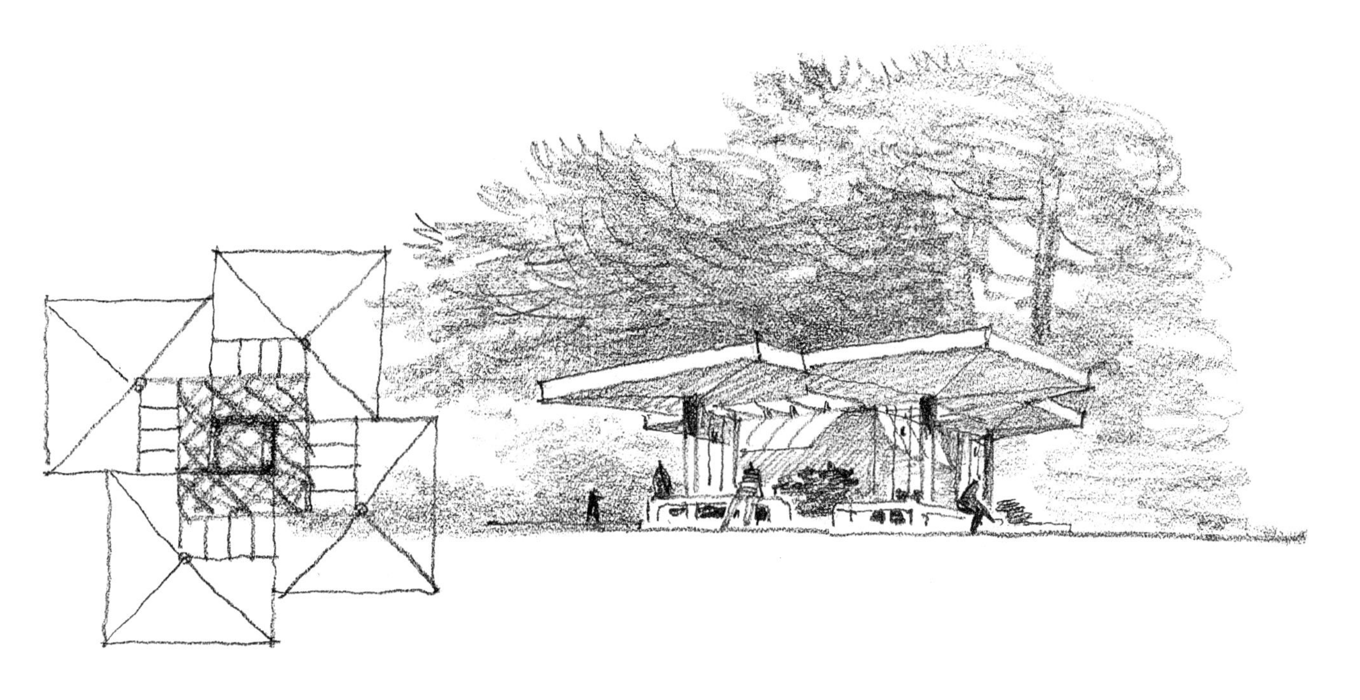

初始草图

正立面

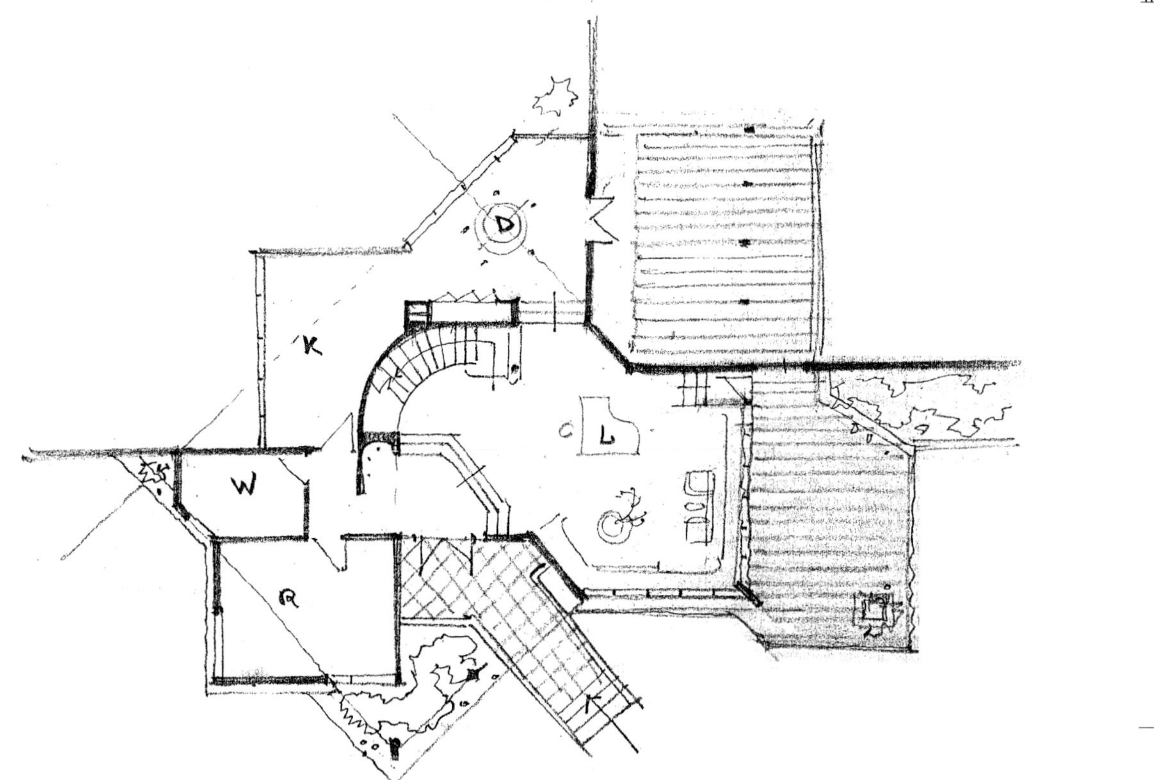

一层平面

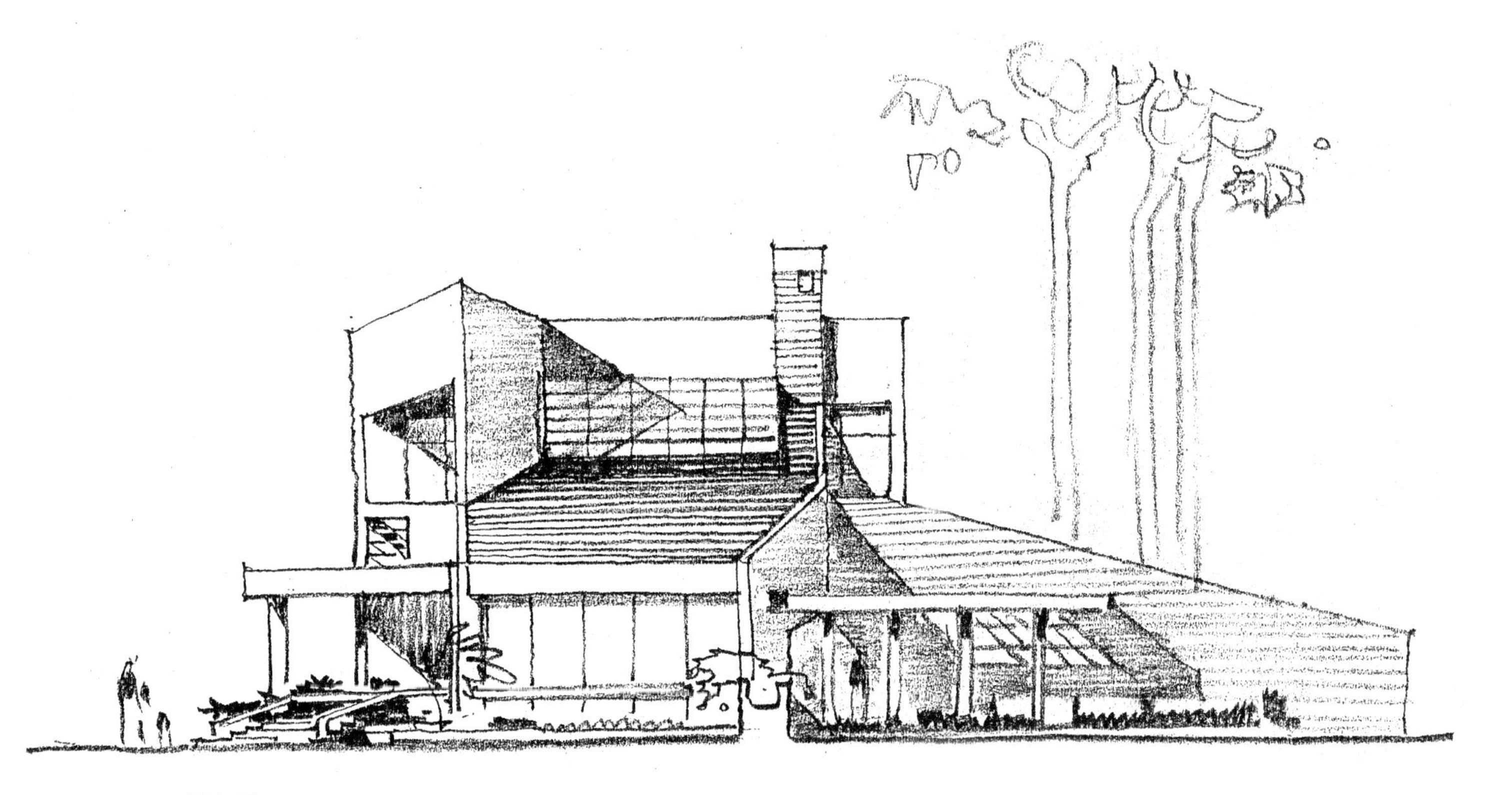

侧立面

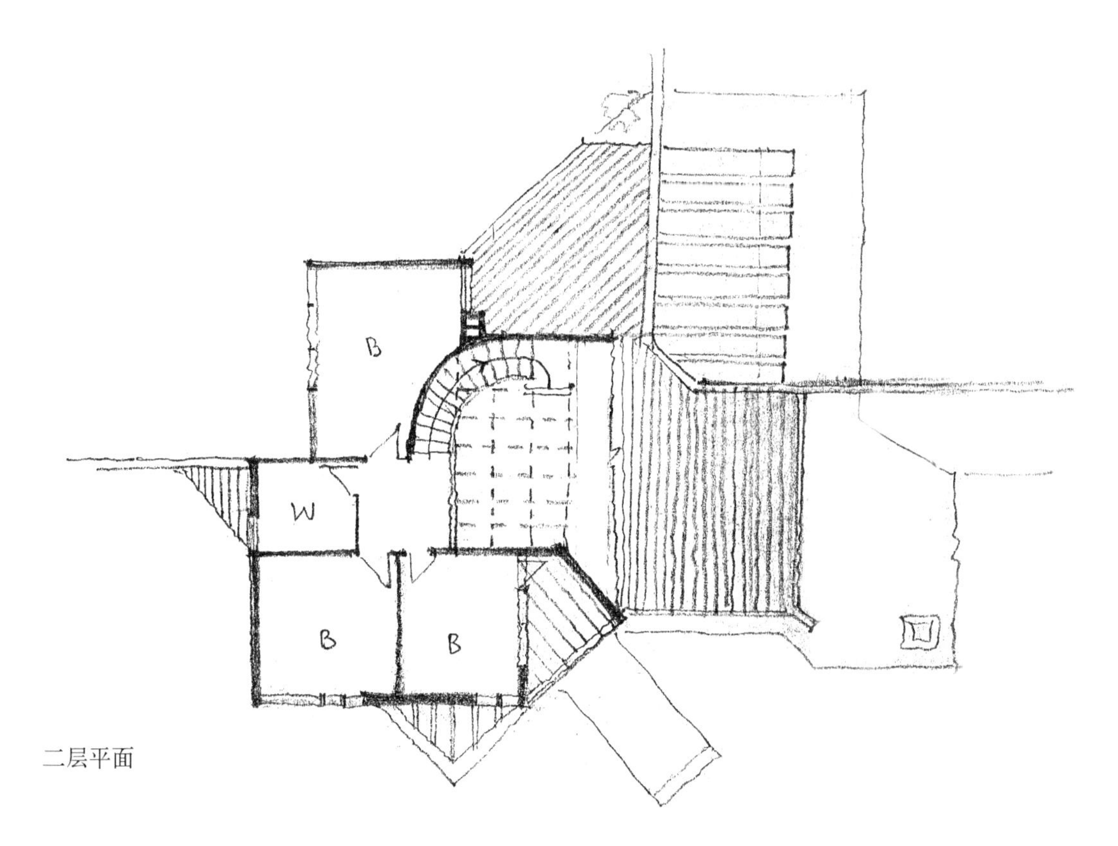

二层平面

2-6.小住宅方案

在设计终结阶段为学生最后修订的草图，严格把握各部分间的落位与细部处理的关系，此时草图与最终表现图之间距离已十分接近。准确落实的建筑表达由运笔自如并带有装饰趣味的树木作衬，使图面富有生气。

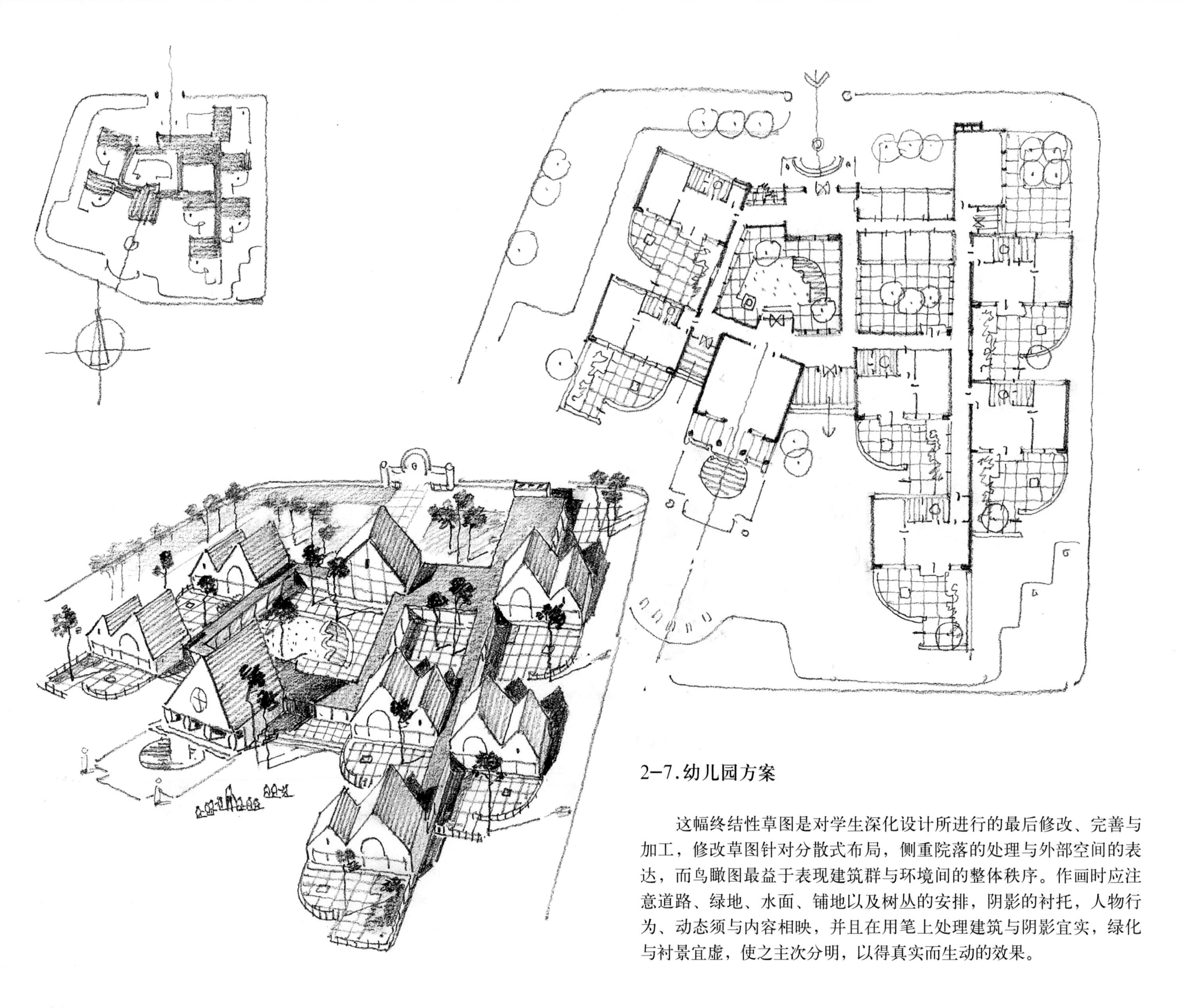

2-7.幼儿园方案

这幅终结性草图是对学生深化设计所进行的最后修改、完善与加工，修改草图针对分散式布局，侧重院落的处理与外部空间的表达，而鸟瞰图最益于表现建筑群与环境间的整体秩序。作画时应注意道路、绿地、水面、铺地以及树丛的安排，阴影的衬托，人物行为、动态须与内容相映，并且在用笔上处理建筑与阴影宜实，绿化与衬景宜虚，使之主次分明，以得真实而生动的效果。

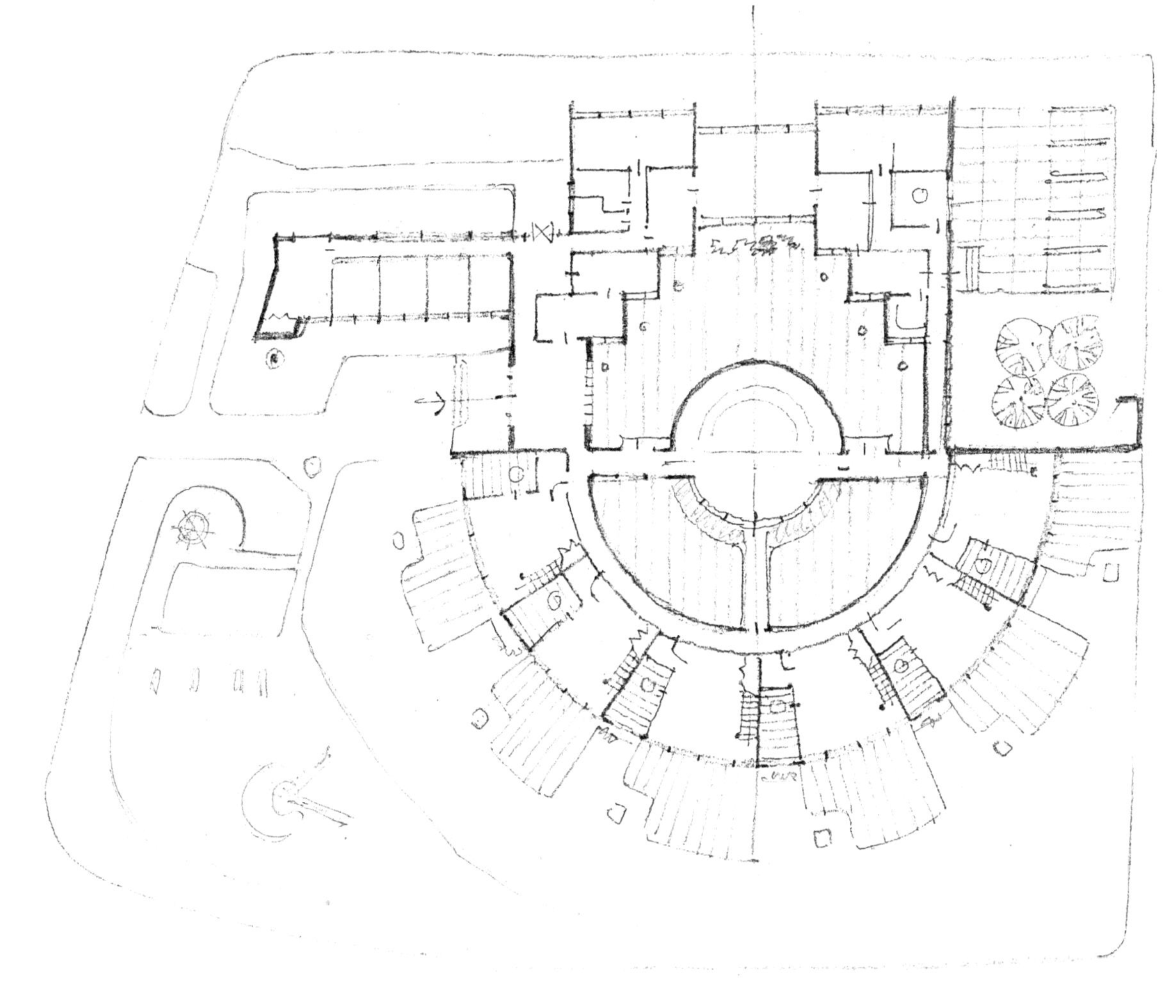

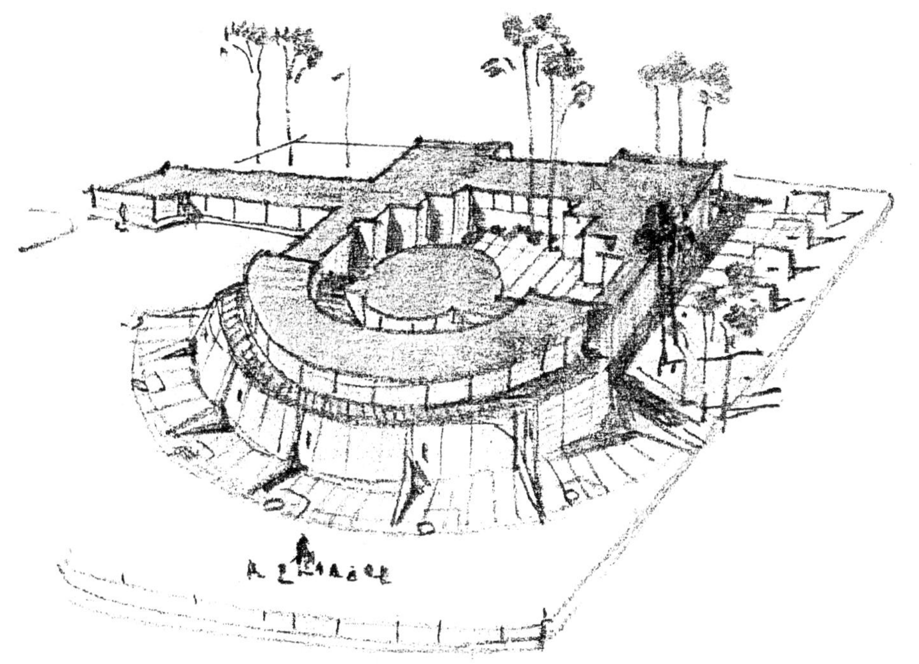

2–8.幼儿园方案

幼儿园设计重在内外环境的有机组合。在修改学生的构思草图时宜着重平面组合与院落的组织，用鸟瞰图表达最易启发初学者建立空间与环境观念。此图的作用不只于修正，更重在启发。

2-9.幼儿园立面方案

用线描作草图需要线条连贯、流畅、准确、肯定，达到简练、清晰的效果。表达建筑应笔笔落在实处，表达衬景则要注意树形的轮廓与枝干的穿插安排，虽用寥寥数笔但应达到形态的完整与统一。画中人物的点睛作用，亦是表明主题所不可忽视的。线描草图用笔与纸面接近垂直，利用笔锋而获得坚挺的线条效果。

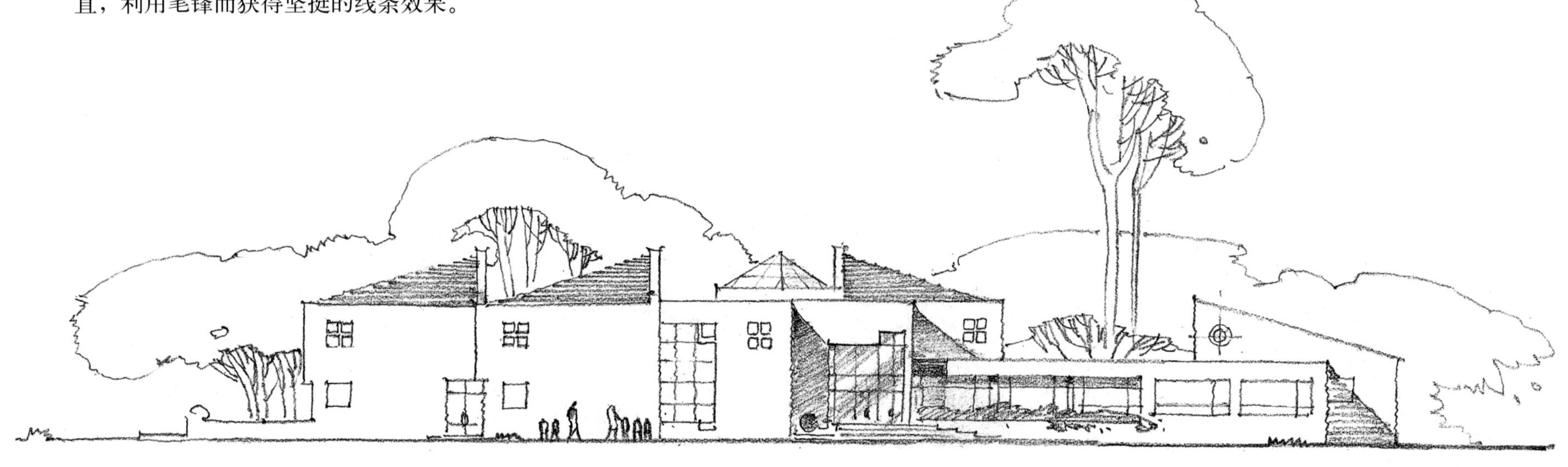

2-10.某纪念馆方案立面

用一点透视展现建筑全貌较正立面图显得活泼而生动。为显示公园的环境特征，草图以树林作前景，以浓重的用笔刻画建筑主题，并用清淡的渲染画出远景作衬托，画面由中心向两侧运笔逐渐放松，从而使焦点集中于建筑物的主入口。

白描与渲染叠加绘制表现性草图，不仅可以区分画面中物象的主次关系，更可增添画稿的装饰品位。作为公园内的建筑，用视觉分量较轻的白描表现前景的茂密树丛，用视觉分量稍重的渲染描绘建筑与远景，既表达了环境的氛围，又不喧宾夺主。浓淡相间的地面树影与上部枝叶组成的框景，增加了画面的深度感，使之更富画境。

沿河景观

2-11.齐白石美术纪念馆修改方案透视

这是3幅在学生获奖中标的基础上，进行修改、润色，以期增加地方情调与可付诸实施的启发性草图，分别表达了建筑造型的构想，建筑与环境的关联，建筑入口的标志与细部处理。2～4B铅笔浓淡相宜，虚实可施，以运笔轻重来调节画面中黑白灰的色调和虚实相间的关系，表现了铅笔画特有的层次感。尤其是重深色的运用，避免了画面的干涩，给灰调子带来了较好的层次感。此外，用笔的倾斜度、力度也是处理虚实、粗细，促使画面生动活泼的重要环节。作为乡土味较浓的建筑，画中人物的动态、服饰所表现的时代感，更能起到反衬的作用。

主入口透视

外檐局部透视

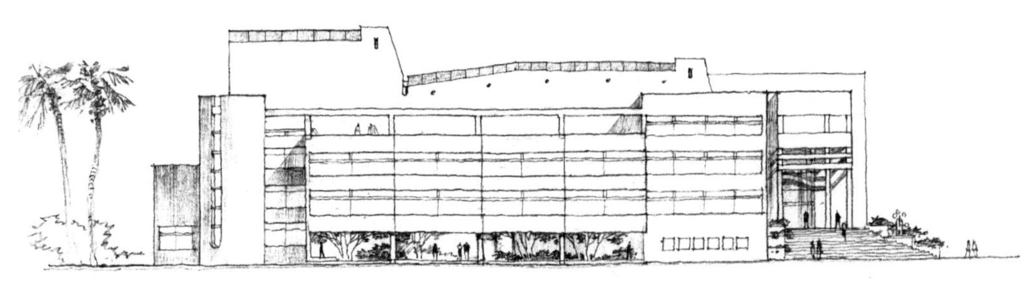

西南立面图

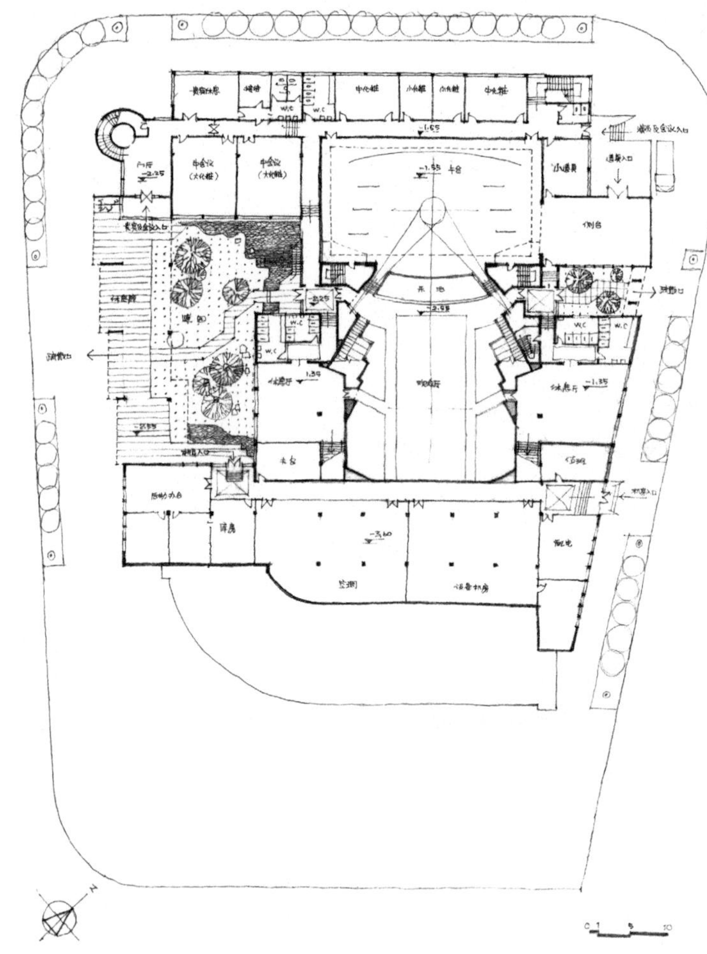

庭院层平面（±0.000以下）

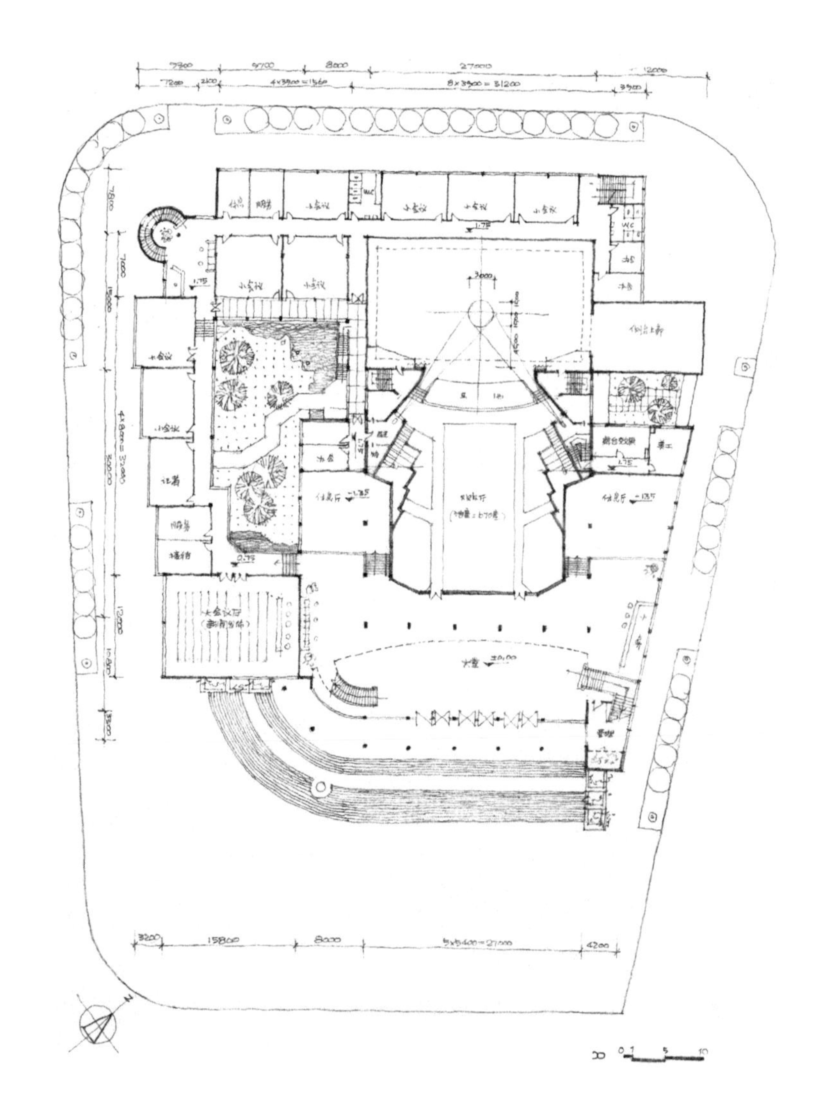

主入口层平面

2-12.电白会堂方案

会堂西临市政广场，东延陡坎。为满足28间大小会议及演出需要，正厅西侧架空二、三层与前厅、后台环连一体，围合内廷作岭南格调园林。建筑正面由大台阶导入，西面建筑凌空露出庭园，造型活泼自然而不失庄重。草图将这一复杂的平立剖面图表达得十分清晰，体现了终结性草图传达的详细内容。建筑用0.3mm和0.5mm的2B自动铅笔，配景用粗铅笔绘制，粗细结合使图生动而准确。

透视草图

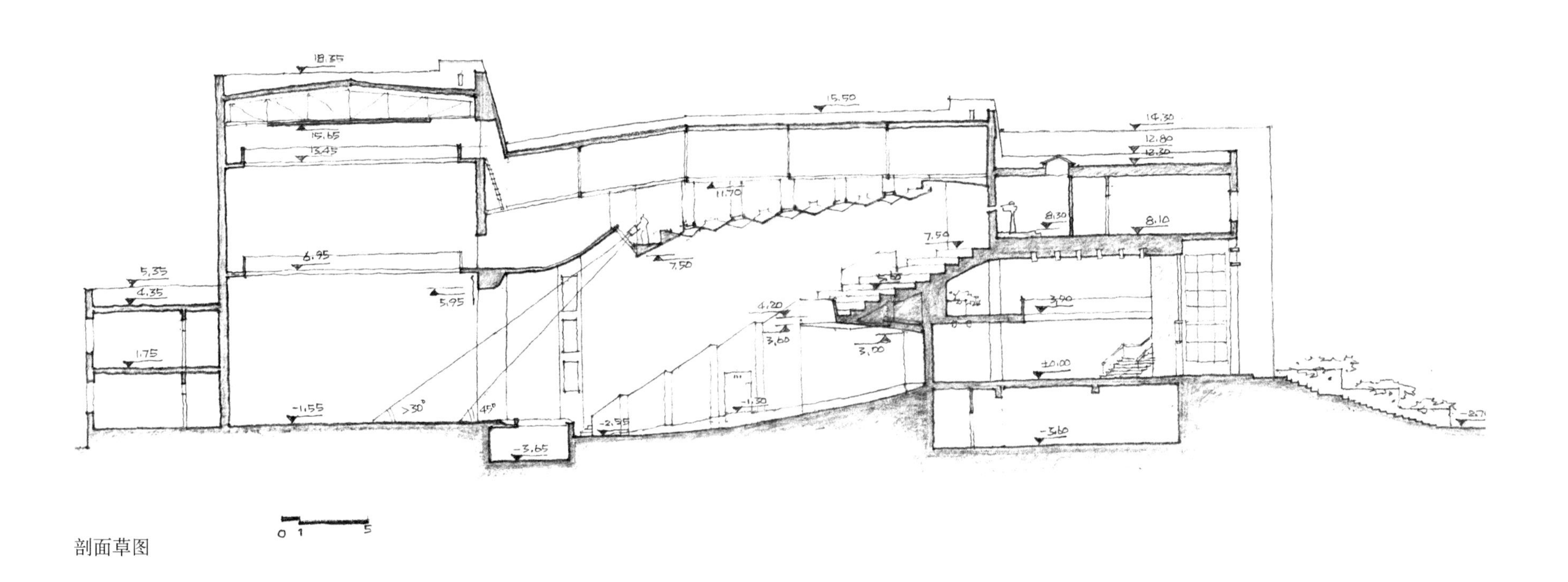
18.35
15.65
13.45
15.50
14.30
12.80
12.30
11.70
8.30
8.10
7.50
7.50
6.95
5.95
5.35
4.35
4.20
3.60
3.00
3.90
1.75
±0.00
-1.55
>30°
45°
-2.35
-1.30
-3.65
-3.60
0 1 5

剖面草图

立面方案二草图

立面方案一草图

2-13.青岛开发区某综合楼方案

在创作过程中，虽大局已定，但仍需要画成精确的草图，进行不同细部处理的比较，左、上两幅草图就是在确定用尖塔、红瓦与地方建筑文脉相呼应前提下的不同处理手法。上图尖顶比较具象，左图略抽象化，以供从整体效果上选择。草图先用笔尖勾出建筑轮廓与细部交接，然后渲染不同材质的体面光影，由重渐轻强烈退晕表达不同的质感。上图粗犷，左图略细，配景着重体现建筑的性格为画面增添生机，达到终结草图的表现力。

住宅外景透视

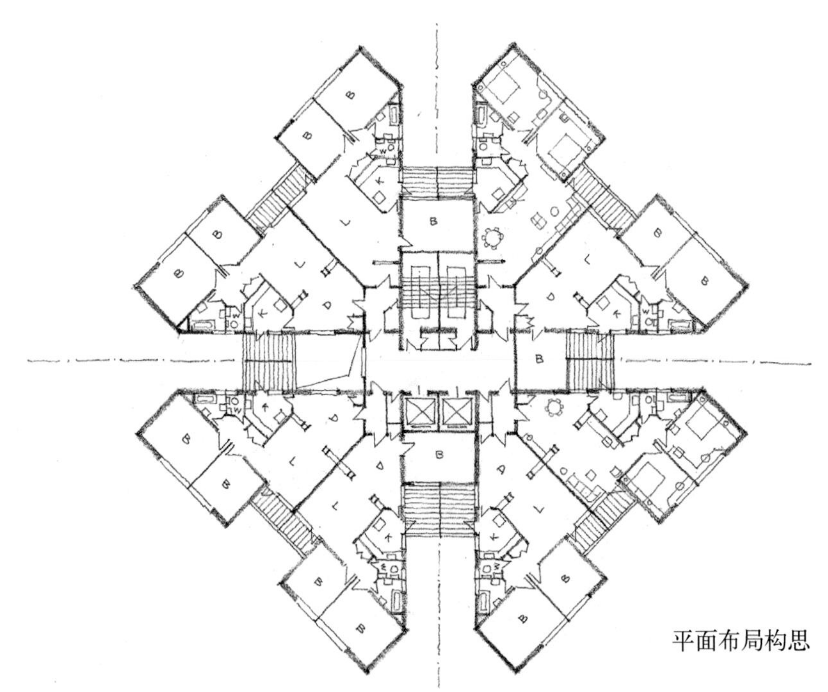

平面布局构思

2-14.高层住宅方案

左图用渲染法表现了三幢高层与底部商店的组合关系。运笔以侧锋自上而下形成退晕，地面再以浓重的树丛衬托，远近轻重有别，朦胧而飘逸。平面以粗细、重轻的用笔区分了主体结构与家具、陈设，眉目清楚。右图则以线描为主，只在窗与阳台阴影施以灰色和重灰色，显出造型特点。两图的人物、配景，重在表现住区的宁静氛围。

用线描作透视草图

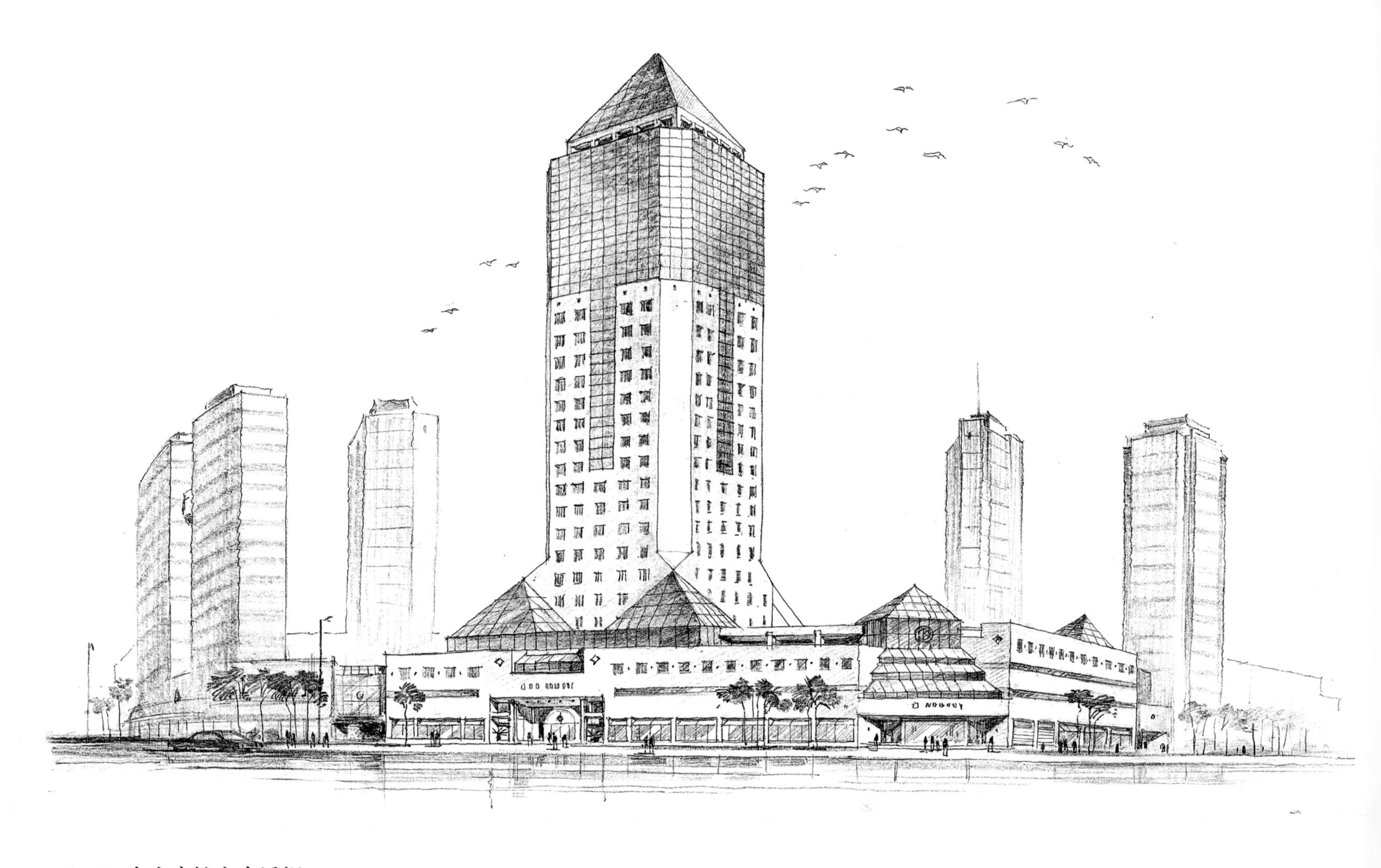

2-15.泰山宾馆方案透视

此立面方案是根据合作者屈浩然教授的初衷构思绘制而成，图中五个玻璃方椎以高层顶端为最，象征五岳之中泰山居首。高层主体下实上虚的处理，形成高耸入云之势，且以中间一条玻璃幕垂挂中腰，喻义“云梯”直上玉皇顶峰。草图显示了玻璃幕与实墙的对比，并着重渲染玻璃体的通透感和环境氛围，以五岳之首、群楼之巅的意象达到突出主题的要旨。几只横空的大雁也打破了画面的沉寂，给四平八稳的构图带来了几分活力。

2-16.某写字楼立面方案

建筑位于城市中主次两条道路的转角处，属三家独立公司分隔使用，主入口是证券交易所，其他为写字楼，受地形所限，外形只能在一字形平面上作文章。构思草图探讨了45°切角的造型处理，试以点、线、面、体元素组合达到丰富造型的效果。画面用笔随意，不求精确，只满足构思过程中自我省审的需要。

站台内景

旅馆与站舍组合的初始草图

2-17.丹东火车站意象性草图

这是代课学生毕业设计修改的草图。原方案中高层旅馆与站舍间缺乏形态上的有机联系，修改图着重在意象上突出主题，赋予高层旅馆以钟塔的形象，加强与站舍的一体性。上图着重于钟塔形态的塑造，其他则放松之，画面人物的行为动态，点出建筑的性格，表达了设计的初始意象。左图用粗笔概括地表达了站台内地面轨道与雨篷的关系，渲染了铁路交通建筑的环境氛围。

● 设计初始，用粗犷的线条形象地勾画出拟建对象与左邻右舍以及广场的关系。

● 模型显示的预期的效果。

2-18.洛阳百货楼方案之一

建筑位于市中心广场之一隅，处在仿古与现代两种风格建筑的围合之中。“立足现代，反映古城风貌”是任务提出的要求。设计以如何纳两种环境要素于一体达到别开生面的效果而展开构思。对于与环境中现代建筑的协调，取建筑中几何元素的相似，如带形窗、圆楼梯皆为呼应相邻宾馆的格调和旋转餐厅所作。而与琉璃瓦顶的仿古建筑对话，则取抽象的隐喻方法，例如正对两幢仿古建筑，在前后入口处设计了隐喻传统屋顶特征的抽象符号与之呼应，既保持了自身现代风格的一致，也能在环境要素变化时仍有恒定的效应。这样的处理以及高层角隅模拟古塔的落地窗和星星点点抽象传统的润色，均为在近观远眺中引起对古城的联想，并赋予建筑以活泼的造型。在终结表现图中，用铅笔渲染，较为细致地表达了上述意图。

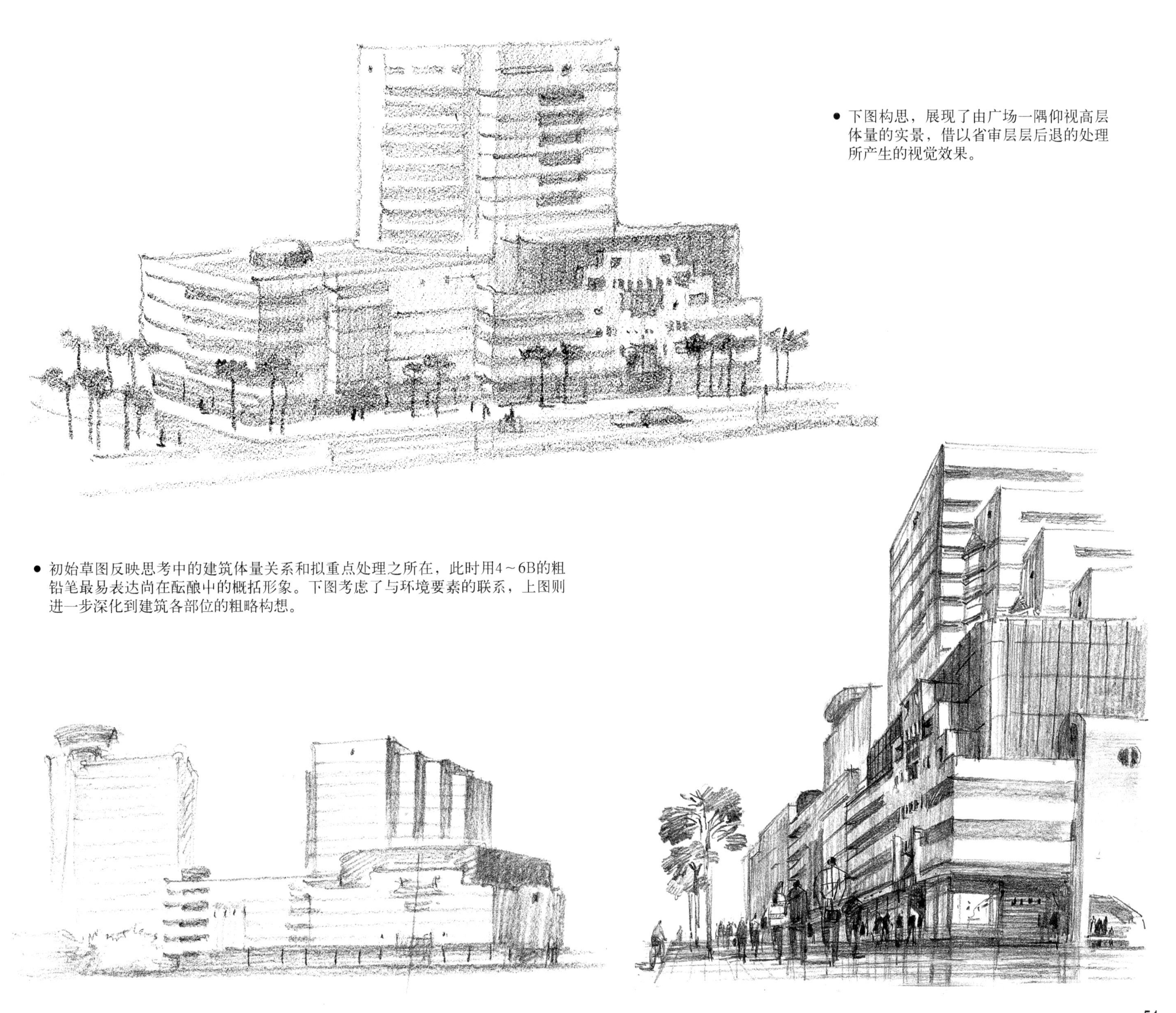

● 下图构思，展现了由广场一隅仰视高层体量的实景，借以省审层层后退的处理所产生的视觉效果。

● 初始草图反映思考中的建筑体量关系和拟重点处理之所在，此时用4～6B的粗铅笔最易表达尚在酝酿中的概括形象。下图考虑了与环境要素的联系，上图则进一步深化到建筑各部位的粗略构想。

洛阳百货楼方案——终结表现图（铅笔）

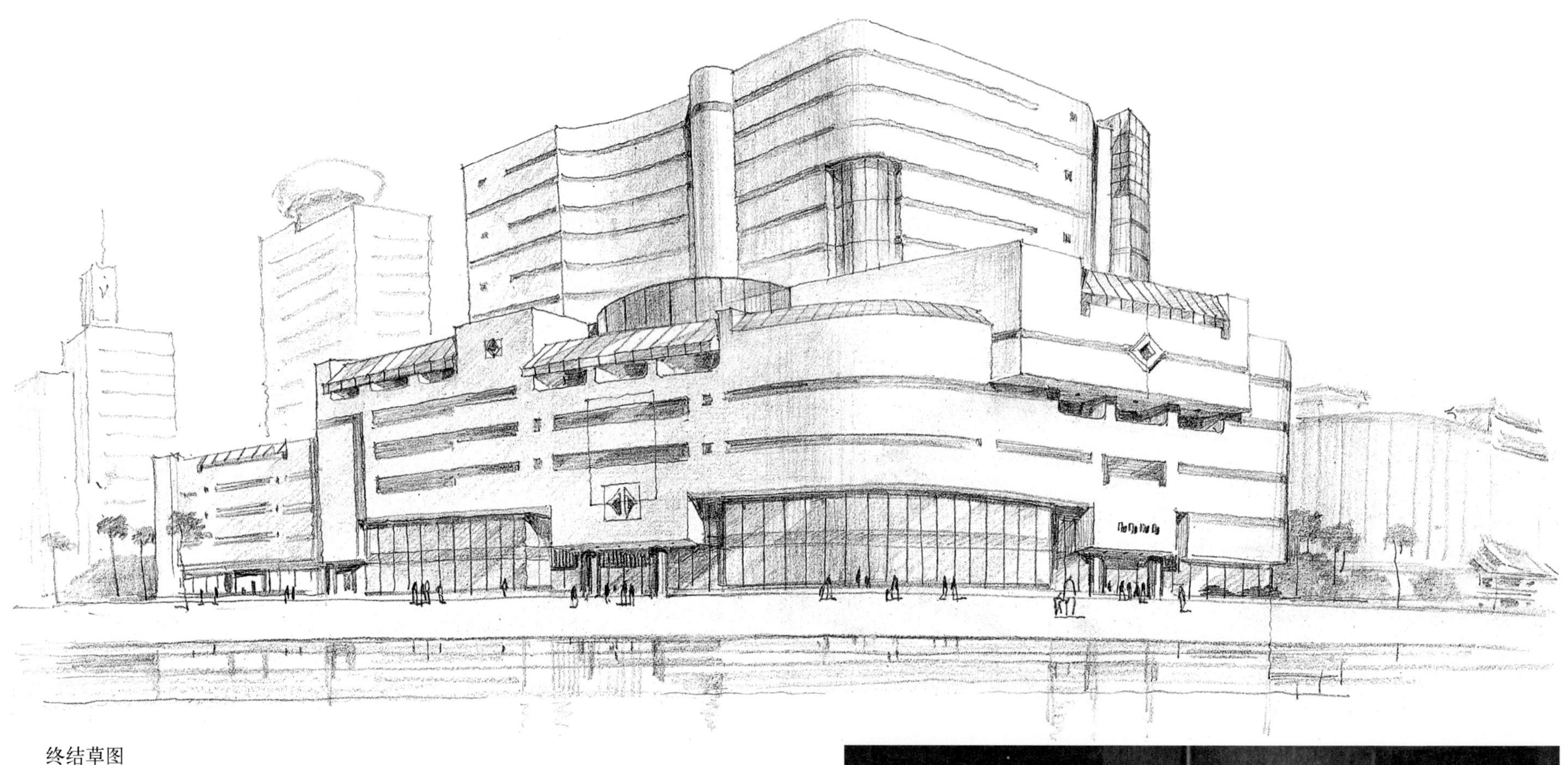

终结草图

模型效果

2-19.洛阳百货楼方案之二

方案用金色反光玻璃顶盖与前后相邻的仿古建筑中黄琉璃顶取得概念上的呼应，连通细部符号的点缀，使人感到在现代风格中含有传统意念的存在。这幅为研究生修改的草图，基本保持了原有意图，只在构图的组合处理和细部的手法、尺度上进行调整和完善。草图以线描为主，略施浅淡的渲染，以显示光影和玻璃质感，人物与衬景的表现不求完形，重在传神，具有施笔简练的功效。

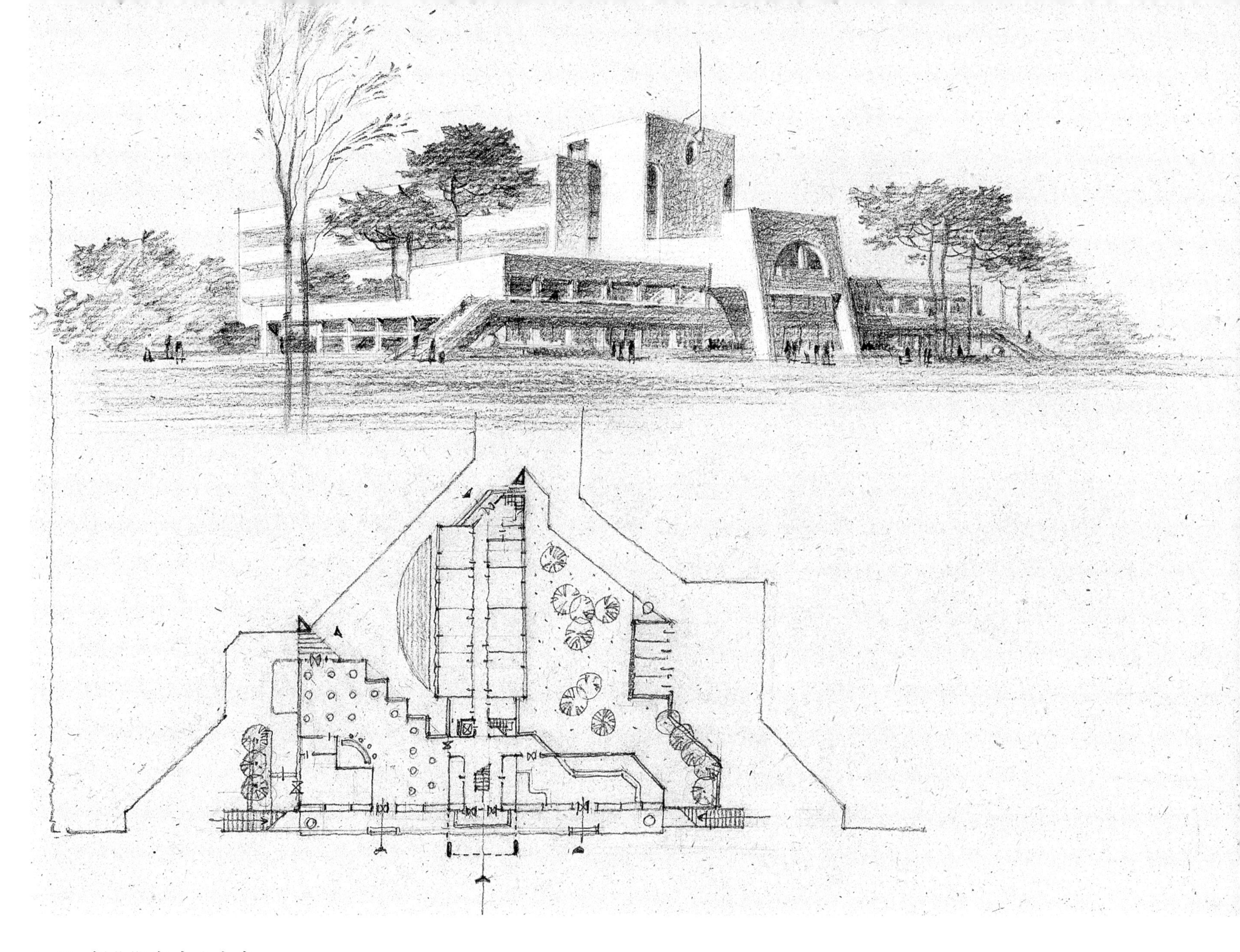

2–20.创业服务中心方案

方案意在解决建筑山墙临街的造型处理，以餐厅和咨询服务向两翼伸展，弥补了主体形态的不足。草图用黑色特种铅笔画在白板纸的灰色一面，用白色特种铅笔提出建筑的主受光部分，以纸的本色取代渲染中的灰色调，用笔不多，可达事半功倍的效果。

方案透视图

2-21.天津旧租界区内新建体育馆方案

项目位于天津旧法租界的地段内，大环境中以西方风格的坡顶山墙形式之小住宅居多。新馆系在原体育馆旧址上拆建，旧馆围墙亦呈坡顶山墙之组合形态。考虑地段狭小，正画逼近主街，总体构思将人流组织于两侧，正面只作贵宾出入，且以青铜之体操雕塑作临街之屏障与景点。造型立意以提取环境中的三角形几何元素为构思母题，将主体与练习馆组成一大一小两个互为联系并面向主街的三角山墙，使之融化在大环境之中。

方案全部用铅笔徒手草图完成，然后经复印加深送交业主认可。其中除初始草图较概念的表达外，平立剖面和透视的描绘皆一丝不苟。绘制时先在底稿上用尺打出定位线，然后用拷贝纸覆盖其上徒手画出具体形象，虽比正规表现图费时少，但可得到同等的实效。

上图的透视描绘，除须把握准确性外，更注意拉开黑白灰色调的距离。人物与衬景的表达，可潇洒自如，显出生气。

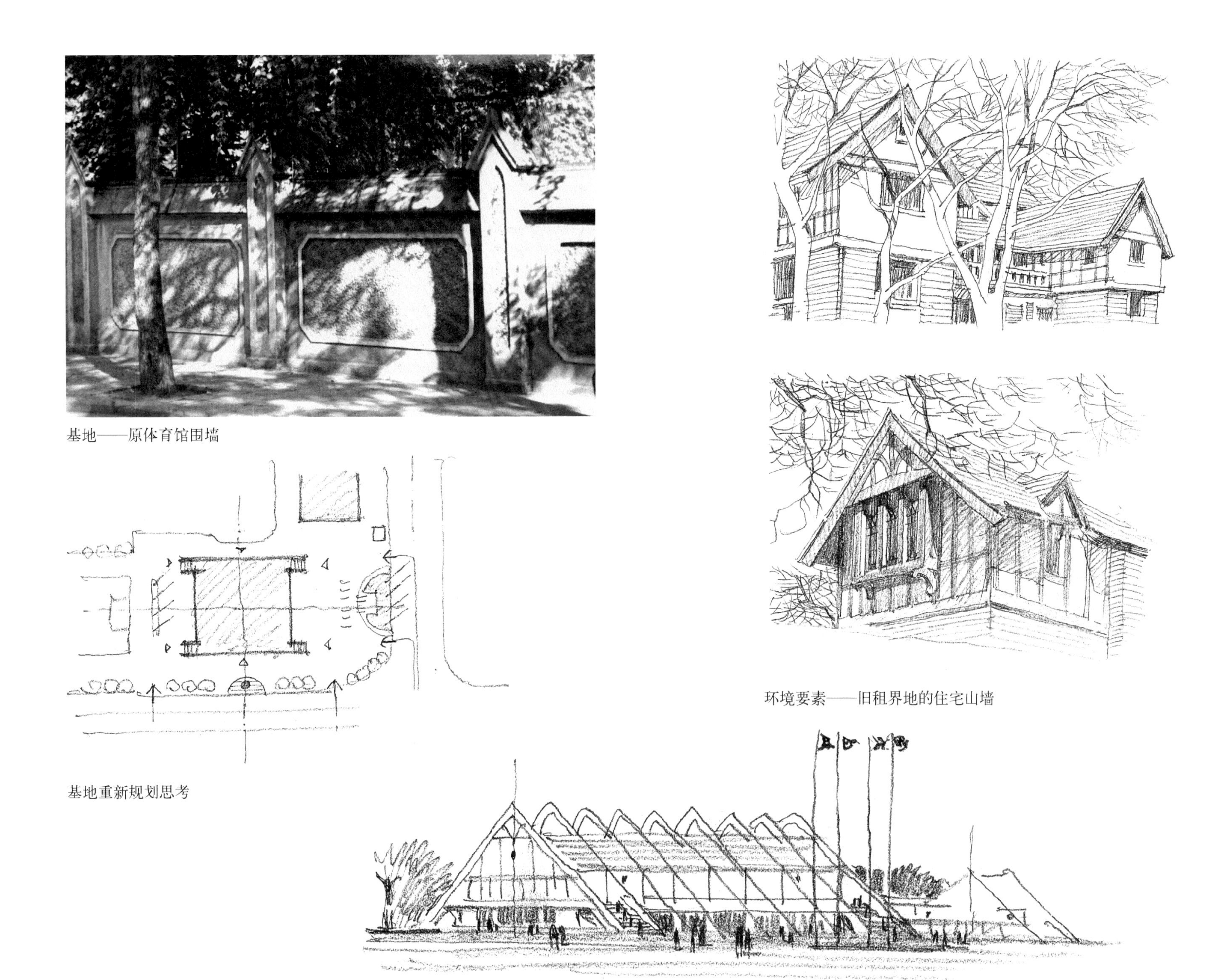

基地——原体育馆围墙

环境要素——旧租界地的住宅山墙

基地重新规划思考

初始草图——从环境中提取三角形母题的概念构思

• 设计立意的依据

立面方案草图

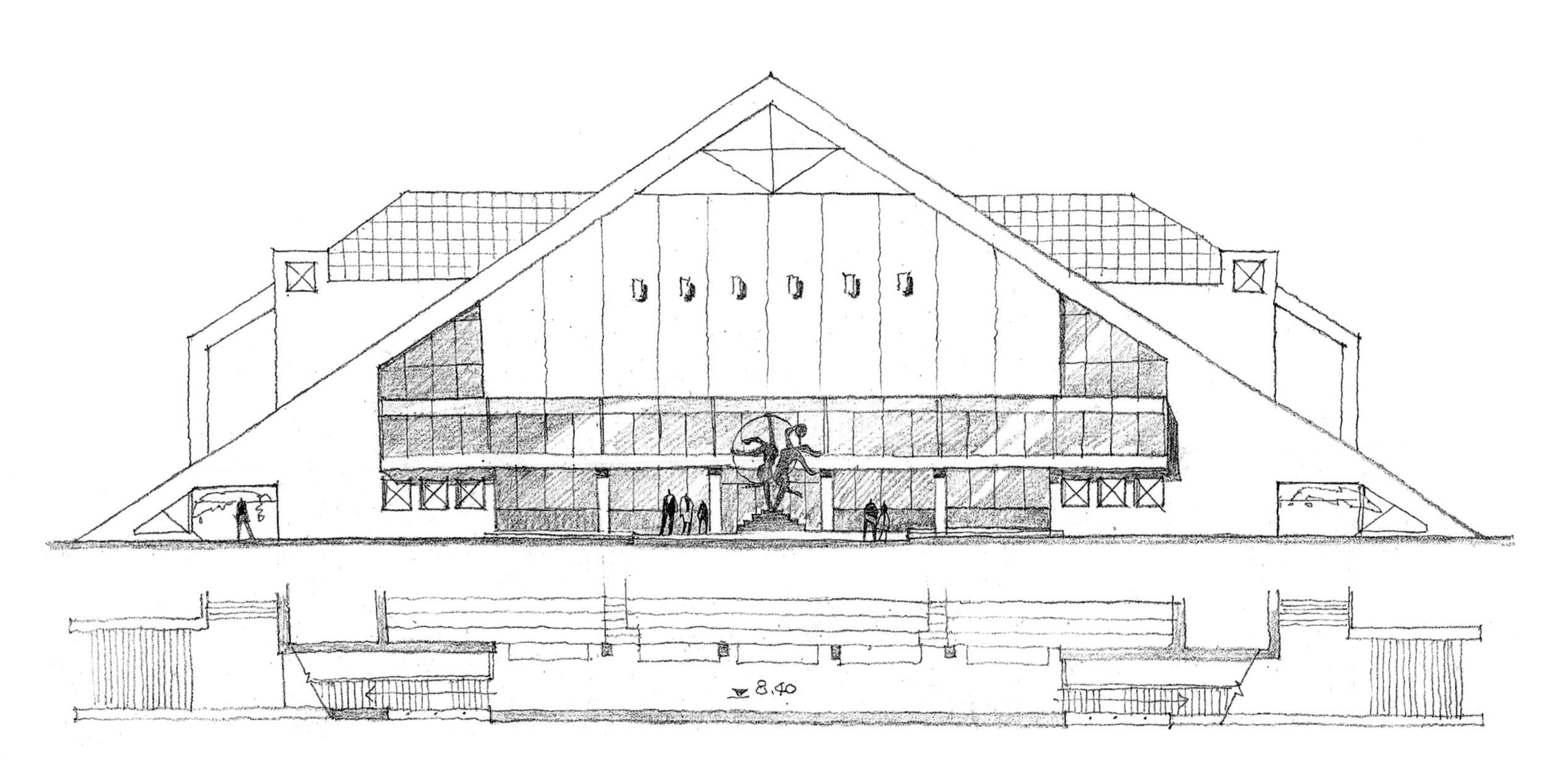

修改立面方案草图

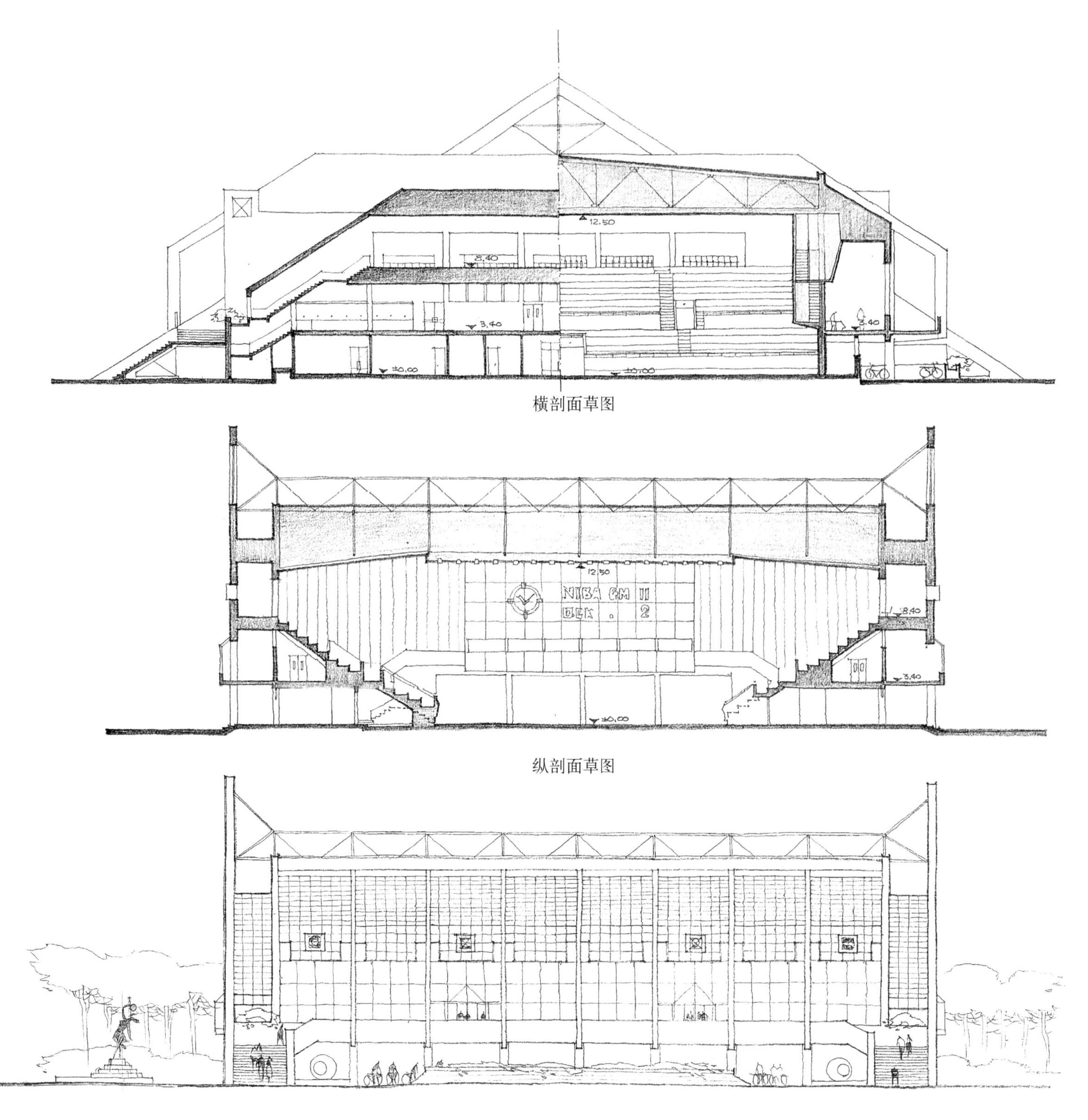

横剖面草图

纵剖面草图

入口立面草图

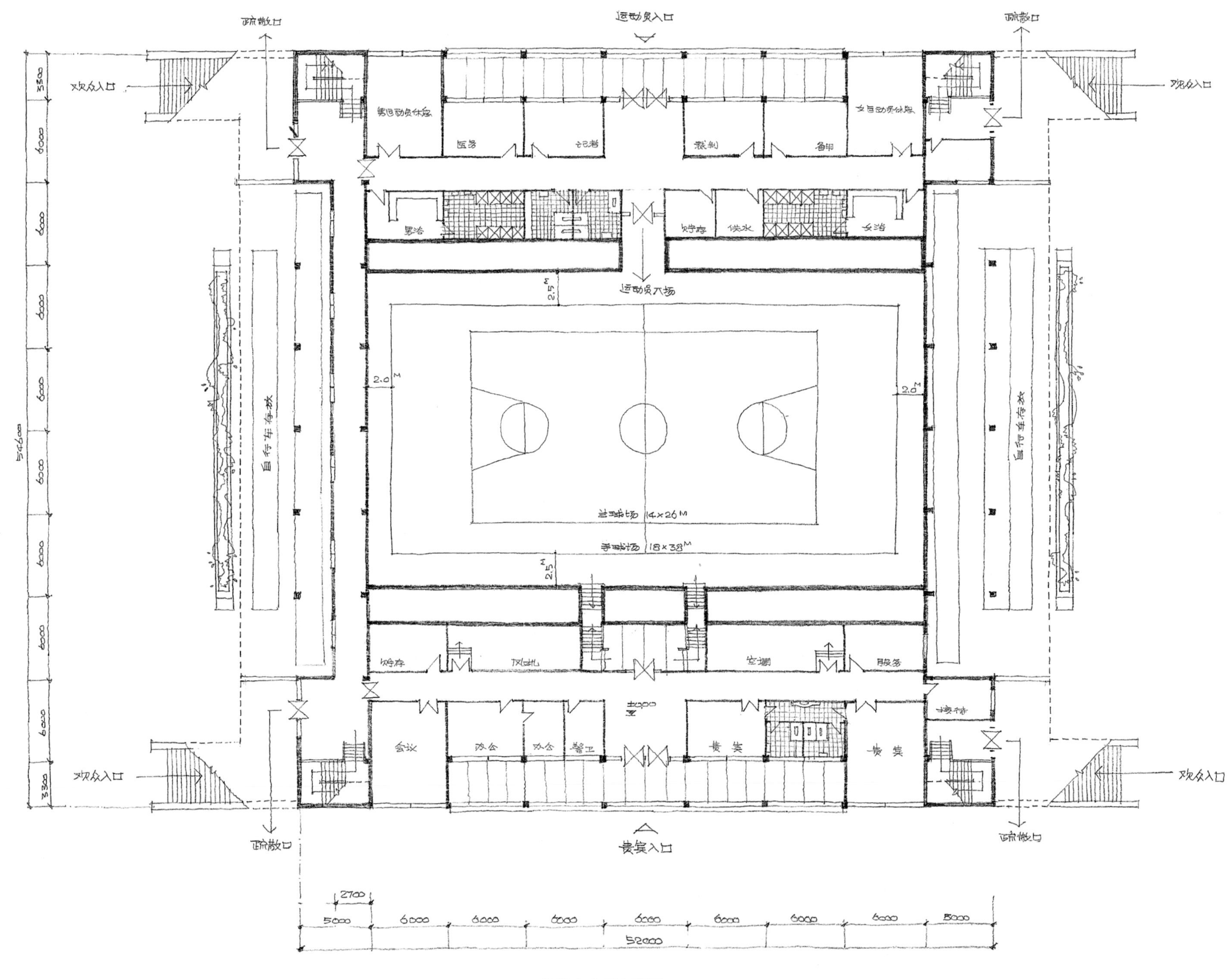

运动员入口
疏散口
疏散口
观众入口
观众入口
男运动员休息
女运动员休息
医务
记者
裁判
备用
男浴
女浴
贮存
供水
运动员入场
2.5M
2.0M
2.0M
自行车存放
自行车存放
篮球场 14×26M
手球场 18×38M
2.5M
贮存
风机
空调
服务
接待
会议
办公
办公
警卫
贵宾
贵宾
观众入口
观众入口
疏散口
疏散口
贵宾入口
3300
6000
6000
6000
6000
6000
6000
6000
6000
3300
54600
2700
5000
6000
6000
6000
6000
6000
6000
6000
5000
52000

终结方案平面草图

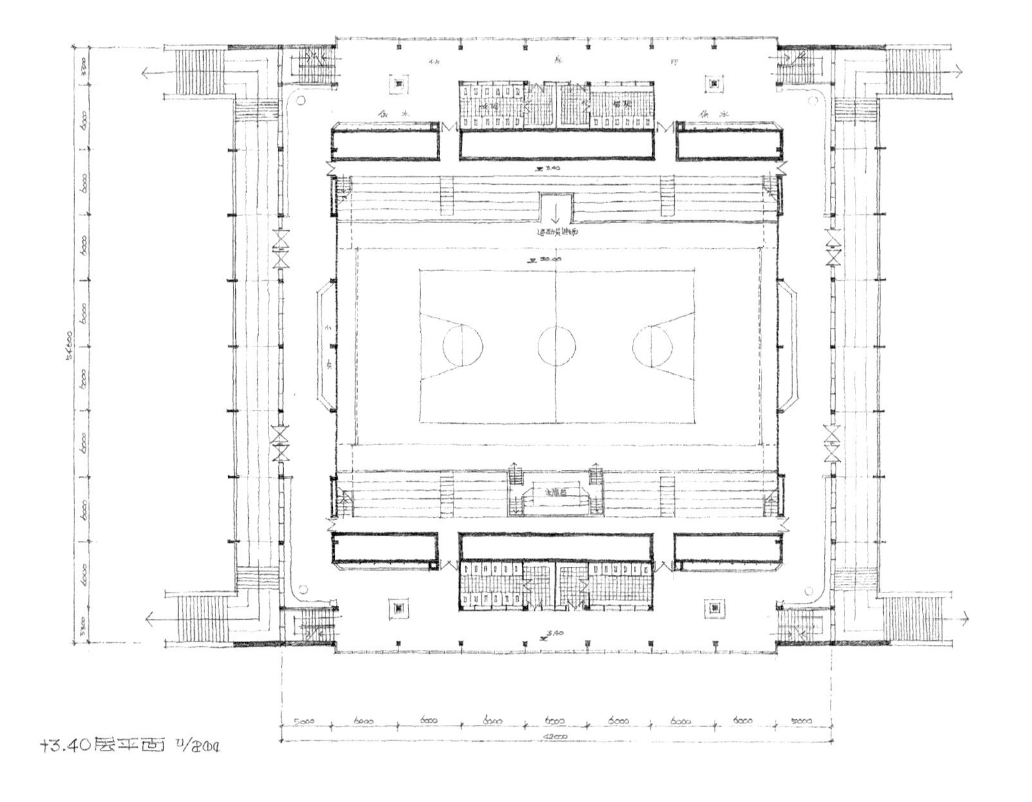

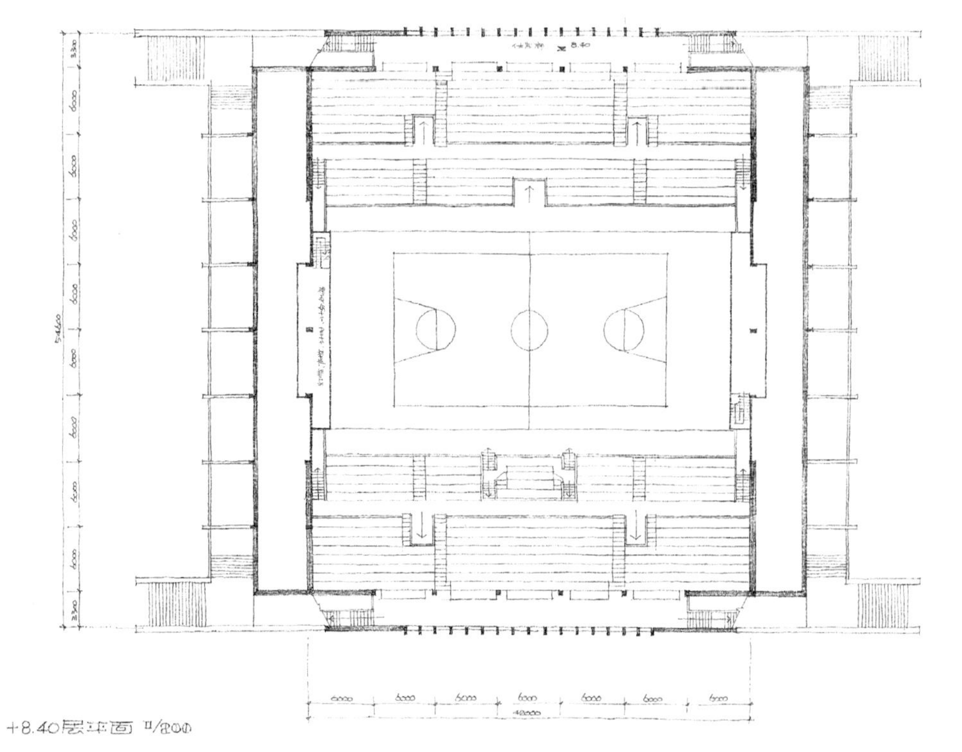

终结方案平面草图

2-22.特定文脉环境的设计构思
——古都某超市立面方案

设计位于已拆除的古城门附近，规划要求体现古都风貌中这一具体地域的特征，并应是现代化的。如何使“文章”词能达意，尚需有一个凝神结想的草图构思过程。依据合作单位所提供的平面轮廓，着手设计时首先确立了对传统意象以抽象继承方式与现代手法相融汇的创作基调，然后在具体形态的塑造中去反复探求立意的原点。初始构思曾设想以一组抽象牌楼为主题，并以现代材料与手法相烘托，画出草图后显得过于庄重而有失商业的格调；转而又以传统店铺的冲天牌楼为构思原点画成草图比较，虽有商业气氛但缺乏地域特征。最后确立以记忆中的古城楼为立意根据，将城楼歇山顶抽象为大轮廓，细部则用玻璃窗象征三重檐，与拱形入口共同组成为城门意象，得到了主审部门的认可。方案始终借助构思草图来比较、自审，以臻演化成熟。但遗憾在实施中已被修改得面目全非，失去了原案的初衷。

● 以金色玻璃顶构成传统牌楼意象，实墙、玻璃幕与不锈钢柱在强烈对比中显出时代气息，但造型庄重，缺少商业特征。

● 以抽象传统店面的冲天柱式牌楼为造型特征，在现代建筑中回味到传统商业建筑的特质。

● 在现代建筑的设计手法中，置入一传统店面冲天牌楼的造型意念，借以传递古都的信息，但缺乏具体地域环境的特征。

● 按评审意见重新修改中选方案，用三重带形窗象征古城楼的三重檐，更贴近原型，可引发人们对古都具体地域的回忆。草图强调了意象与氛围的表达。

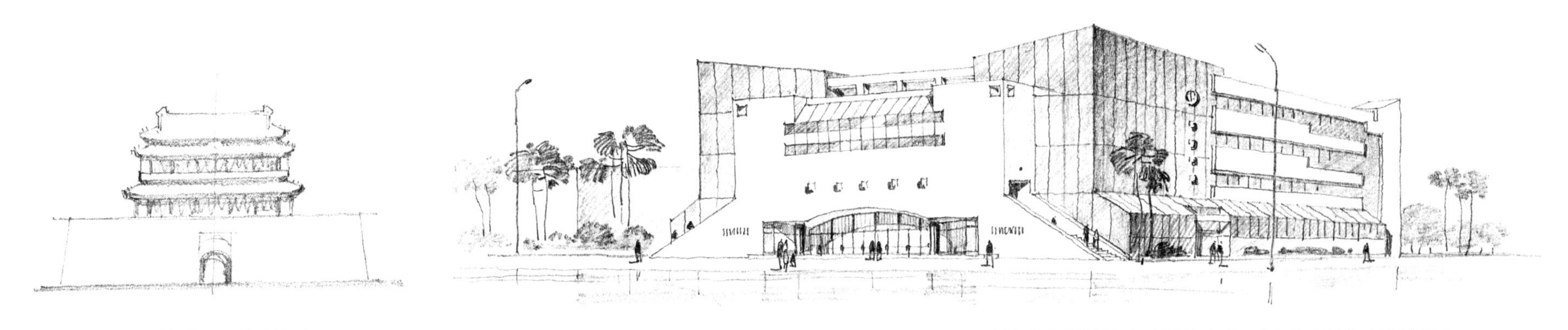

● 原有城门形象的记忆

● 中选方案以抽象古城门的意象，显示了所在地域的特征。

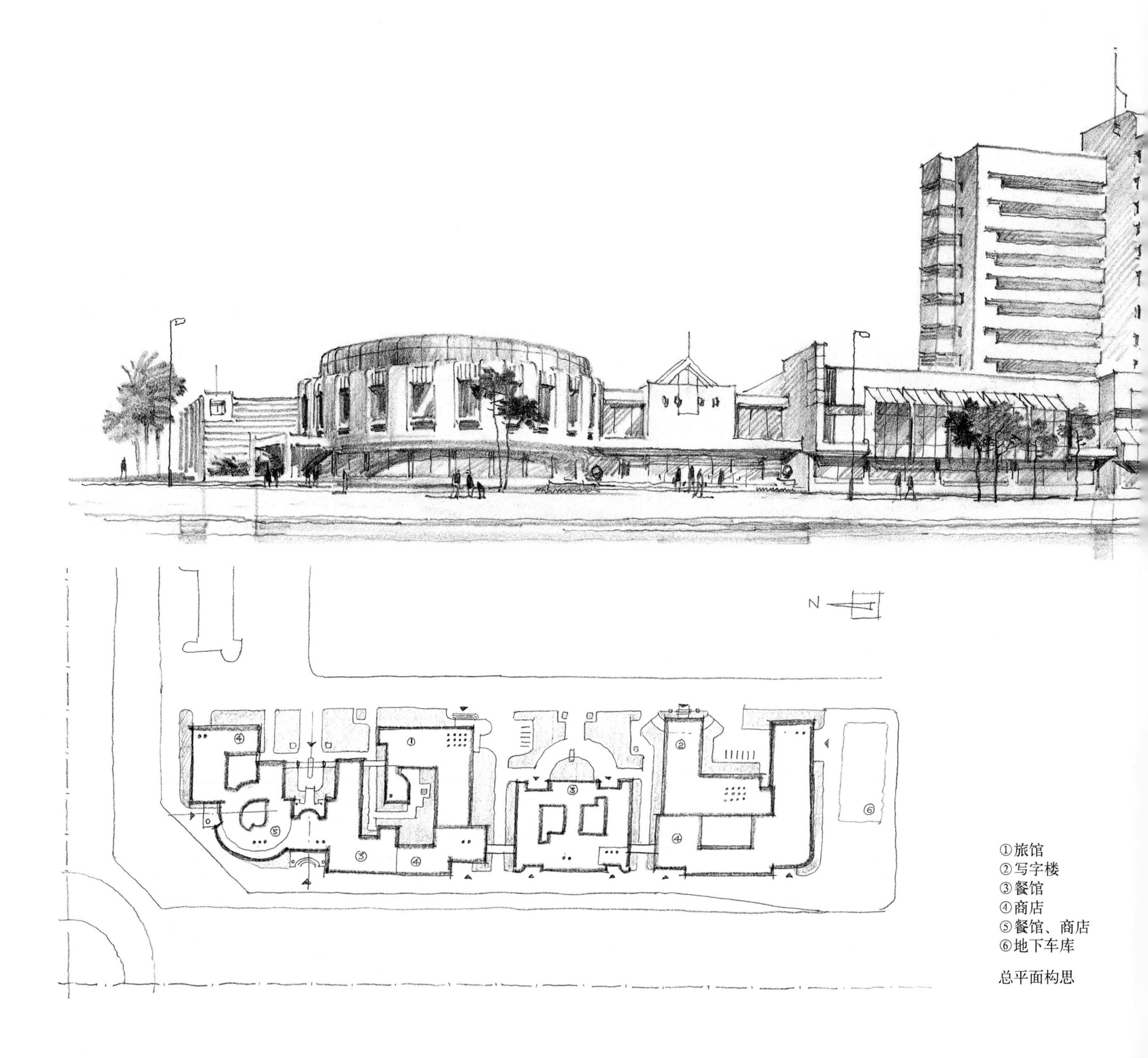

总平面构思

西街街景的终结性草图

2-23.唐山高新技术开发区商业街西街设计

商业街南北长350米，除两幢高层旅馆和写字楼外，低层为餐饮、购物用房。建设要求近期以考虑主干道西街为主，但立交建成后，西街大部陷落桥下，则拟以东街为主要步行街，故设计需照顾正背两街的街景，餐饮业之供应与操作须纳入内院处理。

草图详细规划了总平面及内院、入口与绿地，透视图展现了建筑群体的组合关系和商业建筑的性格。在表现受光与背光、建筑与配景上，用笔粗细有别、刚柔相间，发挥了铅笔画的优势。

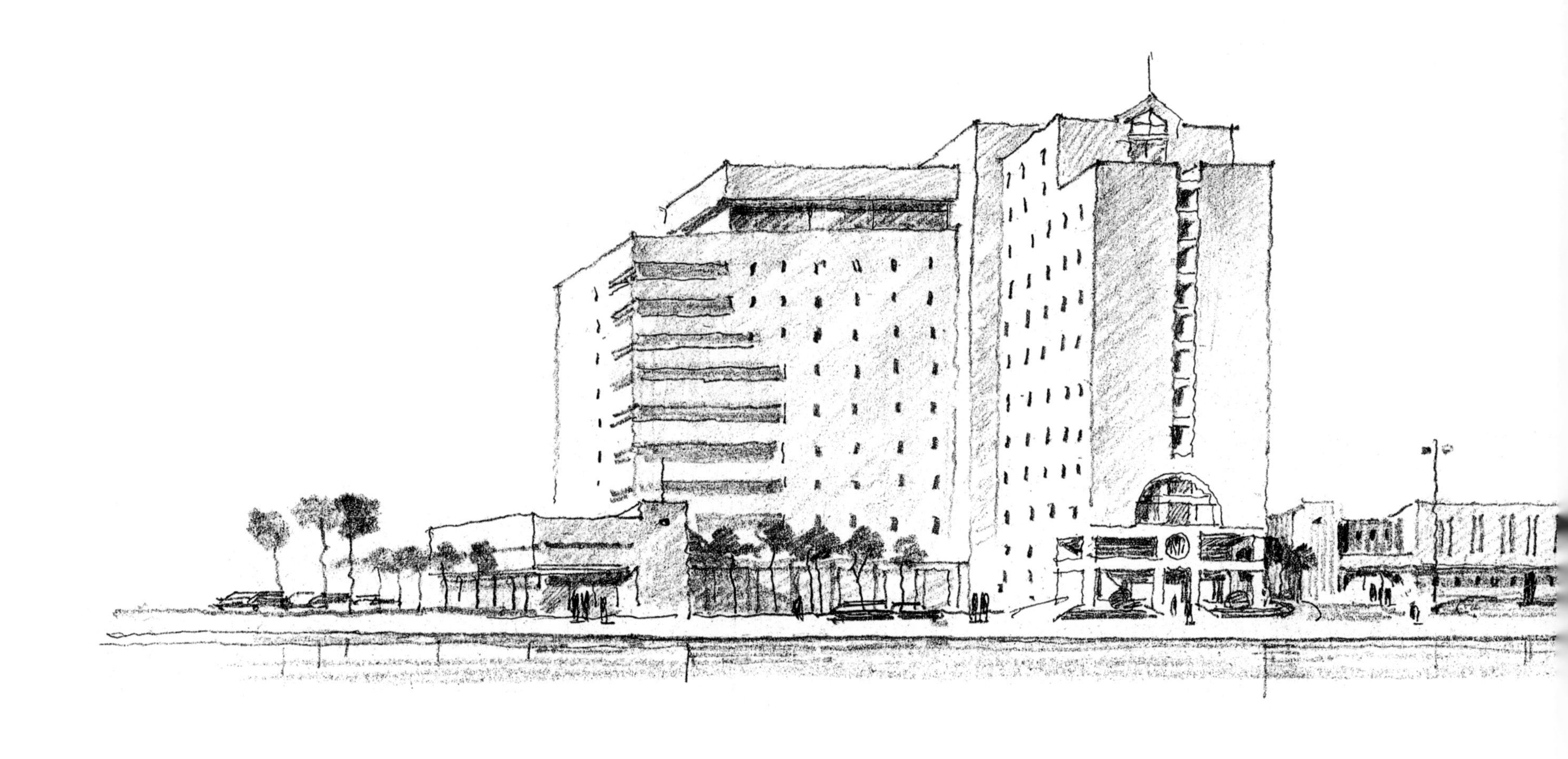

2-24.唐山高新技术开发区商业街东街设计

东街街景以高层写字楼与旅馆为主体，在平面规划中餐饮与购物亦留有东向的出入口。平面图具体表达了内部功能的划分，是初始总图的深化。透视图描绘了背立面的街景，它不同于西街喧闹的商业气氛，却反映着办公与旅馆建筑所需要的凝重造型与安谧环境。草图用笔较前者粗犷，用4B中粗笔尖勾出，以掌握大局为旨，不做具体刻画，达到了构思阶段的深度。

东街街景构思草图

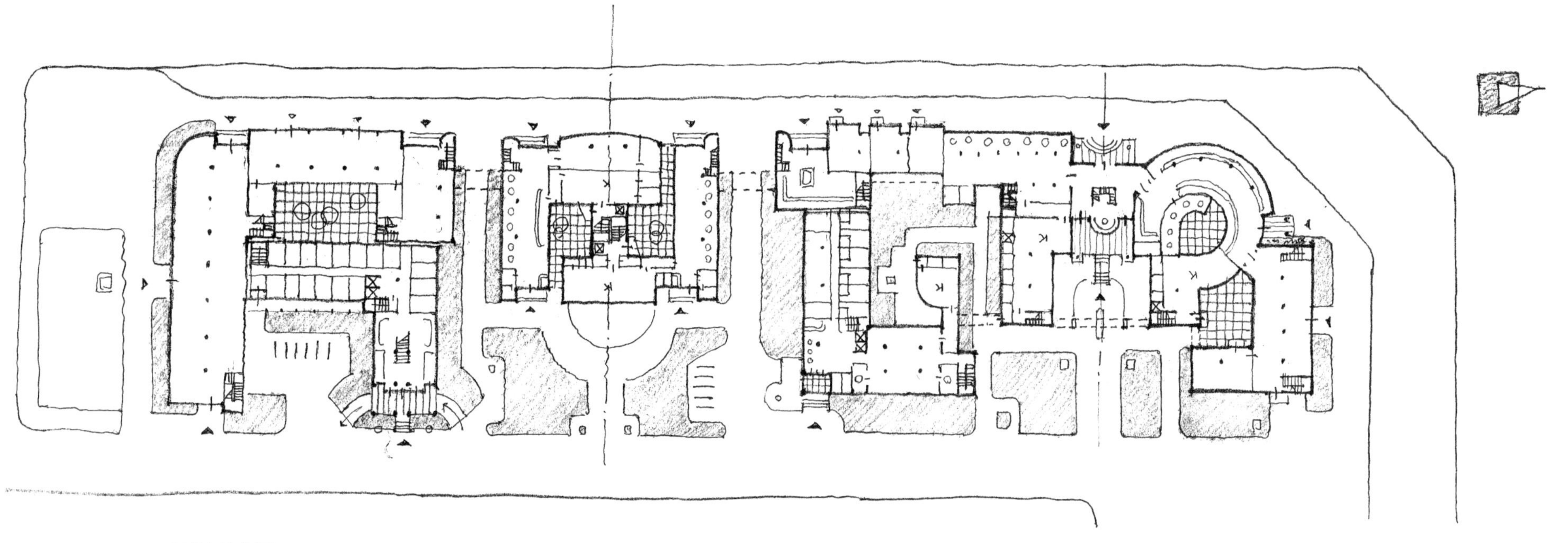
平面构思草图

小区入口景观

2-25.青岛某高层居住小区规划景观

依据合作者已规划的总平面，景观表现草图侧重描绘建筑形态和环境状态，不作细节刻画，因而用中粗铅笔表现比较适宜。远处的高层住宅用上实下虚的笔法拉开了空间的距离。树木、绿地用软铅笔铺衬，疏松的质感与坚挺的建筑刚柔相济，赏心悦目。立交所表现的起伏地形和周边鳞次栉比的西式住宅，体现出设计所处的特定地域环境。

小区内部景观

商业点外观

依坡就势的立交构思

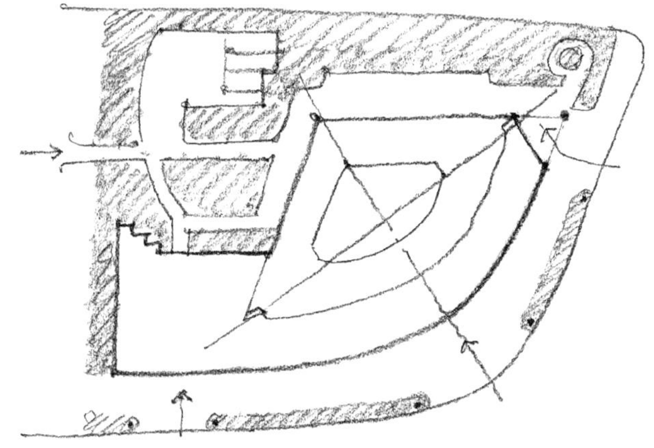

2-26.济南落山大厦方案

大厦由高层写字楼和3层商场组成，位于城市道路约呈110°转角的地段内。高层主体采用梭形平面，并以弧面迎街，顺应道路的走向，低层商场则向道路一侧延伸。构思草图表现了在此特定环境中建筑造型的创意，用线描和渲染相结合的方法刻画了各部位的构成关系和光影效果。粗描淡写的衬景，近处烘托出主体，远处若隐若现，活化了城市的环境气氛。

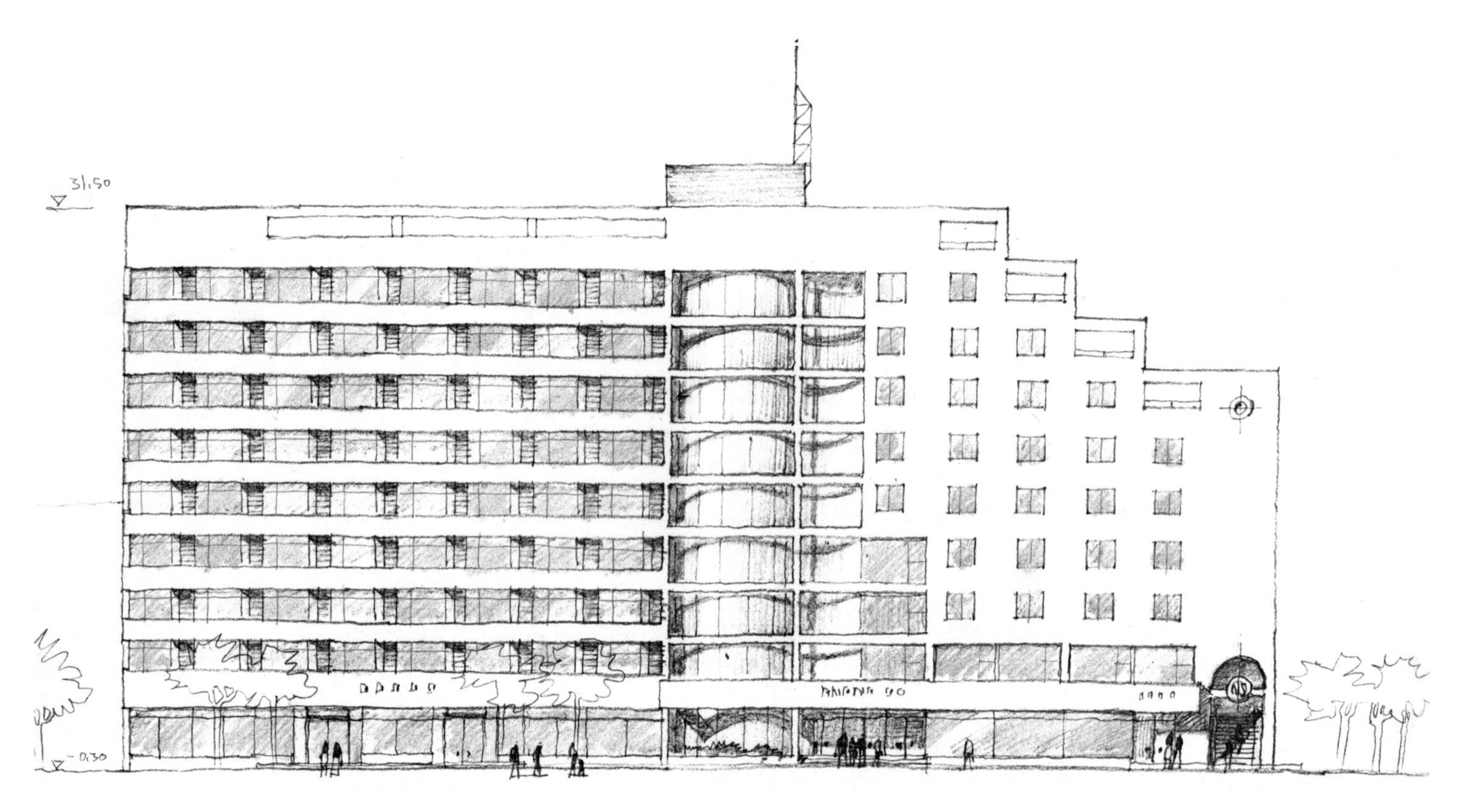

立面草图

2-27.唐山物资贸易综合楼

这一为研究生修改的方案，依据城市的详细规划，是两幢对峙塔楼之一的连接组成部分，应作为整体中的配角而存在。综合楼由9层招待所、6层办公楼以及首层商店、两层餐厅、游乐所组成。在沿街不足60米长的面宽中需安排商、旅、餐饮和办公4个主次有别而各自独立的出入口。其中位居角隅的办公入口，以直达二层的步梯显示了重要的位置，同时也避免了与其他流线的交叉。立面构思以求自身得体而不喧宾夺主为原则，如实地反映了内部功能的区别，九层与六层之间采用逐层跌落的处理，既符合整体构图所需也丰富了自身的造型。终结的透视草图是初始概念的具体深化，立面草图则显示了准确尺度的约定。现正依据方案意图在实施之中。

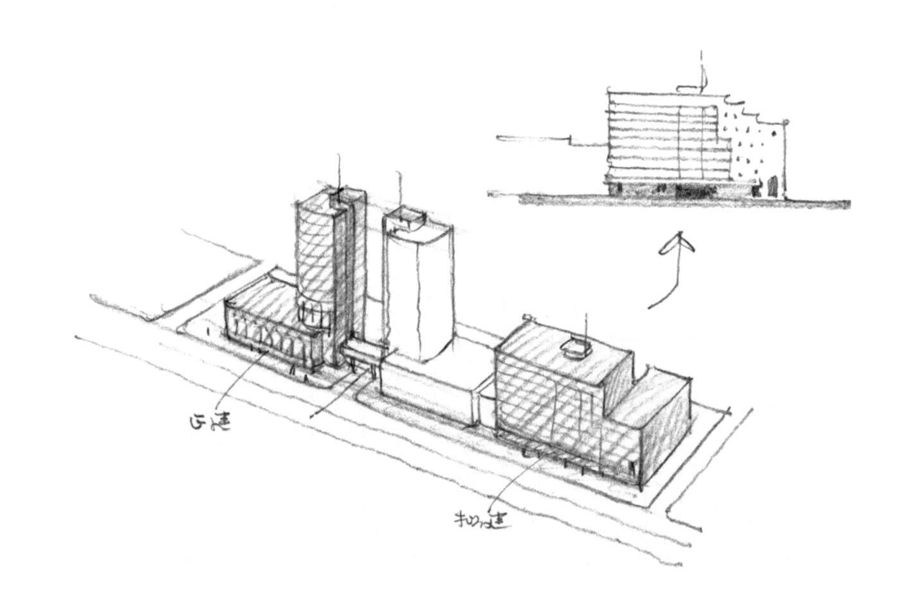

● 城市详规已确定的用地范围与建筑轮廓

终结性透视草图

初始概念图

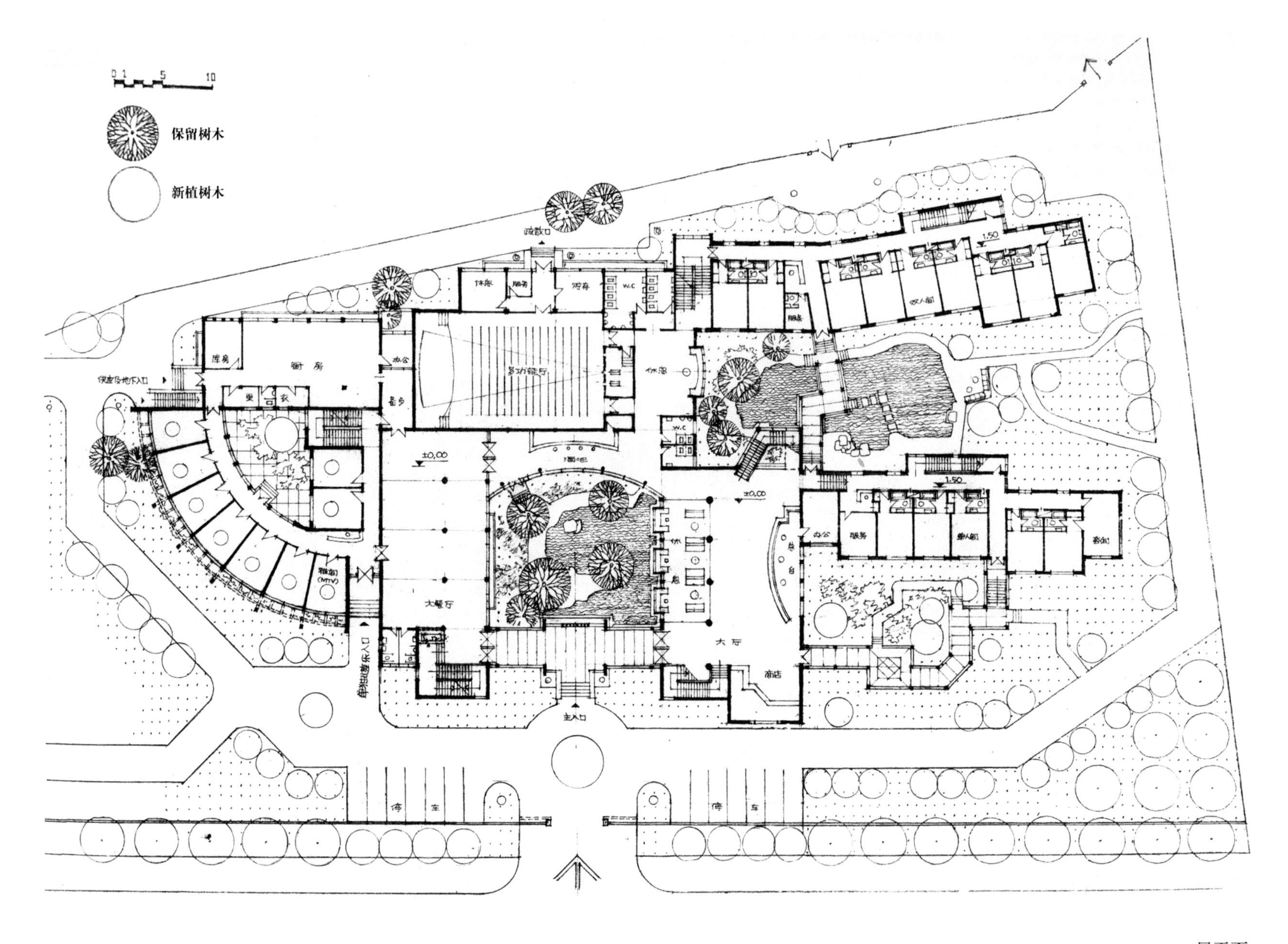

一层平面

2-28.唐山建设者之家

建筑位于凤凰山公园内，要求设计时必须严格控制建筑的落位和尺寸，以保留现存的15棵树木。故终结性草图采用仪器绘制以确保方案的可实施性。在有限的基地内，建筑采取了分散式布局，将会议、客房、健身、娱乐和餐饮穿插于拟保留的树丛之间，并施之以园林化的空间组织，体现了园中园的特点。草图用0.5mm和0.3mm的1B或2B自动铅笔快速绘制后复印达到了墨线图的效果。

立面透视图

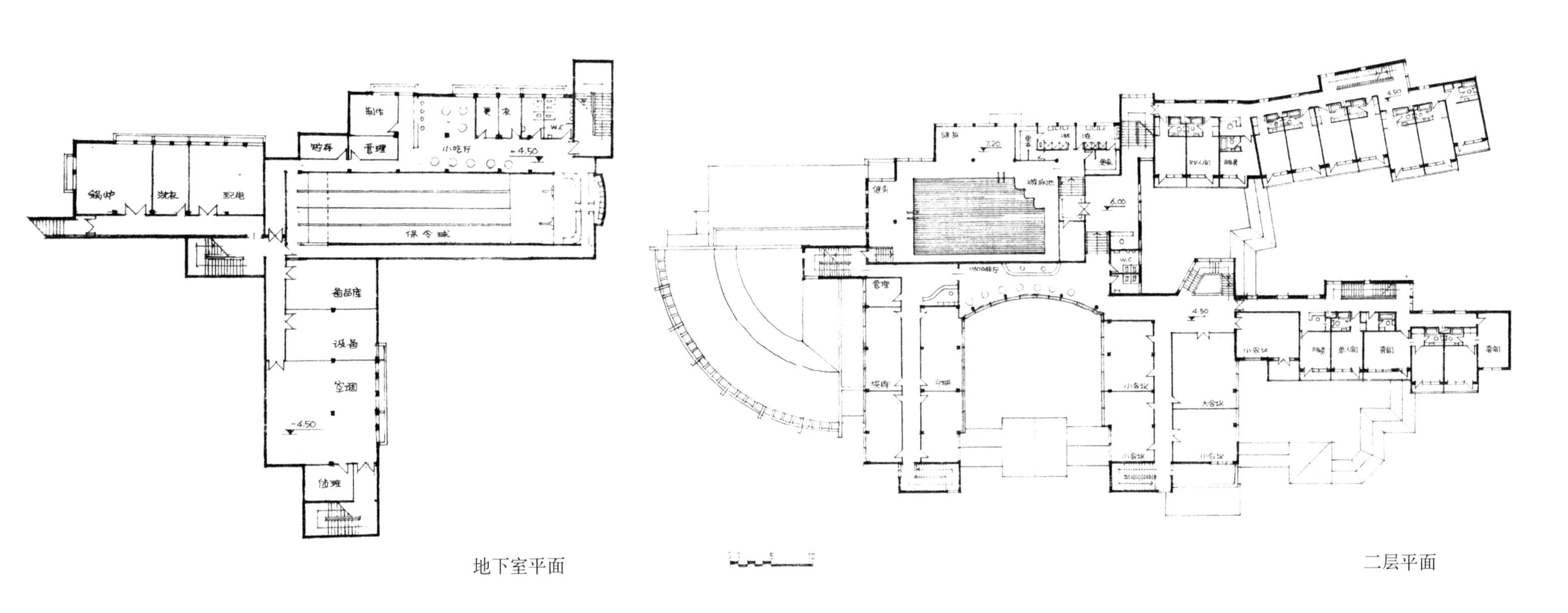

地下室平面

二层平面

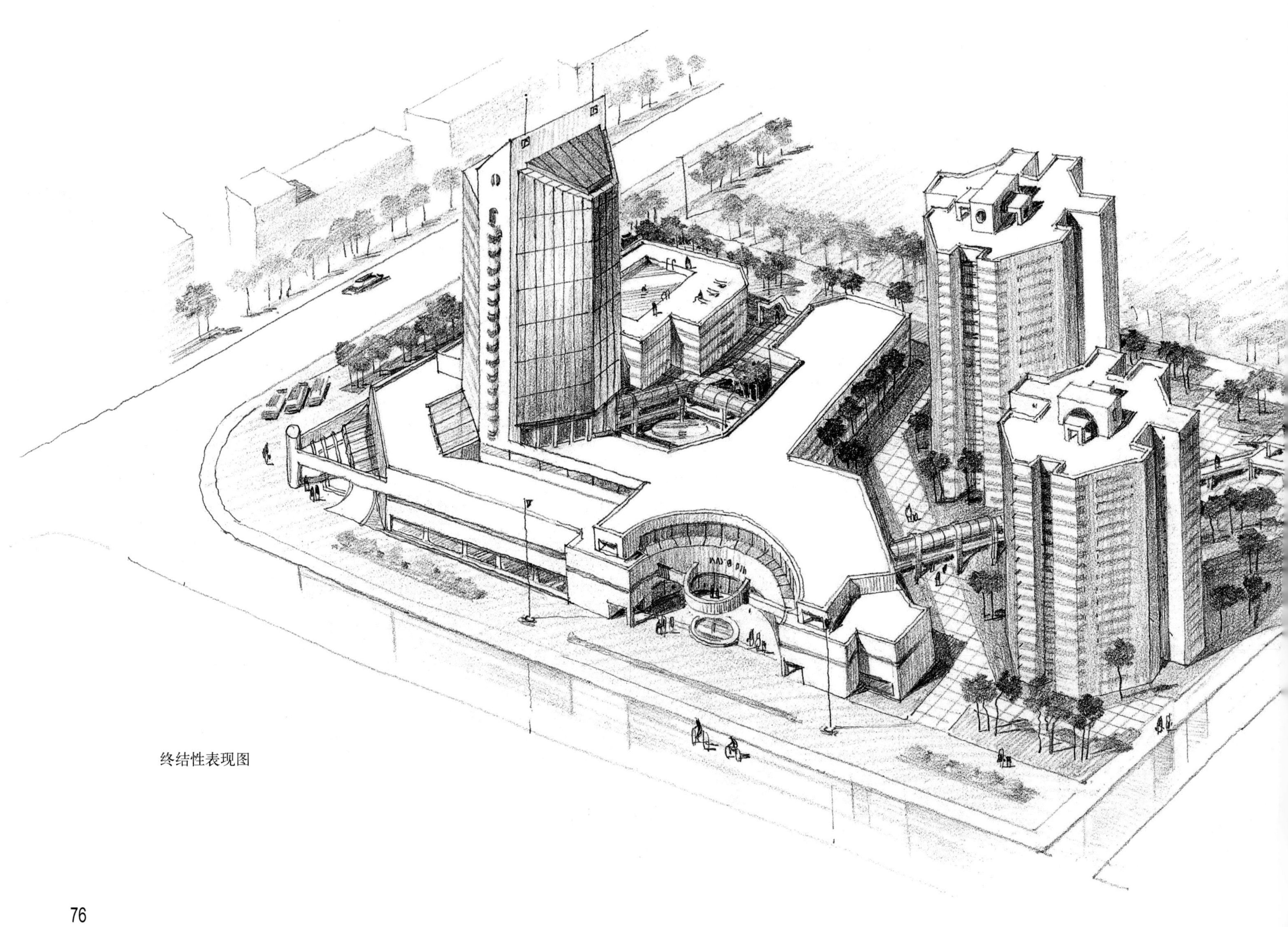

终结性表现图

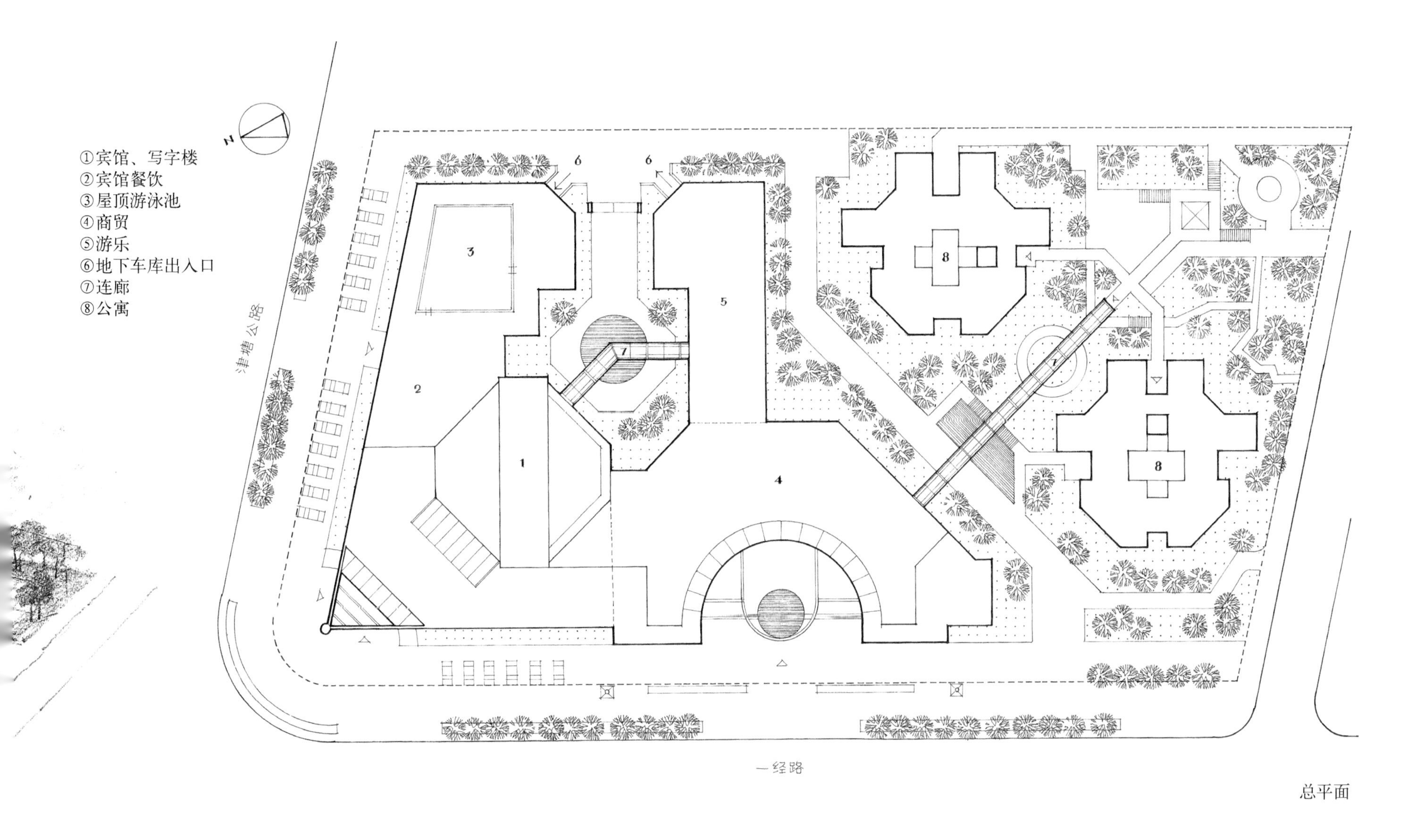

总平面

2-29. 天津东丽经济开发区商住中心方案

商住中心由四星级宾馆、商贸楼和高层公寓组成，方案通过院落划分和连廊穿插将三者既分隔又联系组成为统一体。终结性表现图用鸟瞰一丝不苟地表达了这种空间关系，受光、背阴、投影、绿化、远近均通过用笔的轻重拉开距离，展示了较强的空间感，多种层次的色调搭配使画面明快，神重于形的人、车点缀亦栩栩如生。

2-30.观众厅的光环境构思

在创作的全过程中，构思草图是伴随建筑师完成各个设计环节的重要手段。从整体到细部，从室外到室内，乃至实施过程中的具体构造等设计，都能显示运用草图构思取得设计完善的效果。

于20世纪60年代初建成的这一演出建筑中，正是经过构思草图的反复推敲后，设计了以悬吊于薄壳屋盖下的采光通风带，使观众厅获得良好的自然通风和光环境效果。对光源直射、折射和反射的处理与波形挡板的装饰设计，使墙面、天棚明暗交替。晕光与点式照明光感辉映，构成了一个飘浮、灵空的天顶和富有动感的光景。建成后的实效达到了草图所表达的预想效果。

观众厅的光环境构思草图

建成内景（1960）

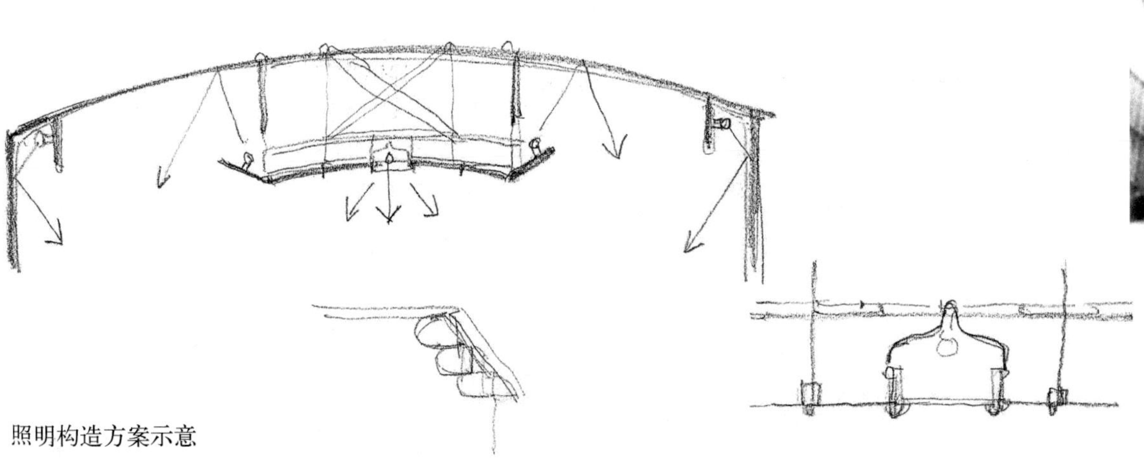

照明构造方案示意

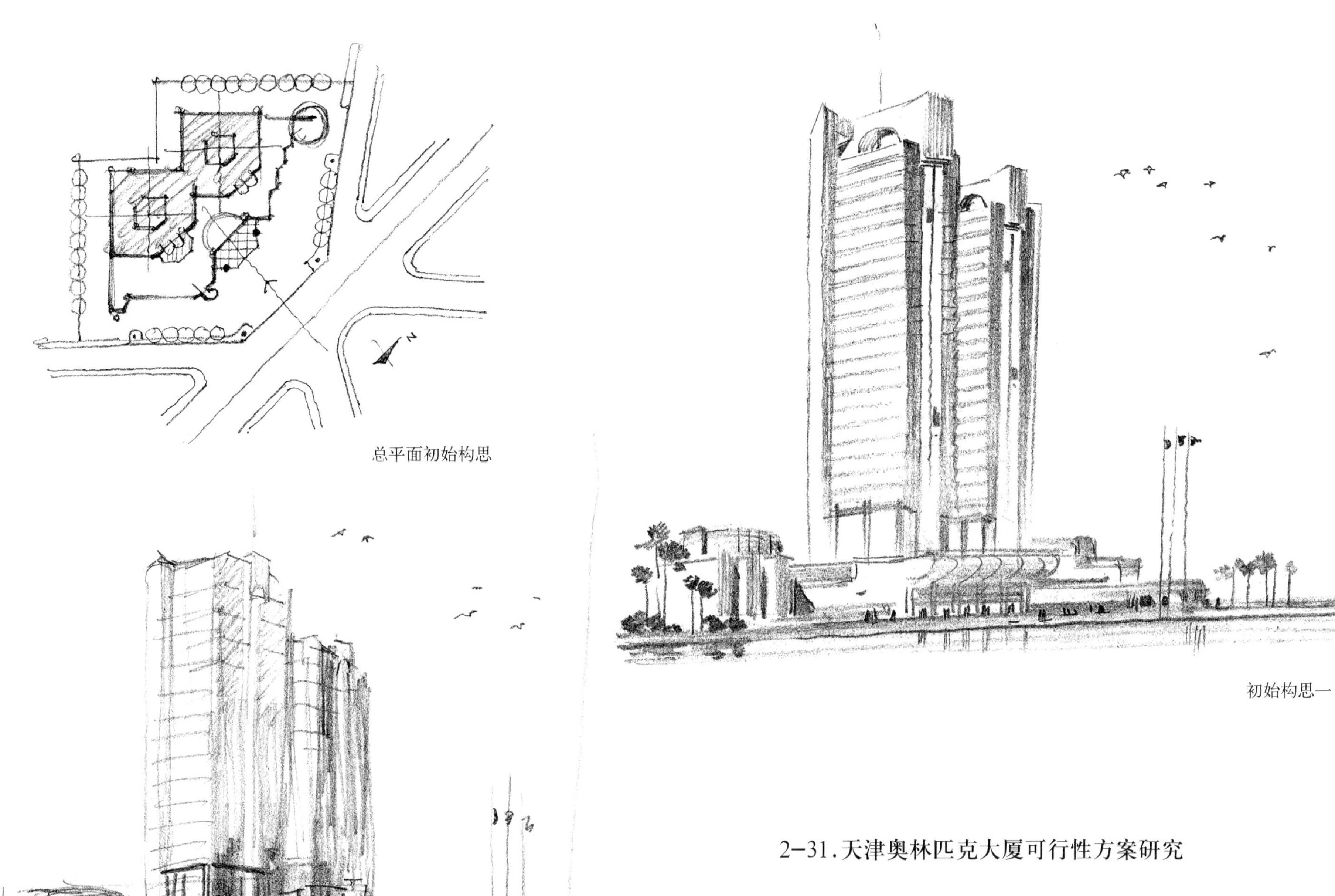

总平面初始构思

初始构思一

初始构思二

2-31.天津奥林匹克大厦可行性方案研究

方案为确定建设规模，适应城市景观要求，进行了布局与造型的探讨。

顺应主要街道的走向，双塔耸立的外形为六条道路的交汇口展现了较大的面宽，且成为两条道路的对景；平面外廓与用地相契合，为主入口提供了宽阔的停车场地。总平面与初始构思比较草图，乃思维过程中瞬时闪念的笔录，故可粗放不拘，而重在意象的表露。

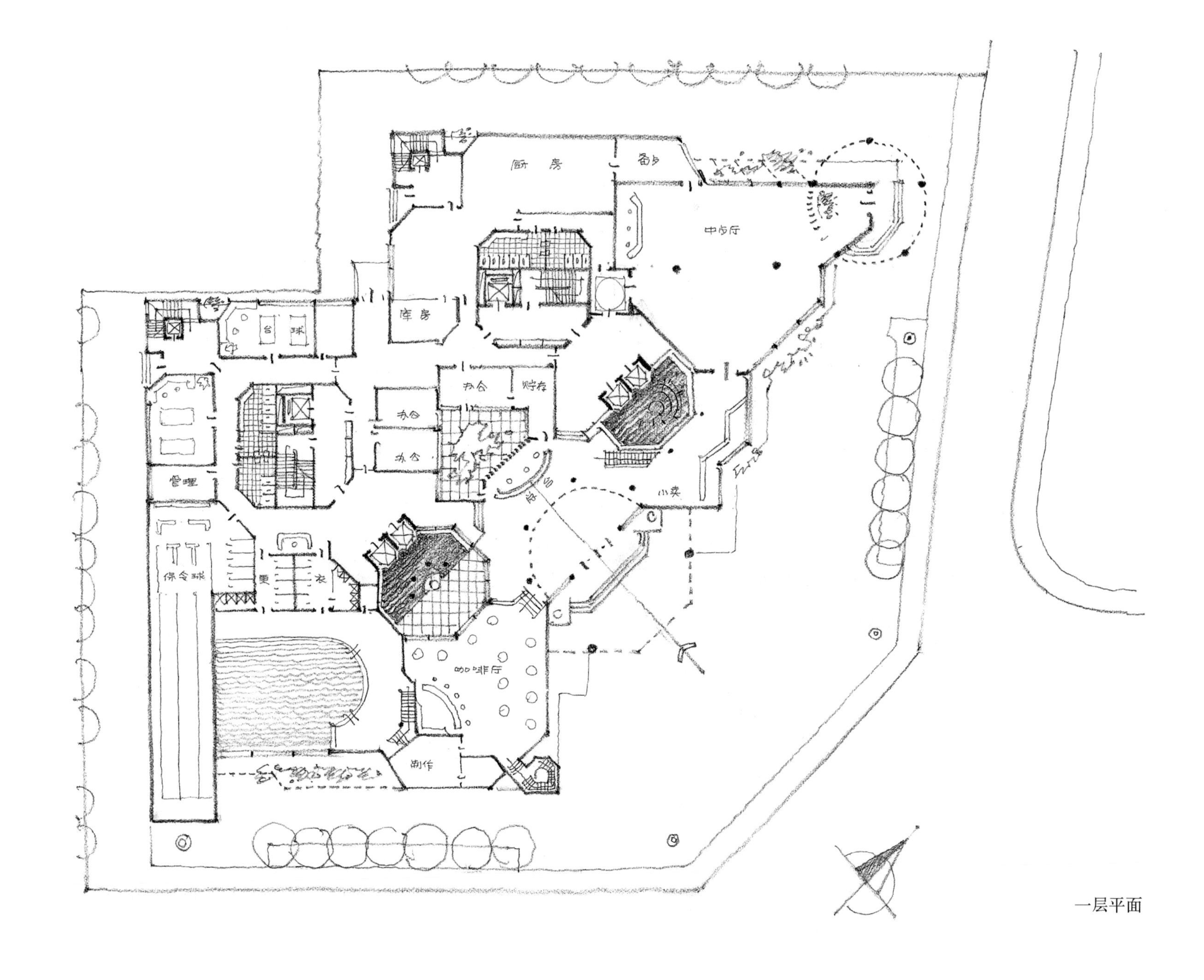

一层平面

- 含多种内容组合的高层综合楼，其底层空间是各种矛盾的交汇点，合理的功能区化和按使用行为有序地分配、组织人流，并与之结合来优化视觉空间的秩序，乃创作构思的焦点。如上图，枢纽空间——大堂位居中央，两组垂直交通由观景电梯显示，并以正反两个形状相同的水池烘托和正、负（庭院）两个八角空间围合，构成两组既相同又相异而富有动感的景观效果。两侧向内，各通体育、游乐与餐饮区。大堂前延展为休息厅、咖啡厅、舞厅。后两组垂直交通为供应、物流、职工服务。平面草图在表达复杂的组合秩序时，用笔应粗细分明，重点突出，切忌同等对待，家具陈设虽轻描淡写，亦不可全无，否则将减弱图示语言的识别性。

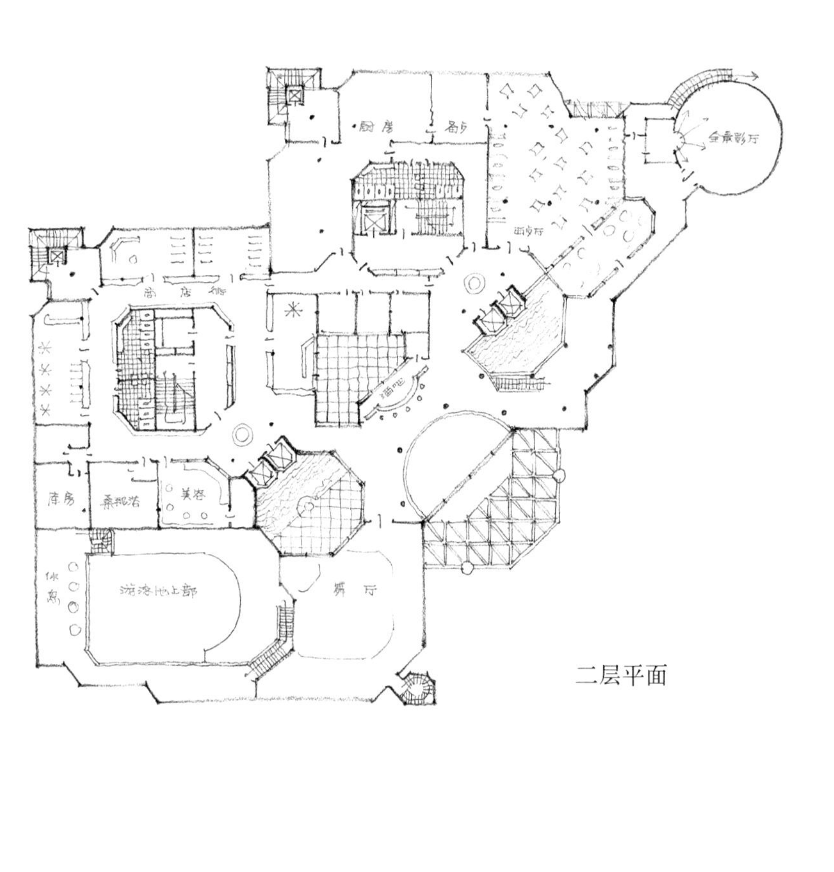

二层平面

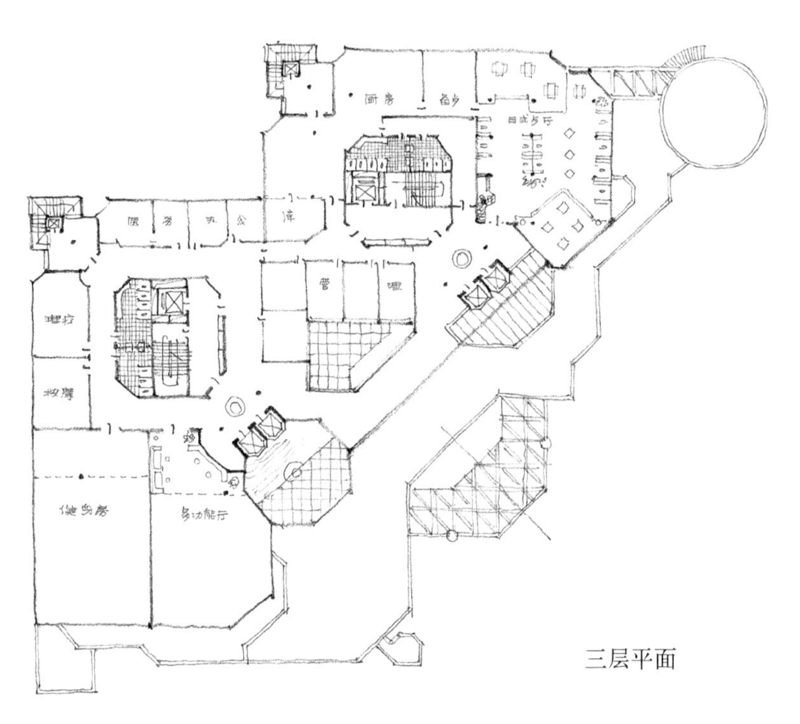

三层平面

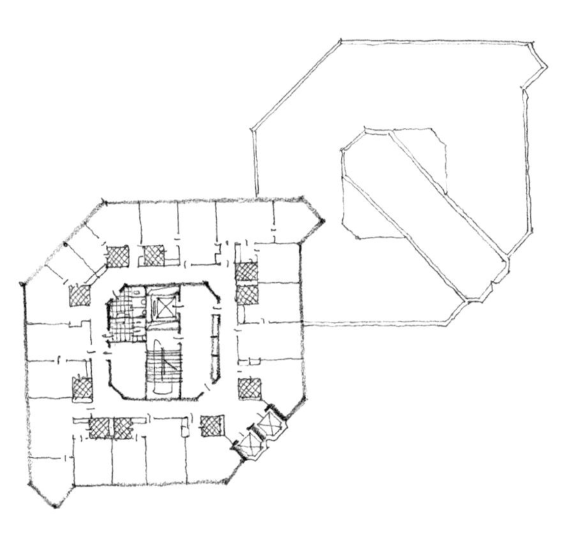

十五至二十二层平面

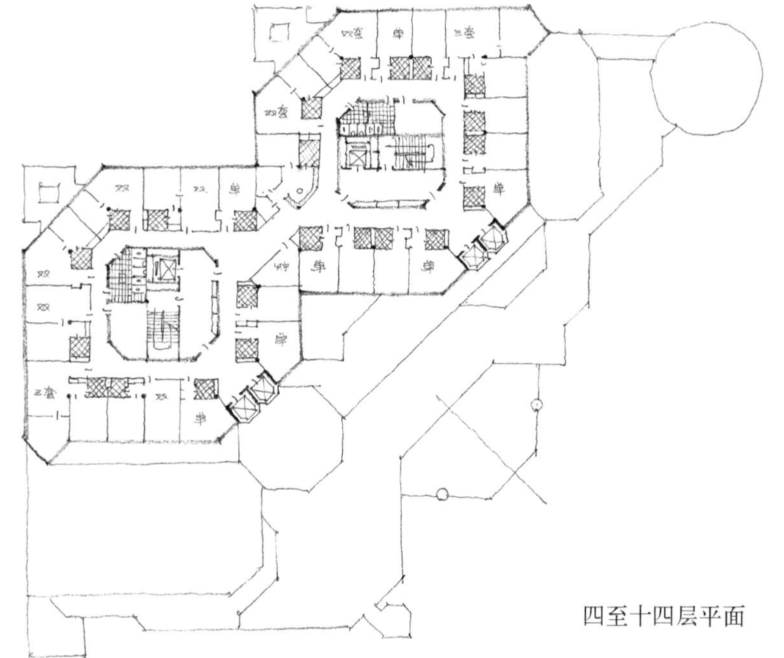

四至十四层平面

● 奥林匹克大厦构思草图
草图用0.5mm的2B自动铅笔勾线，然后以6B粗铅笔略施光影，流畅的运笔快速表达了建筑造型的组合关系，为完善设计提供了省审的依据。草图经复印线条更加鲜明，亦利于保存。

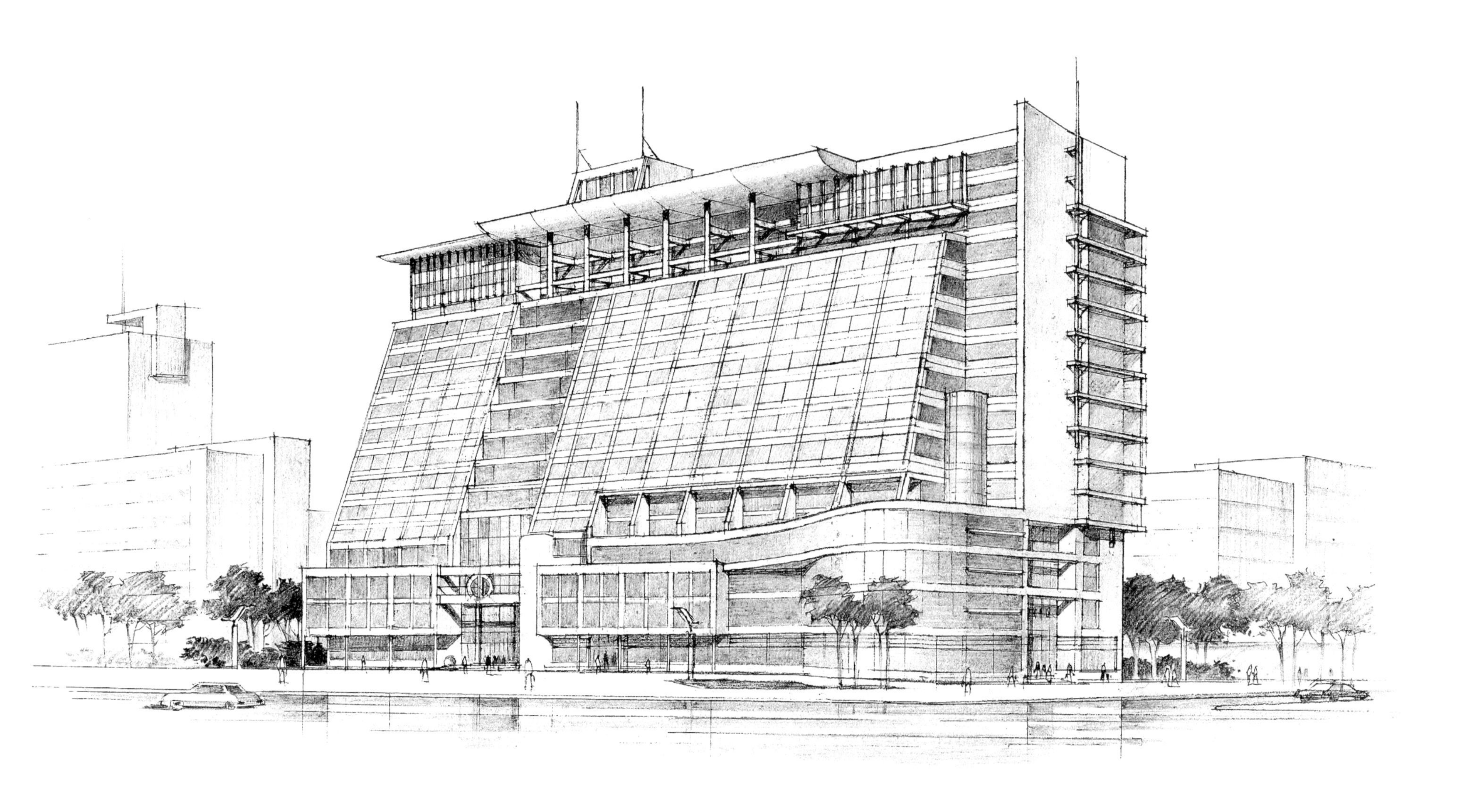

2-32.上海延安东路某综合楼立面方案

方案一至四层为商业、游乐、餐饮及展示厅，五至十六层为写字楼。建筑长向沿过江隧道布置，考虑规划对容积率的要求和建筑可能由于特殊灾害倒塌对隧道口的影响极限要求。外观自然地做成上小下大的梯形，顶部中间亦随之内凹，形成非同一般的造型效果。

这幅为青年教师修改的草图，系用拷贝纸覆盖在原图上用仪器校正、修改，并完善体量关系与细部的处理，然后在复印图上渲染加工，以用笔的轻重与虚实的处理，拉开了主体与衬景间的主次与远近关系，成为进一步绘制彩图的蓝本。

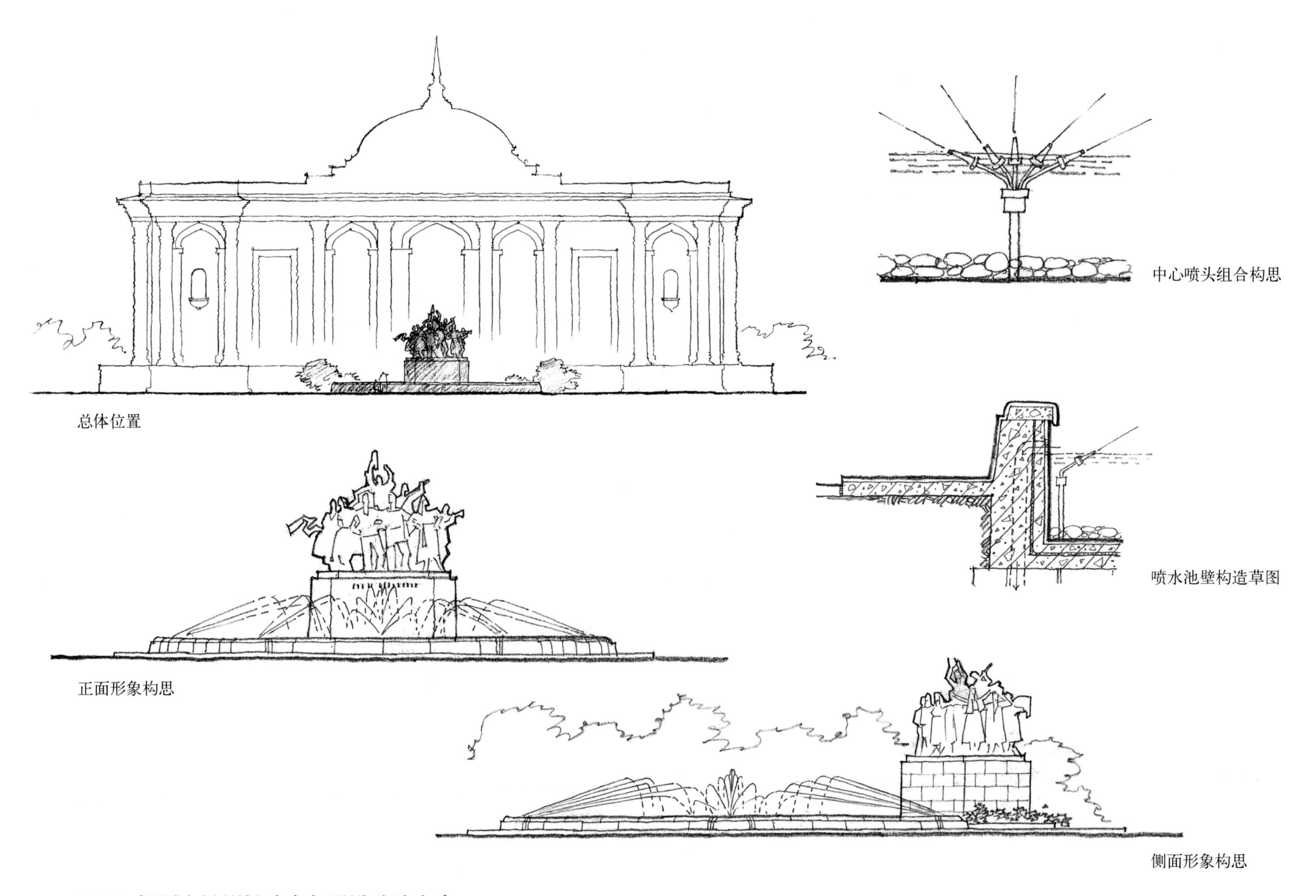

总体位置

中心喷头组合构思

喷水池壁构造草图

正面形象构思

侧面形象构思

2-33.新疆人民剧场喷泉与群雕改建方案

新疆是13个民族聚居之地，改建方案中群雕草图表达了对“民族团结”意向的宏观控制，待主管部门审定后，具体创作留给美术家去完成，故草图只画出设想的轮廓，比较概念化，而喷泉造型与相关技术处理，则需由建筑师认真构思，具体设计。

2-34.海南省某天然气库区规划

总平面规划鸟瞰

鸟瞰图表现了库前办公、生活区和库区构筑物布局安排，为显示三度空间的立体感，选用了一面受光，一面背阴，以阴影衬托的渲染方式。灰色的绿地与网格铺地将道路明显划分出来，水池、水面靠倒影和反光体现，建筑由热带树木陪衬，画面呈现了工业建筑整体区划的秩序感。

初始草图——平面和造型的立意与构思

2-35.天津经济开发区商、办综合大厦

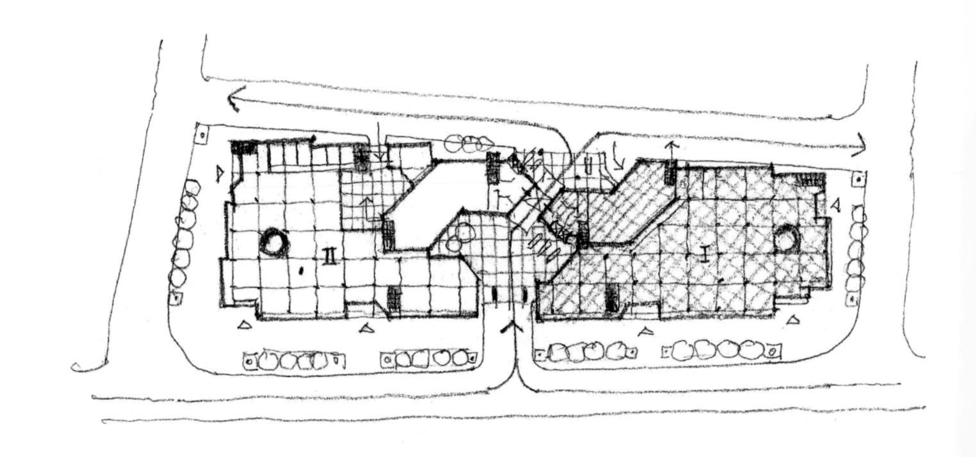

分期建设构想与车流组织

大厦由15层办公楼和2层商场组成。建筑面积20000m^2。业主要求分两期实施，各建其半，且二期办公楼建筑结构可重复一期建造不另设计，最终完成时办公楼仍不失庄重格调。据此，初始构思将高层办公楼分成正、反两个相同的雁形平面，底层共用门廊，在十二至十四层连成一体。东、西两个商场随地形与办公楼咬接并在中央由廊架相连，形成主楼入口标志，围合内院供停车所用。车流则靠前、后两街组织出入。方案自初始至终结一直沿此初衷深化，各阶段草图也由粗渐细逐步修改完善。但遗憾于此意得业主认可后，实施中已将主楼上下连贯，群楼也多有改变，而失去原案之比例。

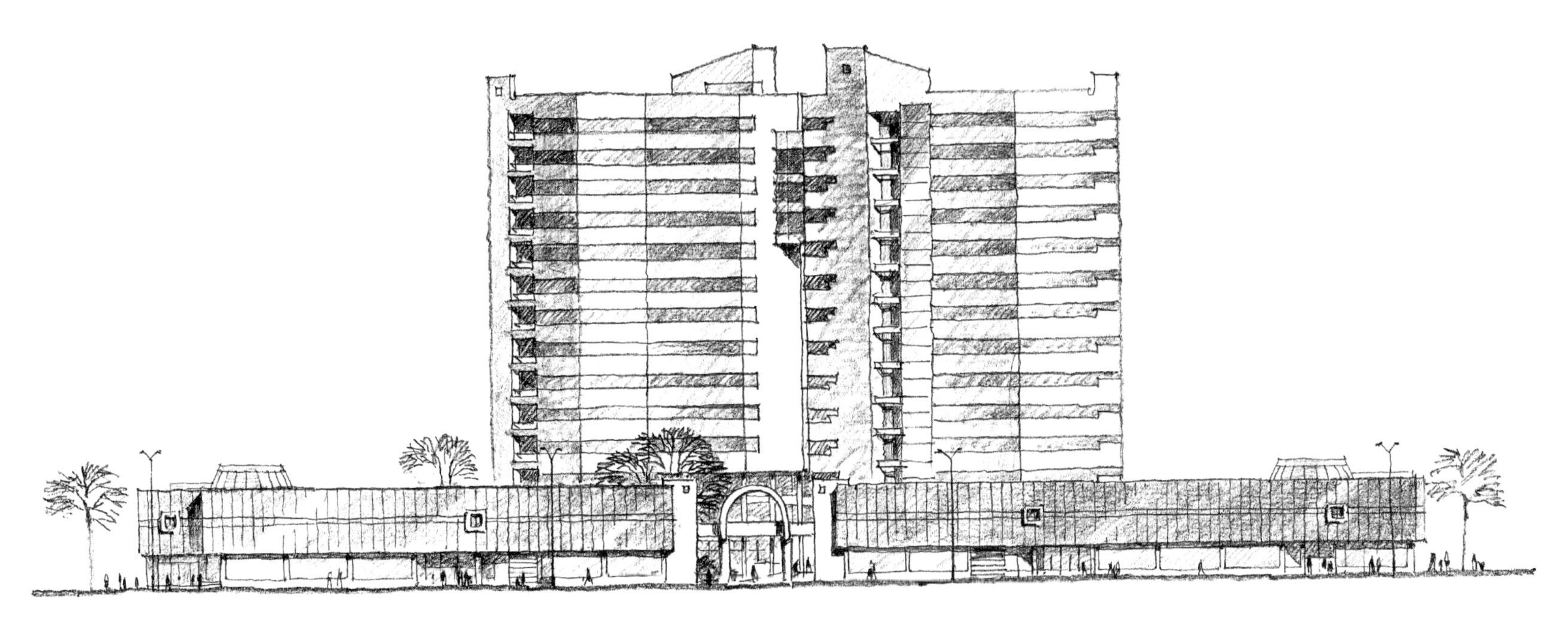

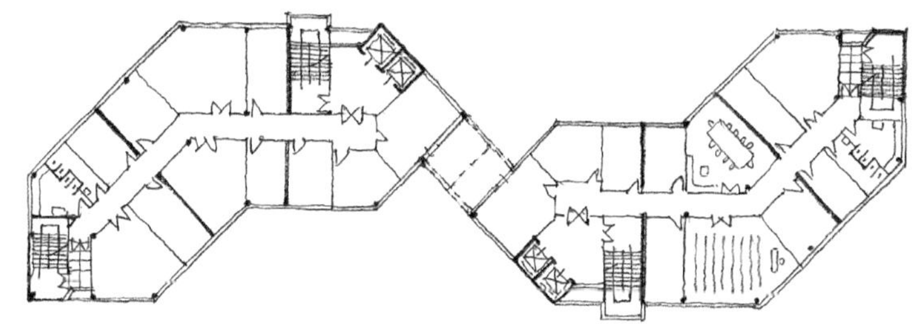

- 接近构思终结的平、立面徒手草图，已由意念的构想深化至细部与比例的调整，此时比例应较准确，画时常在底稿上用尺打好定位线再覆盖拷贝纸描绘，比用仪器画快捷而随意。
  上图为北立面，右图为办公楼平面，下图为首层平面。

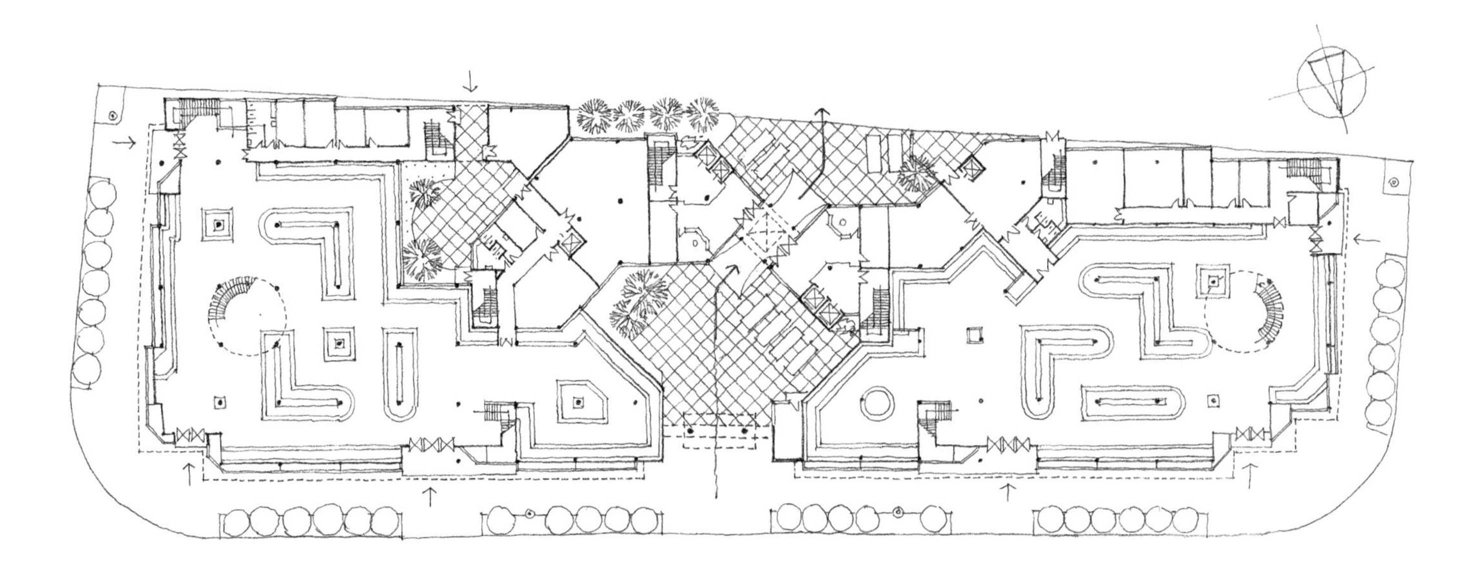

正在建造中的外景（与原方案比例有所更改）

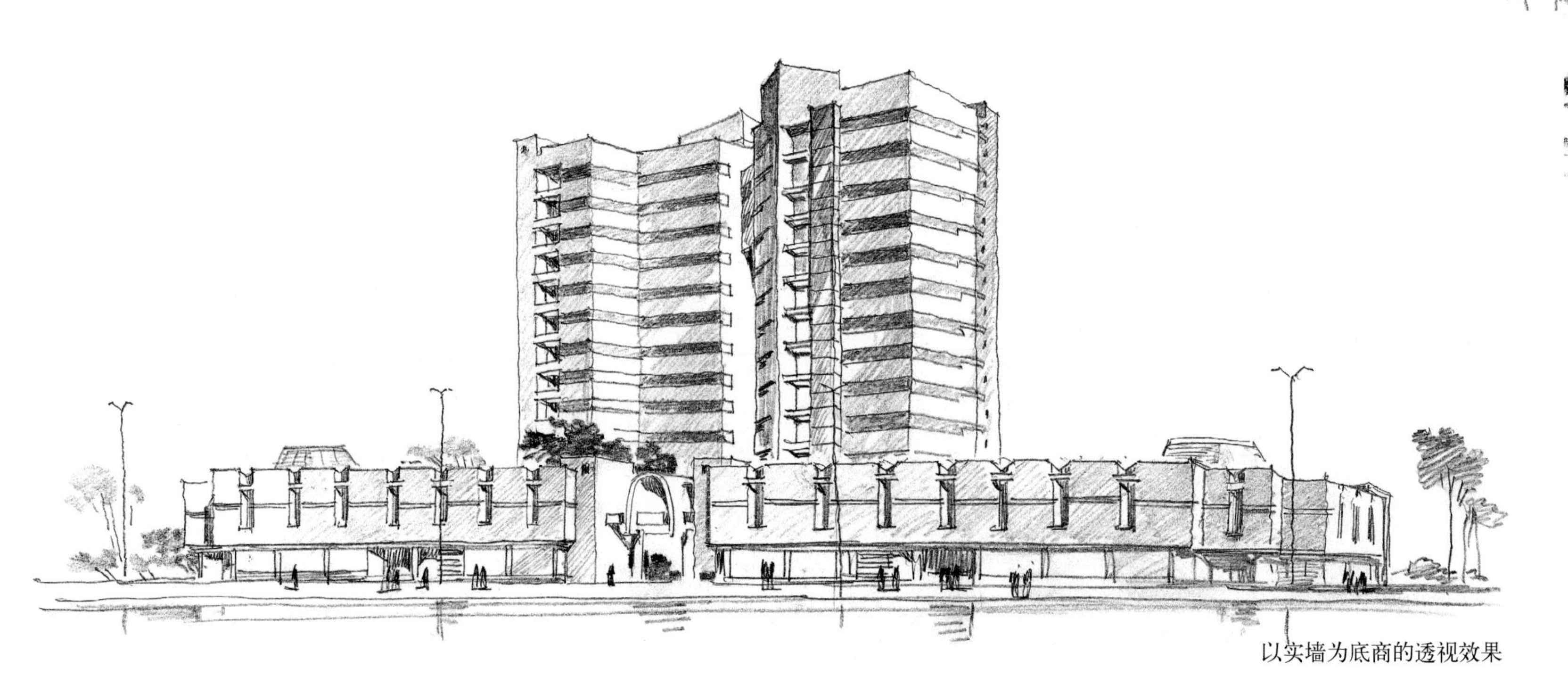

以实墙为底商的透视效果

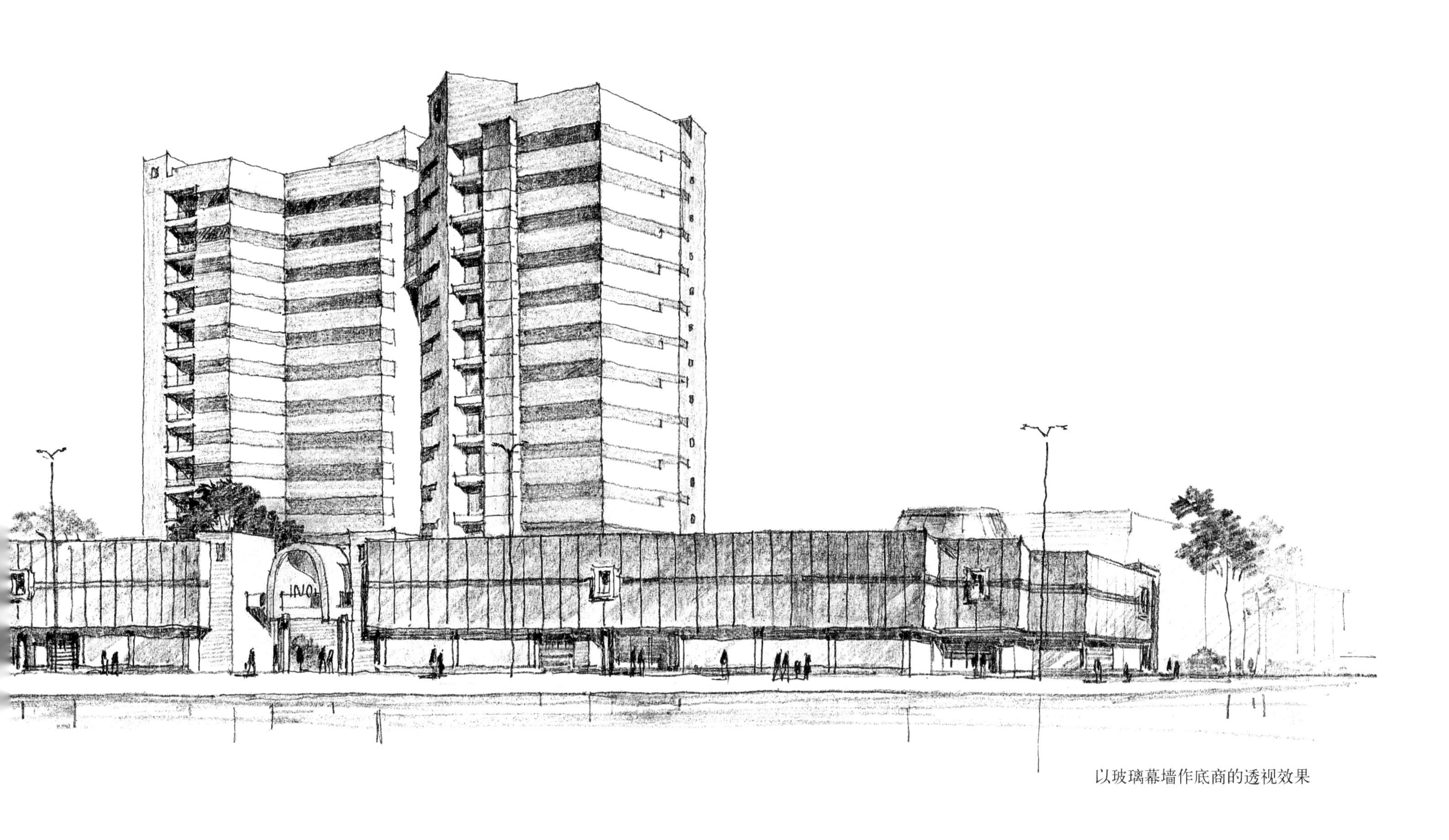

以玻璃幕墙作底商的透视效果

- 在创作过程中，既属终结性方案，因各种原因而反复修改，是在所难免的。例如，上图商场采用玻璃幕墙，原意以上实下虚的鲜明反差来突出各自的性格特征，并表现造型的时代感。后因业主投资所限，将玻璃幕改作实体小窗，反成左图中下实上虚之效果，对于商场使用功能也属合理，这种修改可用拷贝纸重新覆盖描绘，只局部另作构思而已，画图十分快捷，体现了用拷贝纸作快速表现图的优势。两幅图的表现均考虑到在夏日北向所可能出现的光影效果。

方案一构思草图

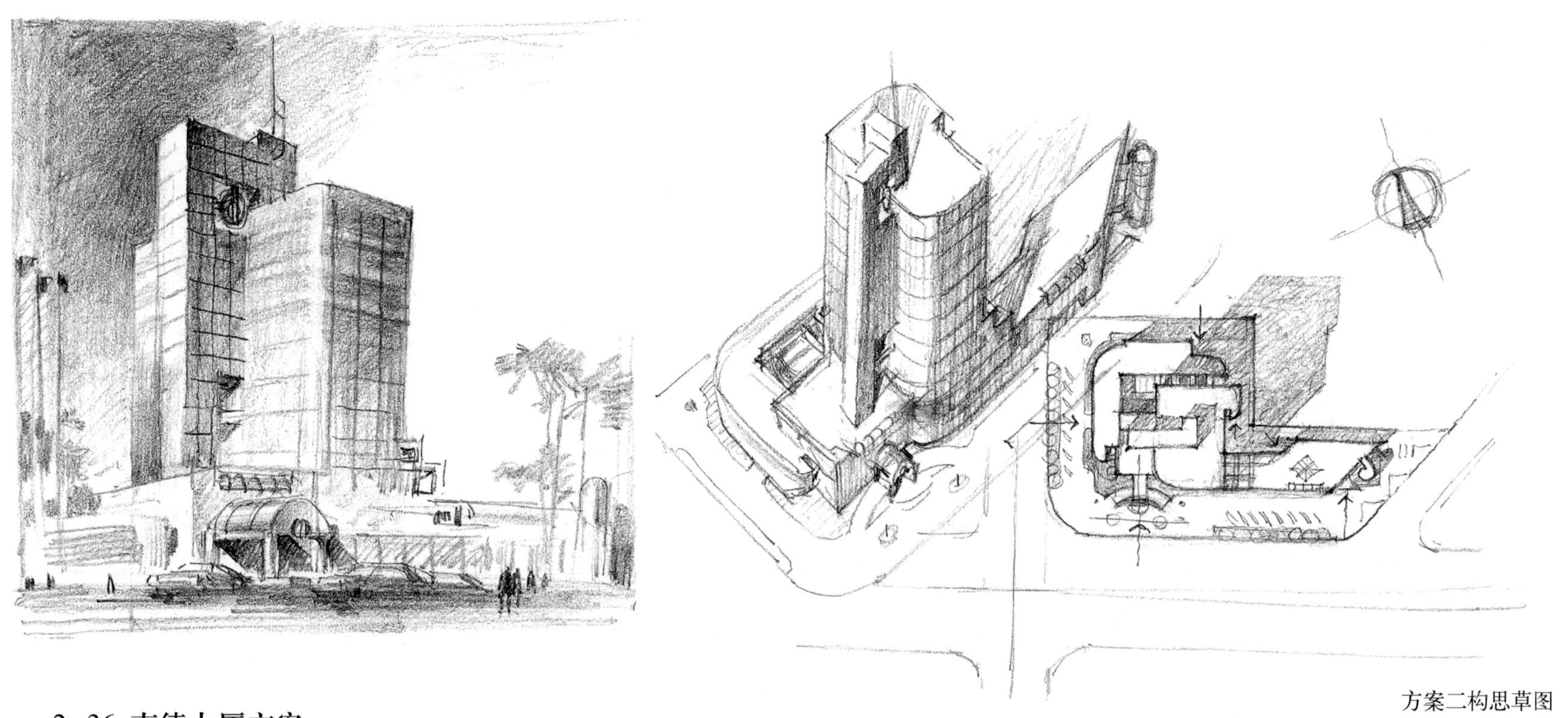

方案二构思草图

2-36.南德大厦方案

在方案设计过程中，由于思绪万千，常常拿不准主意，这就需要把各种初始的想法画在纸上检验，以决定如何深化。方案一、二就是构思过程的记录，使头脑中闪念的形象跃然于纸上，此时可用笔随意，毫无拘谨。

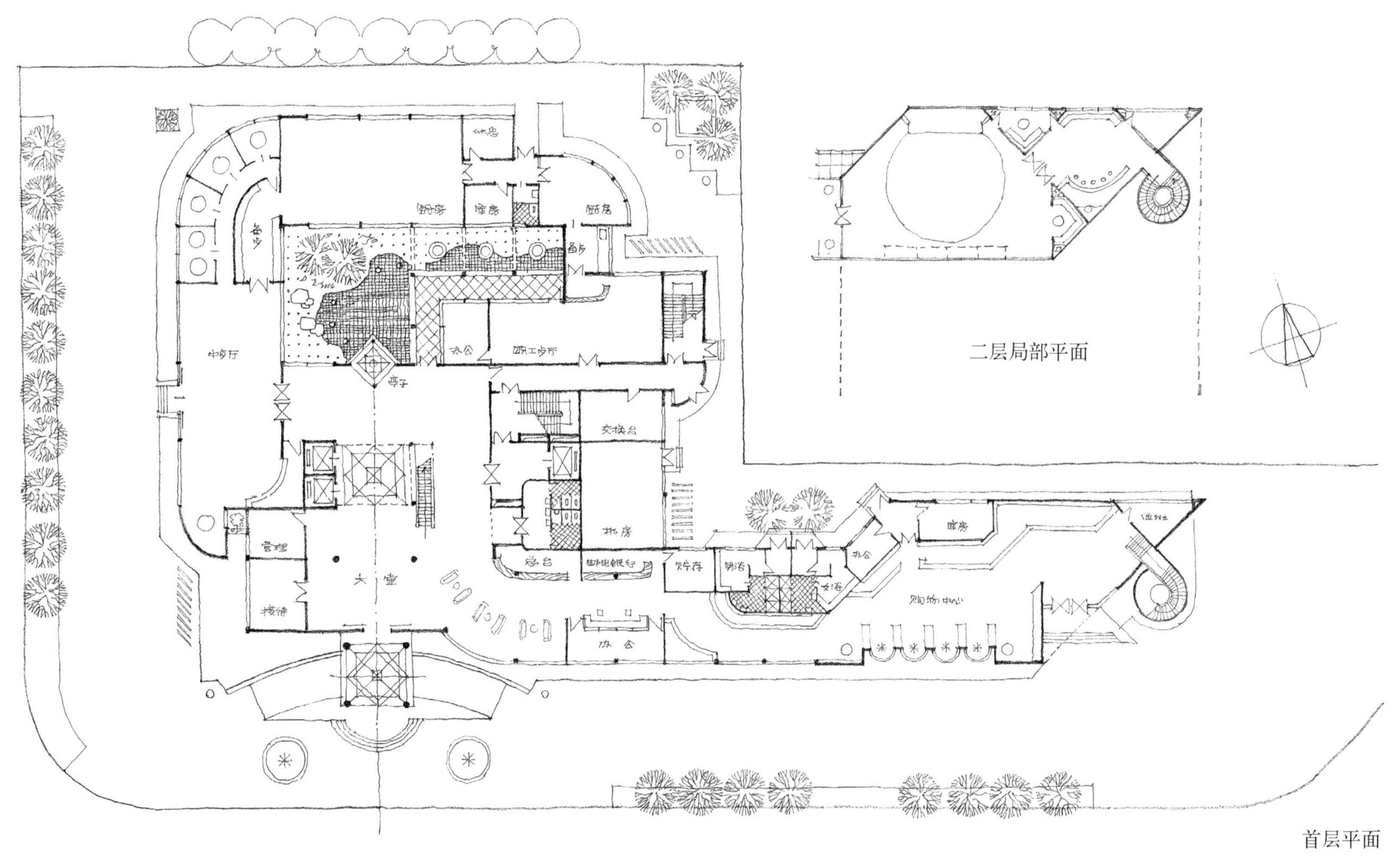

首层平面

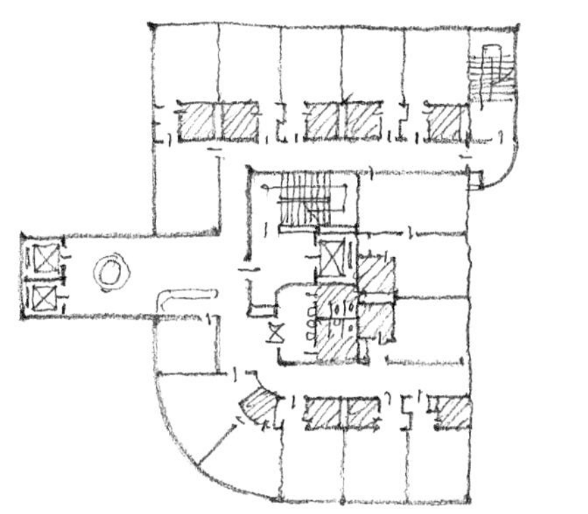

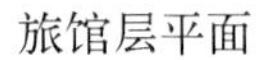
旅馆层平面

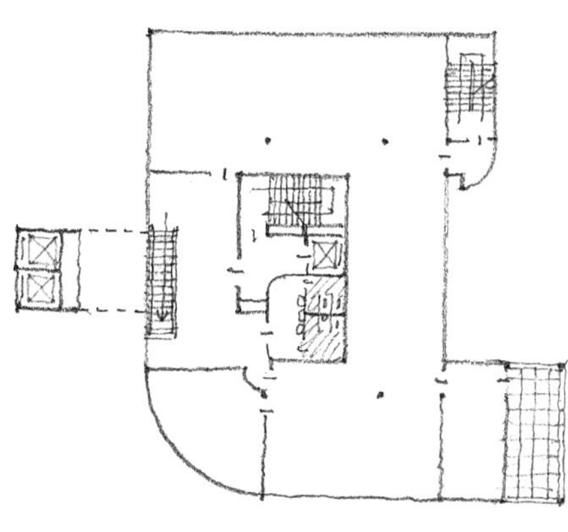

写字间平面

南德大厦终结性平面草图

平面是空间的投影，其布局构思至关重要，故好设计必有好平面。平面表现优在条理性和趣味性，前者在于大的布局，后者在于细微的处理与手法，平面图的表现也包含着手法的运用。如本图首层平面，紧凑用地与功能安排、视觉景观的吻合体现了构思的逻辑性；剖线、投影线和陈设线粗细有别，一目了然；自然物的轻松自如描绘，更分清了室内和室外环境，取得了和谐与美感。

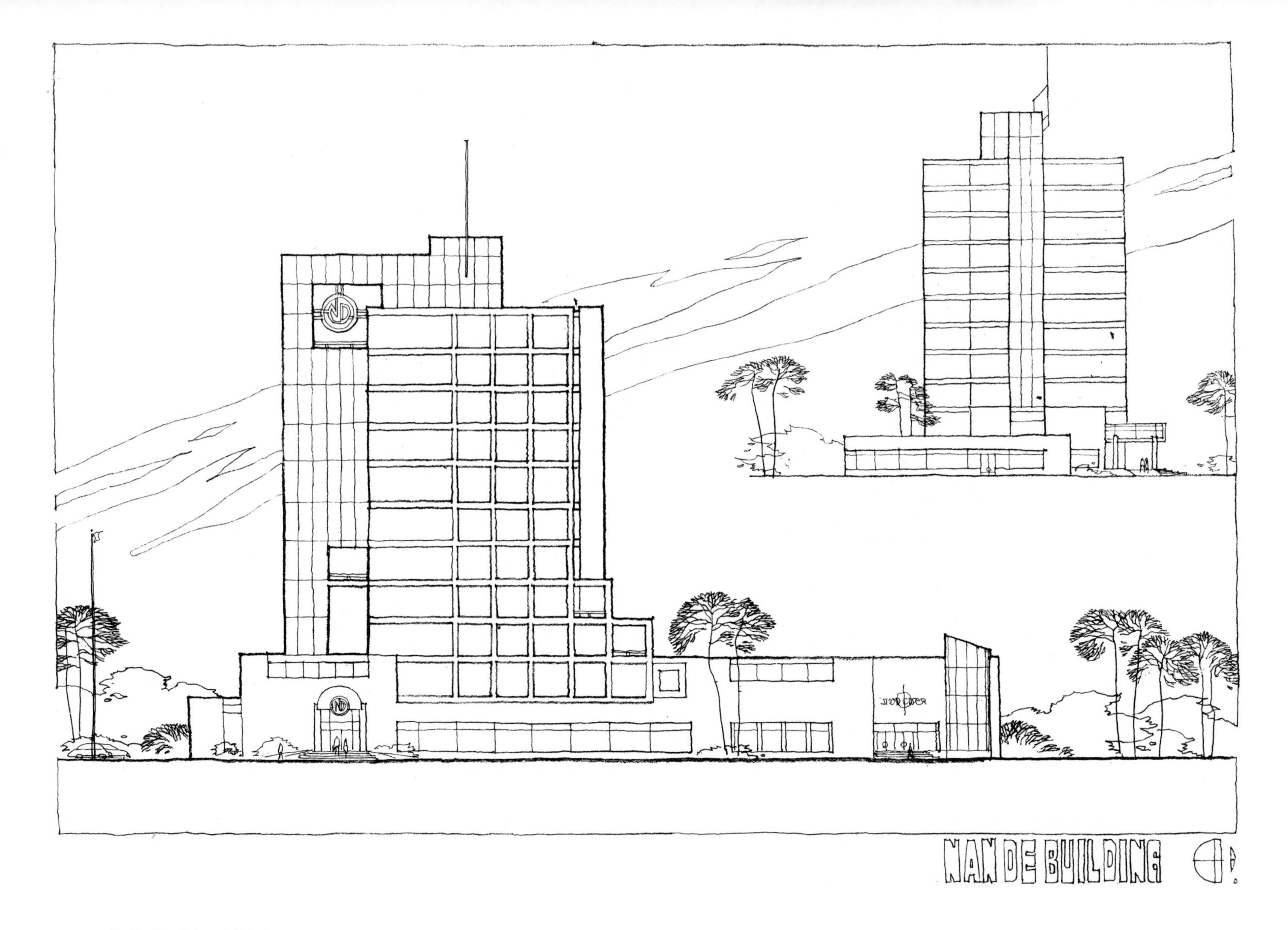

南德大厦立面草图

终结性表现图必须有立面草图作依据，才能达到透视尺度的准确和效果的真实。我画立面草图常用线描表达，笔笔落到实处，使设计的每个部位都能交代清楚。树、人、衬景也按比例画出，这种立面草图难存虚伪，是设计深化所必须具备的。

南德大厦终结性表现图

入口大堂构思草图

2-37.洛阳国际饭店室内设计方案

在建筑创作中，塑造外部形象的同时，也需随时想到内部环境的效果，对于关键部位，建筑师应边思考边信手勾出空间形象的草图，省审平面设计是否得体，以达到不断修改完善的目的。此三幅草图以既定平面为依据，首先把握准三度空间的比例与尺度，而不顾忌用笔的重叠与废线。采用中粗铅笔比较易于把握大局，而不致拘泥于细节的刻画。室内光影变化也根据实际光源方位如实表达，并特别强调了地面的倒影效果所表现出的质感。

共享厅构思草图

休息厅构思草图

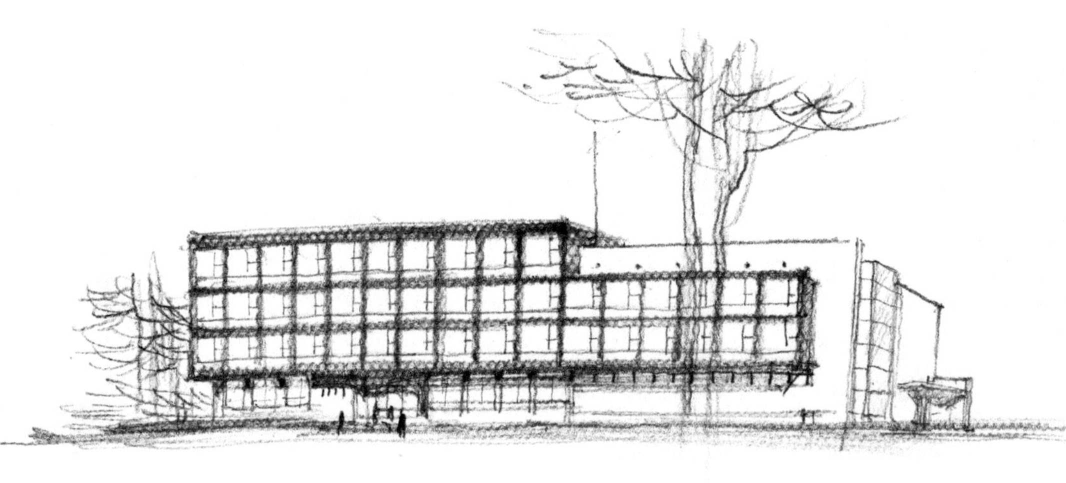

建成外景

立面透视方案二

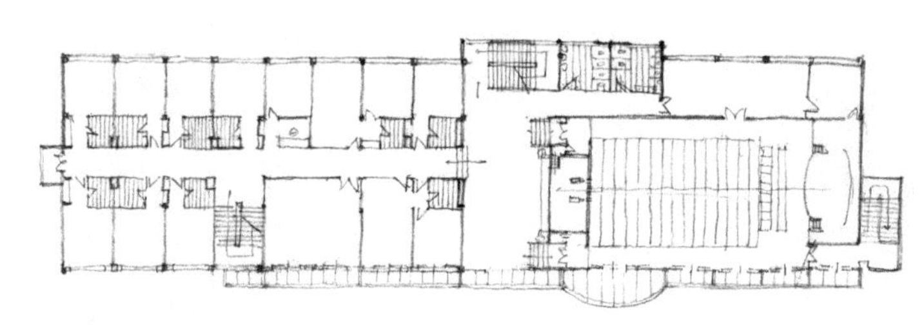

三层平面

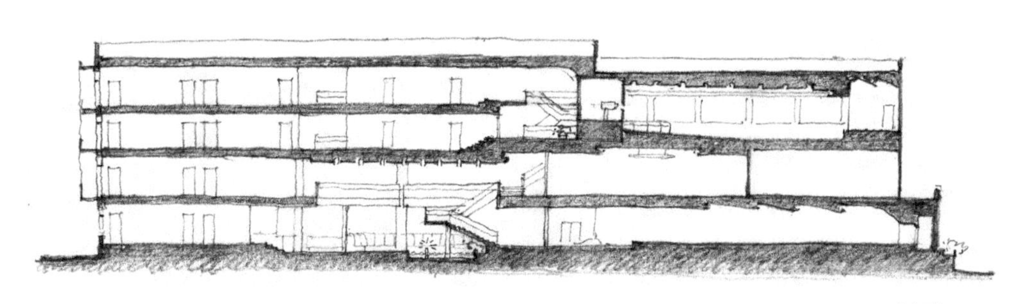

剖面

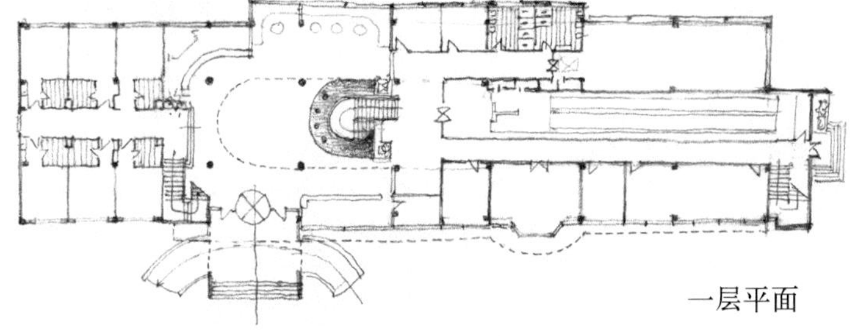

一层平面

2-38.某老干部活动中心

设计建造于高碑店市。在不足4000m²的规模中，住宿、会议及含舞厅、保龄球、影厅、各类娱乐、健身用房皆纳入其中，“麻雀虽小，五脏俱全”。建筑限于一字形地段，经方案比较选择了用材朴实、造型简洁，且更符合地情的方案一实施。

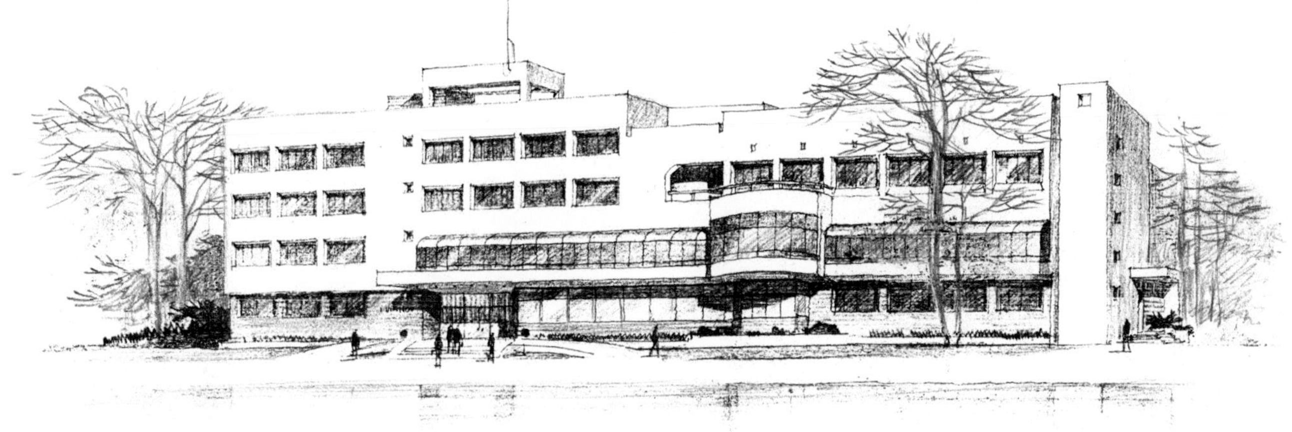

立面透视方案一

立面初始草图

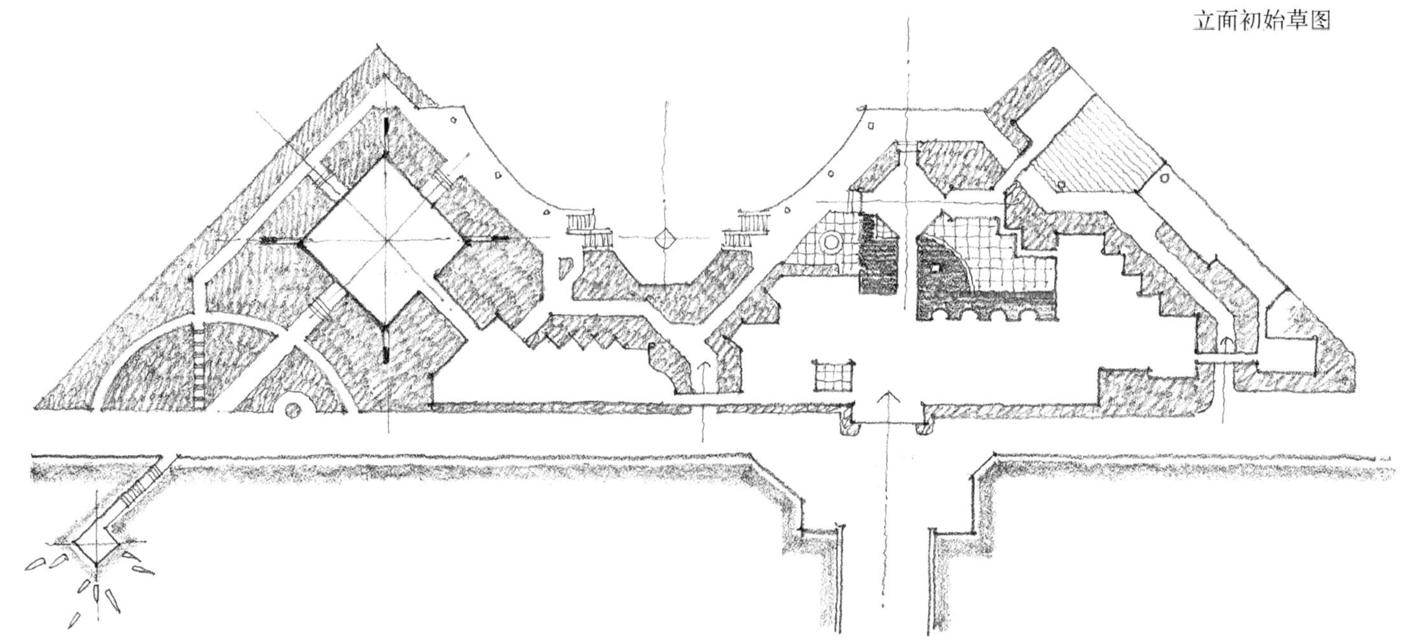

总平面规划草图

2-39.天津工会职工活动中心竞赛方案

基地呈两个相连的45°三角形，平面与之呼应，采取扭转45°的布局方式，立面造型亦以三角形为母题作为形态构成的要素。草图用线条勾画并寻求构图的起伏与均衡。

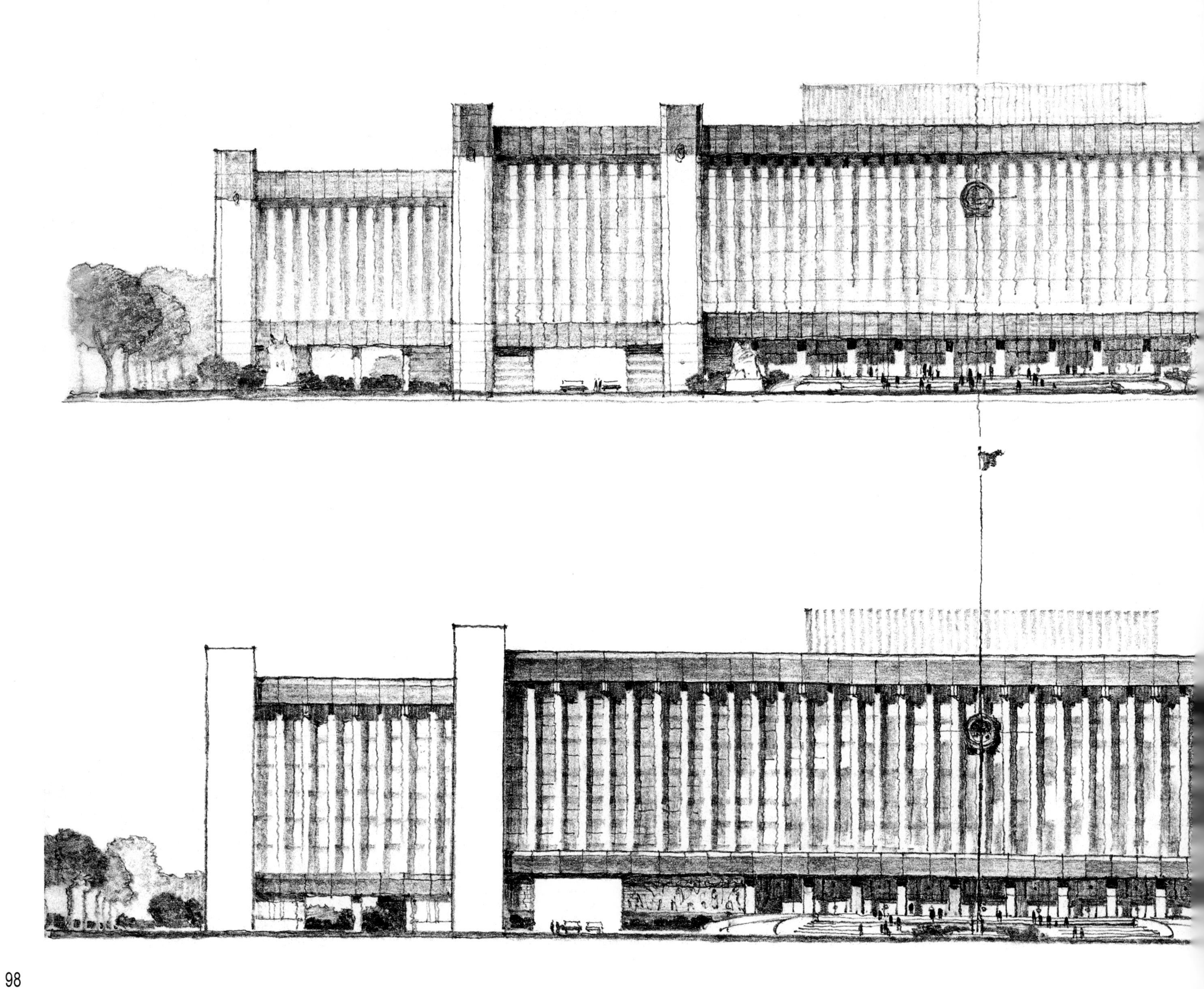

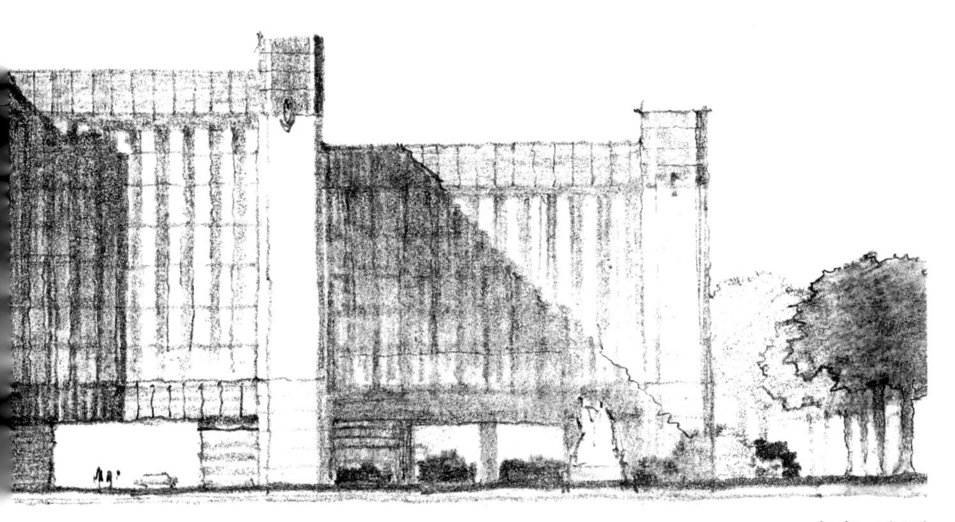

方案二立面

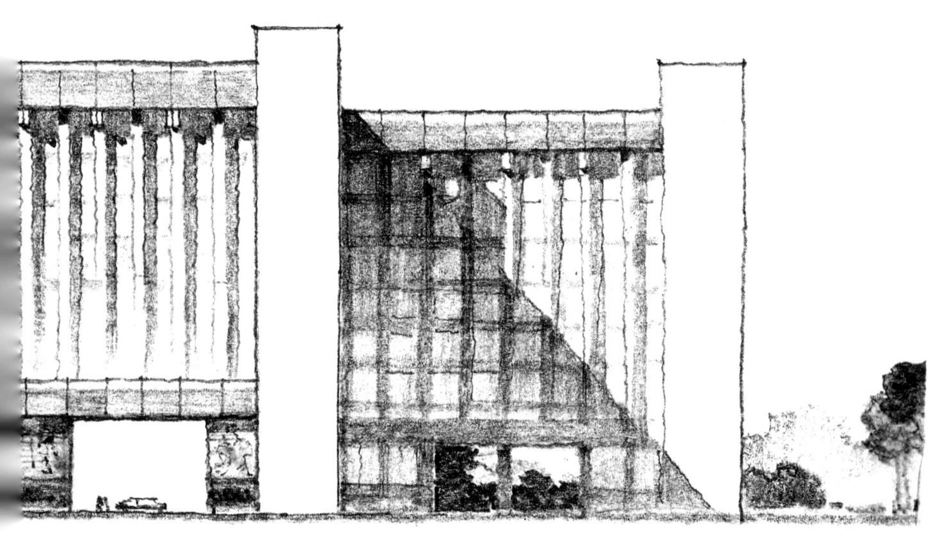

方案一立面

2-40.人民大厦方案

这是20世纪80年代中参加应征方案的构思过程比较，拟建方案是一大型办公建筑群，坐落于古都的重要地段，且与两幢重要的大型建筑毗邻。设计依据尊重环境，尊重古都风貌的要求展开构思，两幅立面草图综合了两幢相邻建筑的特征，将冲天柱与琉璃檐口重组成一体，等分的列柱反映了办公建筑的单一性，宽阔的入口显示了大厦的容量和最高权力机关的气魄，下图“方案一”展现有较大的面宽，以民族大团结的浮雕衬托入口，气度恢宏。上图“方案二”将主体又划分成三段，显出丰富的层次，与相邻会堂尺度相宜。立面草图宜把握准确的比例与尺度，作为比较方案的依据十分必要。但大型建筑在画法上可有省略，以掌握大效果为佳不必面面俱到，一般在入口及中央部分要侧重表现，其他可放松之，画面会显得生动。

人民大厦方案二草图

平面系在方案二基础上描画修改而成。下图是初始的形象构思与剖面的设想，只表示构思的意向，尚未落到翔实的比例与尺度上。右图则是根据落实的立面画成的终结性草图，此时部位的比例应相对准确，琉璃的材料质感亦靠高光显现出来，列柱可用铅笔侧锋笔笔勾画，其中略施点画显出墙与窗的关系，最后要以较重的用笔画出重深的阴影与绿树，使画面顿然生辉现出精神。此图用铅笔画在卡片纸上，可得丰富的层次感。平细而质松的纸面，侧笔轻画可生多种灰色，用力深刻又可得实而黑的效果，但须一气呵成，不宜反复涂改。

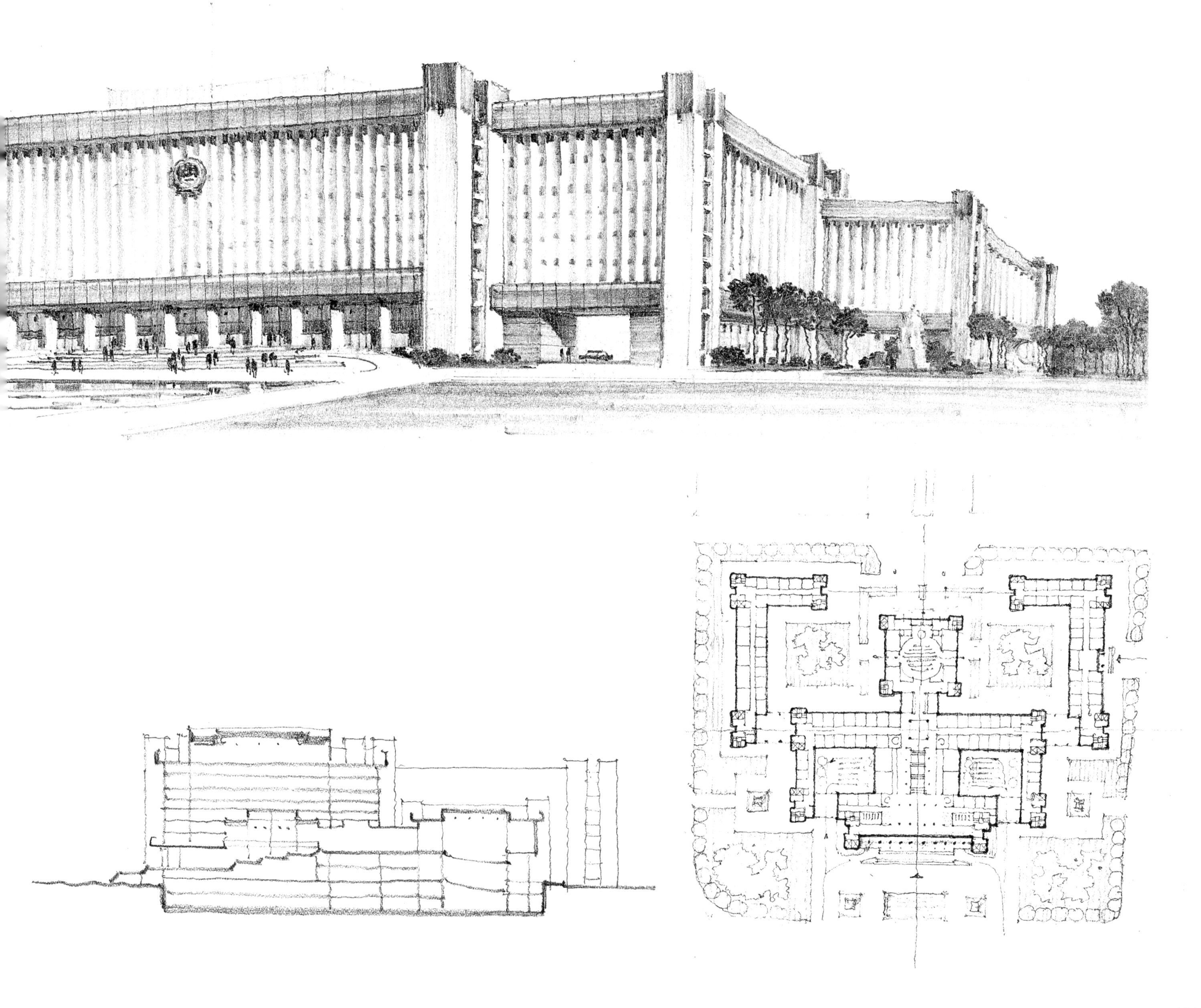

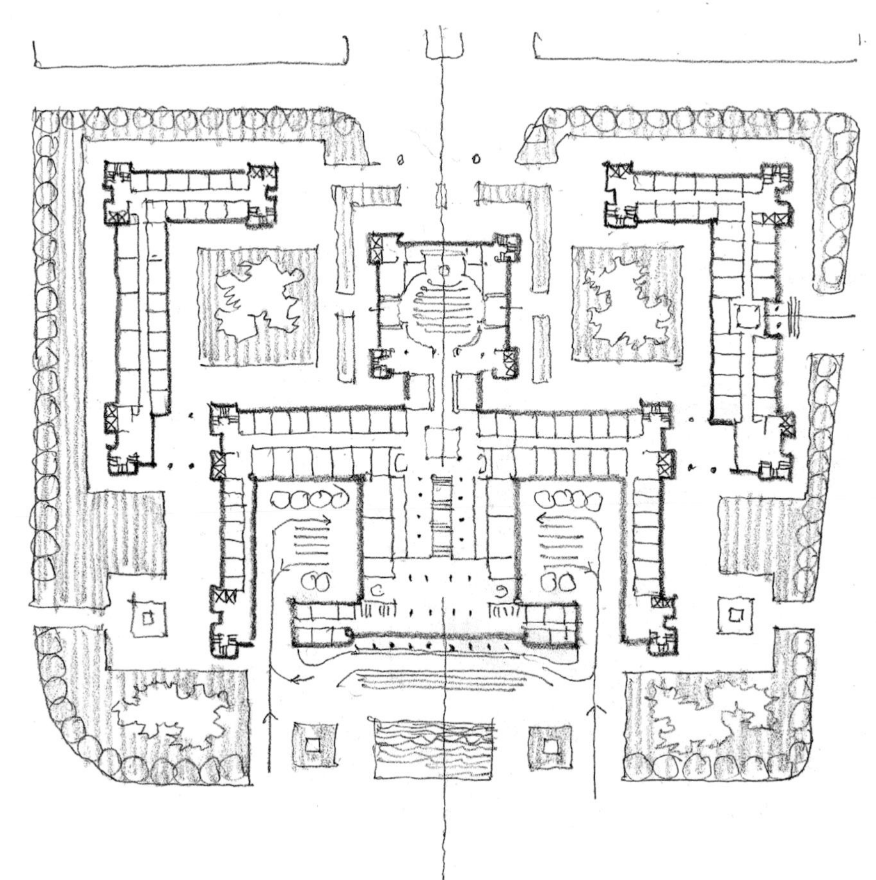

人民大厦方案一草图

平面表达了建筑布局的区划关系。透视草图用中粗铅笔表现了建筑的大轮廓与立体效果。入口和过街楼洞靠阴影效果重点突出，并以坡道、踏步显示建筑的性格与气魄。绿化应起到衬托建筑、坡道和雕塑的作用，且视构图的平衡把握浓、淡相宜的处理。天空的云可用线条浅淡勾画，旗杆、国徽、人物、水池的表现虽用笔不多，却可起到画龙点睛的作用。

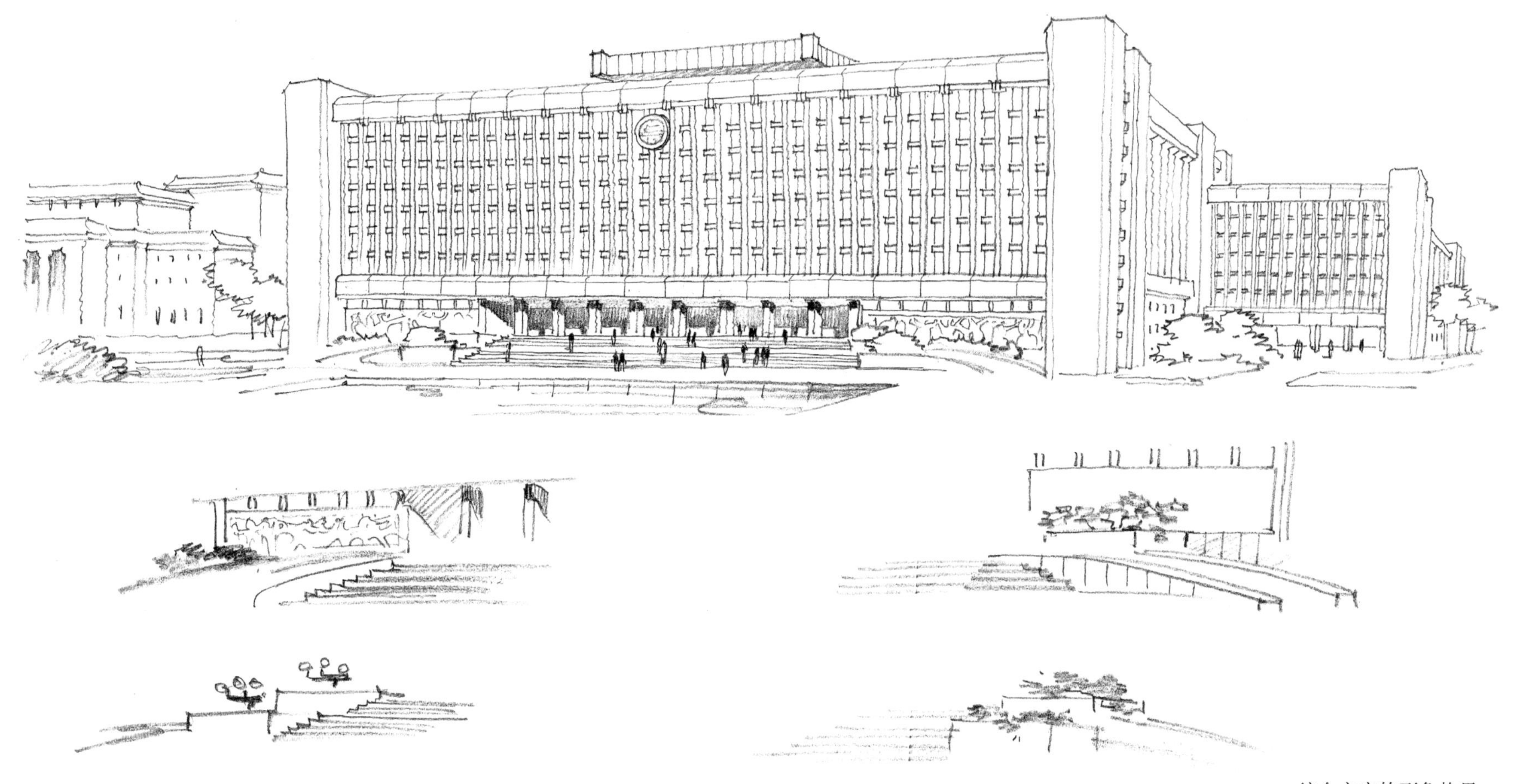

综合方案的形象构思

完成方案的彩色渲染

人民大厦综合方案

此案由方案一、二综合修改而成，透视图用线描表现，可落实到细节的交代与处理，只在入口处施以阴影，点出建筑的性格和气氛。

终结表现图（彩色铅笔）

2-41.天津电话大楼方案一

设计位于市中心的黄金地段，周围是20世纪20～30年代建造的西方古典风格的建筑，东北侧隔路相望的是重点保护建筑——法国建筑师慕勒设计的渤海大楼。

本案采取与左邻右舍相呼应，组成风貌协调的建筑文化圈，以淡化自身，突出保护对象。依据任务书，一至二层为电话器材商店和营业厅，开窗以大而通透为主；三至五层技术工艺用房，层高逐层降低，立面开窗逐层减小，形成独特的韵味；六层办公、会议用房则用匀质的连拱窗。山墙、拱门、连拱窗皆从环境要素中提取、抽象，使设计既具现代风格，又能达到与周边建筑环境“我中有你，你中有我”的和谐效果。终结表现图用彩色铅笔画在灰色纸面上，主受光面用白色铅笔提亮，画面色调柔和而统一。

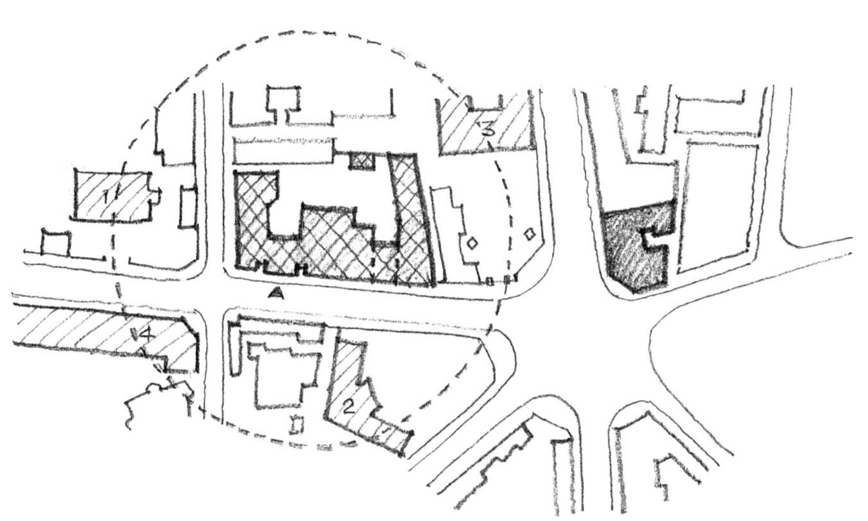

总平面构思——风貌和谐的建筑文化圈

设计方案的左邻右舍

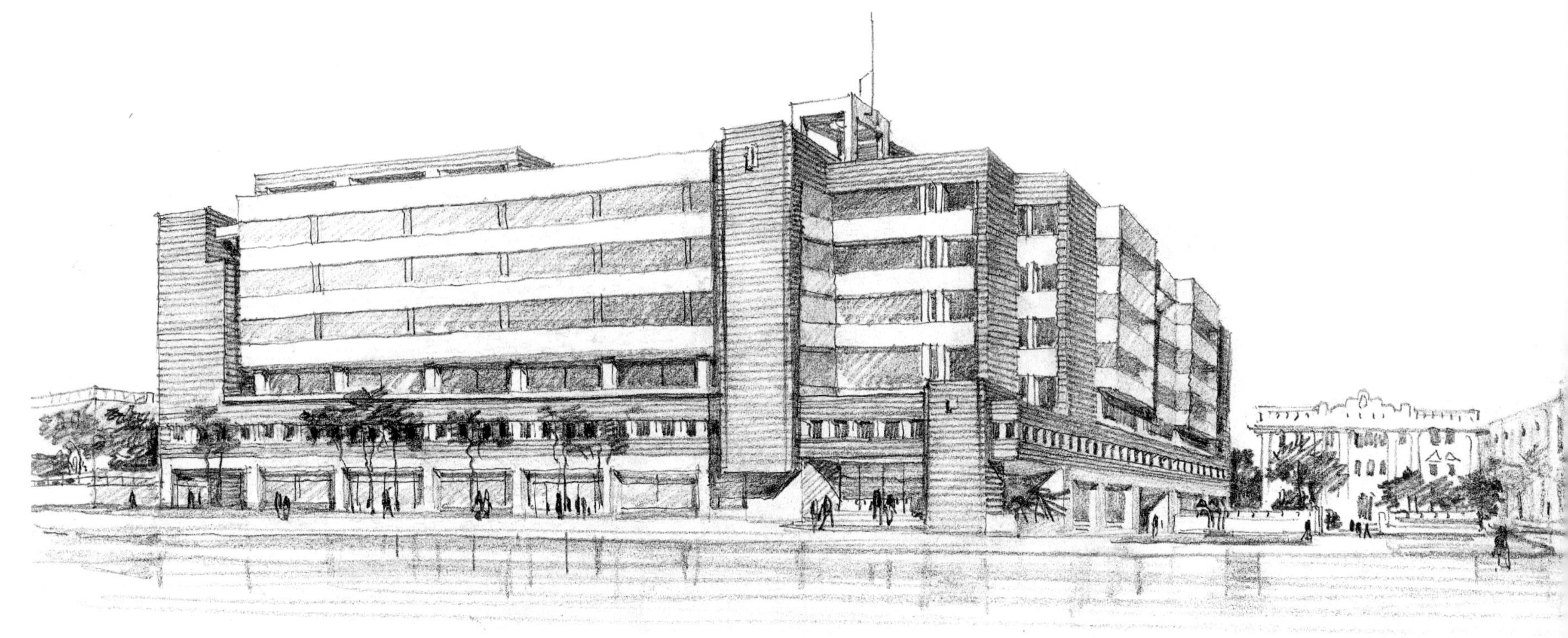

2-42.天津电话大楼方案二

作为保护建筑配角方案的形象构思

方案立意于同历史性保护建筑渤海大楼相对话，并甘当配角与其组成统一的建筑群。总平面设想将右侧相邻建筑的围墙和大门后移，取得保护性建筑与新建方案之间在视觉上的沟通。在具体形象设计上，通过草图构思反复探索二者的和谐和主从关系，如用材与色调的呼应，部位与手法的呼应，塔楼高低关系与形态的呼应等等，但又不失新建筑的现代风格。在宏观构思中，遵循特定文脉环境的设计原则，防止喧宾夺主，以达到尊重保护对象的宗旨。草图用较细致的手法刻画设想环境中的新旧与主次关系，借以省审创作的实效。

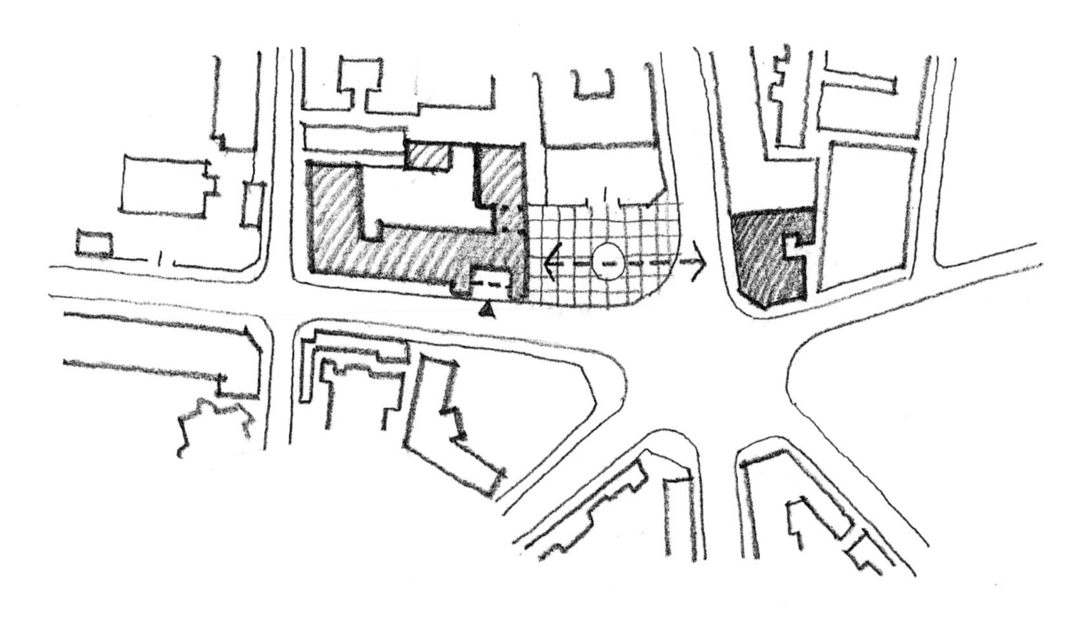

总平面构思——与保护建筑“对话”方案

保护建筑－渤海大楼现状，慕勒（法）设计

2-43.津港货运业务与培训中心方案

高层建筑初始构思在于探讨和比较方案时采取的意向，徒手草图易于灵活改动和快速记录思维的闪念。但对于高层建筑进入终结方案时须落实到细节处理，采用徒手与仪器相结合的绘制方式更为准确而便捷。本案即采取这一方式，逐步深化方案，以达到送审的深度要求。

深化阶段的仪器草图

透视草图

2-44.某高校综合体育馆

本案系指导研究生结合实际，探讨如何以体育馆的一专多用来解决集会与健身的双向需求。平面设计以贯穿南北的条形交通厅将主馆（比赛馆）和辅馆（网球馆、乒乓球馆和多功能厅）连成一体。主馆可供比赛、练习、演出和集会使用，设计成大小两个看台。小看台中间设主席台；大看台下设入口门厅，比赛或集会时可作主入口对外开放。交通厅是学生出入健身和社团活动所用，由此可以进入辅馆和主馆两侧的社团用房，也可以从二层进入主馆的小看台。大型集会时主馆为主会场，辅馆为分会场，总计可供9000余人使用。主入口造型保留传统会堂格调，侧面由交通厅向东西各自升起两片抛物线形网架，营造了活泼的外观，使两种氛围各得其所。草图以细线画平面，粗细线配合画透视，但建成后因实施中被改动，而失去预想的风貌。

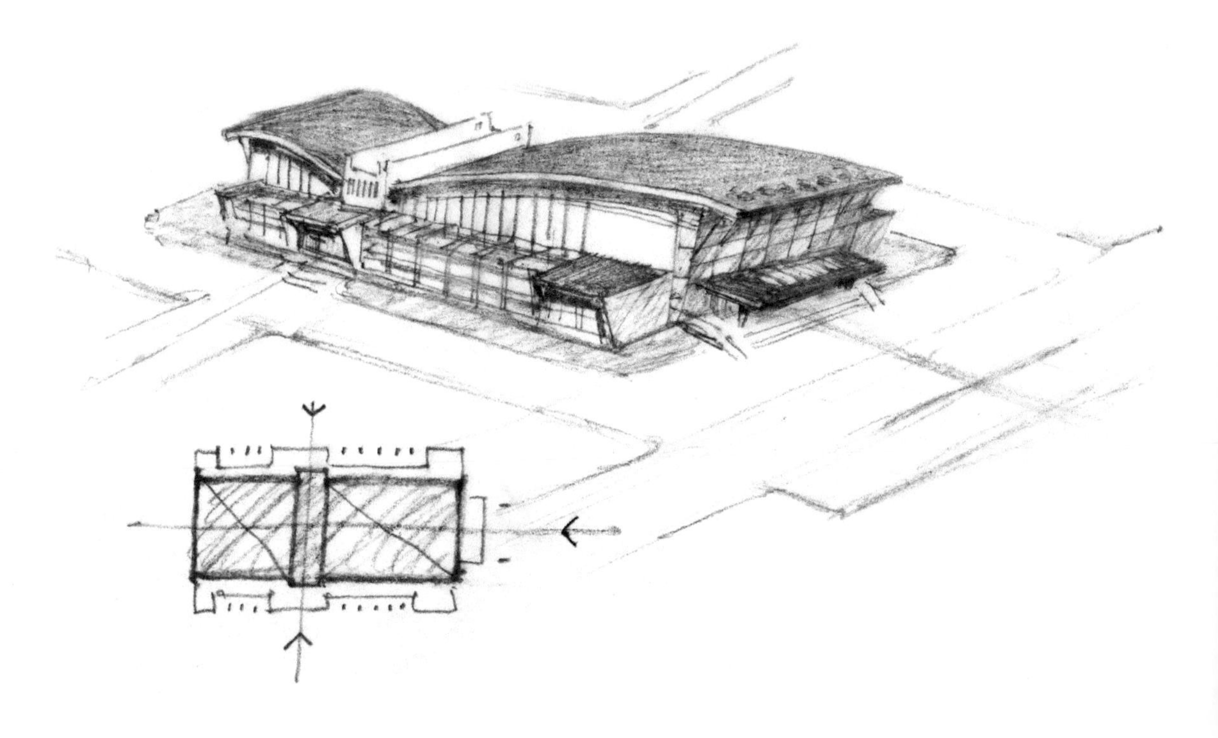

构思草图

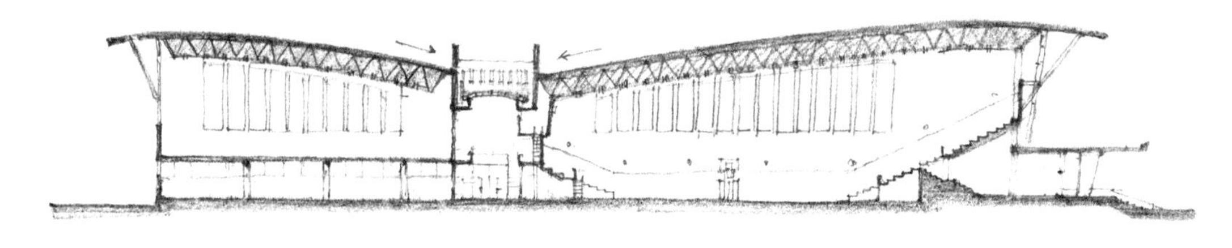

剖面

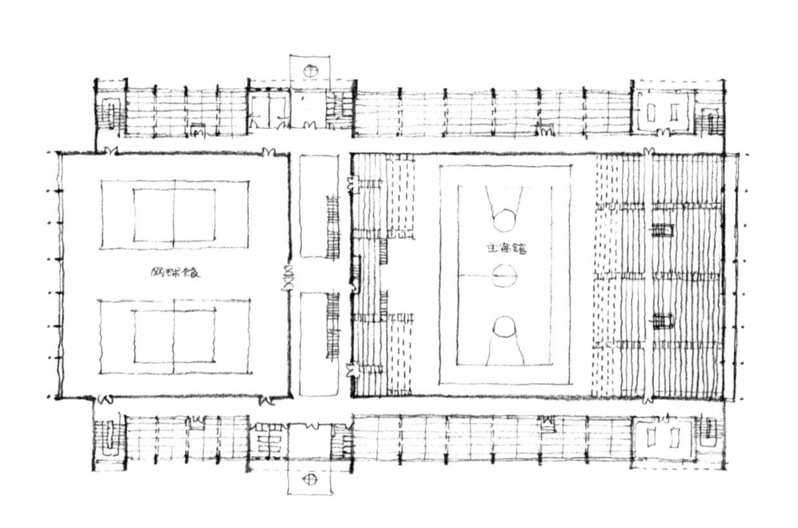

二层平面

侧立面

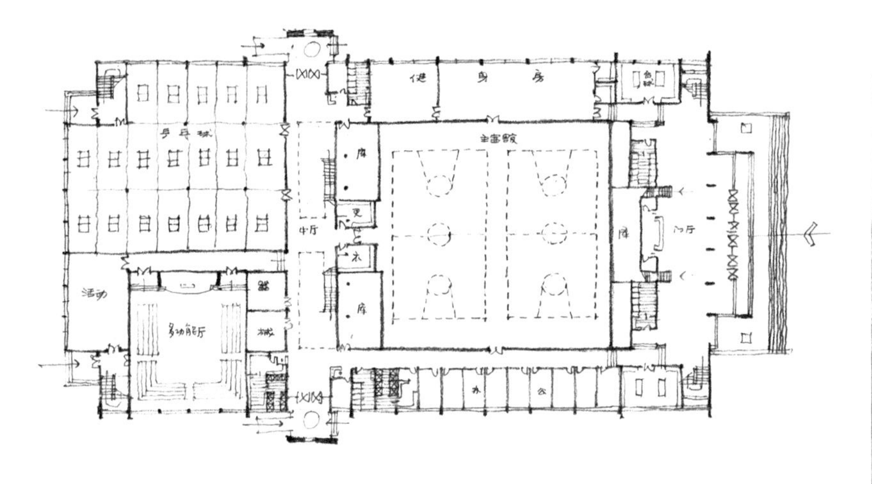

一层平面

透视效果图

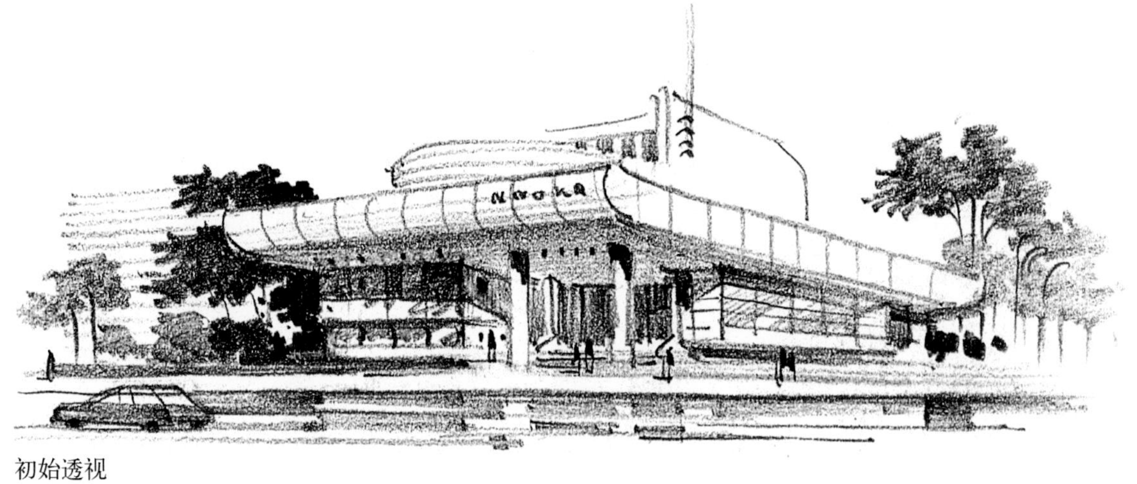
初始透视

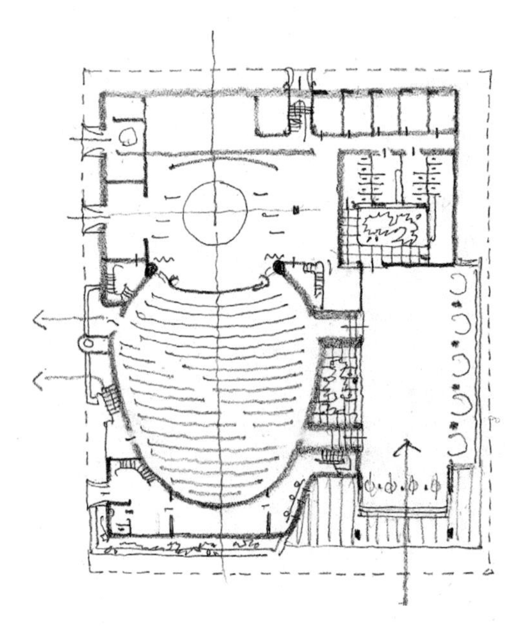
初始平面

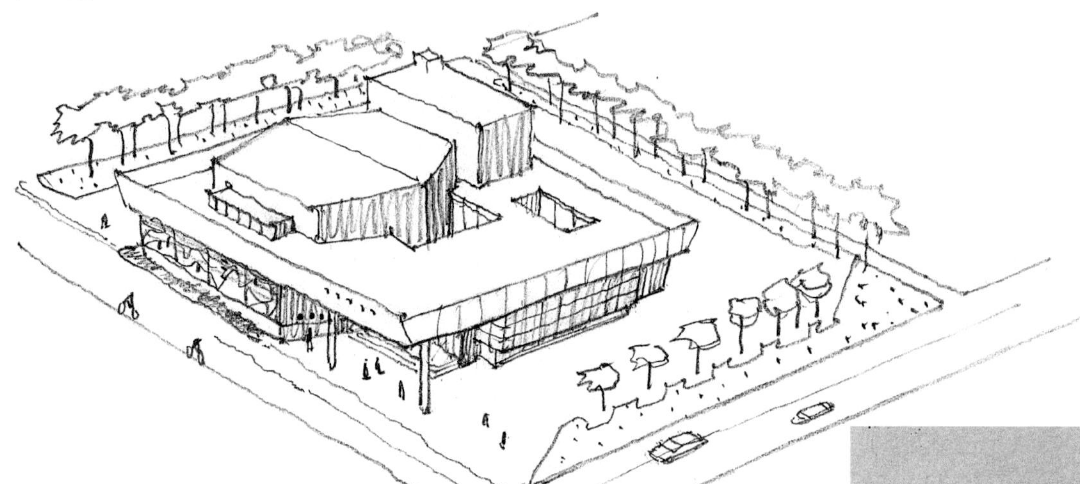
初始鸟瞰

2-45.全国小型剧场设计竞赛获奖方案构思草图

初始透视草图画在7cm×16cm的废卡片纸上，鸟瞰图也是利用信笺随手勾成，意在设想一个占地较小可适应任意地段的方案，虽是即兴而作，却为深化 乃至最后设计提供了“框架”与依据。草图运笔自如，无正规画图之拘谨。

参赛方案彩色渲染

2-46.高层公寓方案

草图用比较概括的手法表达了高层公寓与裙房商场之间的组合关系，依据平面构思接近成熟的布局，以简练的笔法勾出较准确比例的造型设想。这种草图虽用笔不多，但重点画出了建筑体量的错落组合与虚实落位的效果。右图是依据草图按作图法求成正规透视所作的彩色渲染。类似这种构思草图如能与最终的效果图表现基本一致，方能说明作者已准确、熟练地掌握了作为创作手段的草图技法。

依据草图所作的水粉渲染（刘彤彤画）

意象性构思草图

2-47.铅笔草图的笔法

一般印刷品中草图都缩得较小，不易看出绘制的用笔和笔触，使人误认作图拘谨，而不敢放手。其实铅笔笔芯可硬可软，作图时可轻可重，效果虚实有别，熟练后可挥发自如。尤其用之刻画配景和人的行为更能活化建筑的性格。此图将书中画例局部放大，笔触即可见一斑。

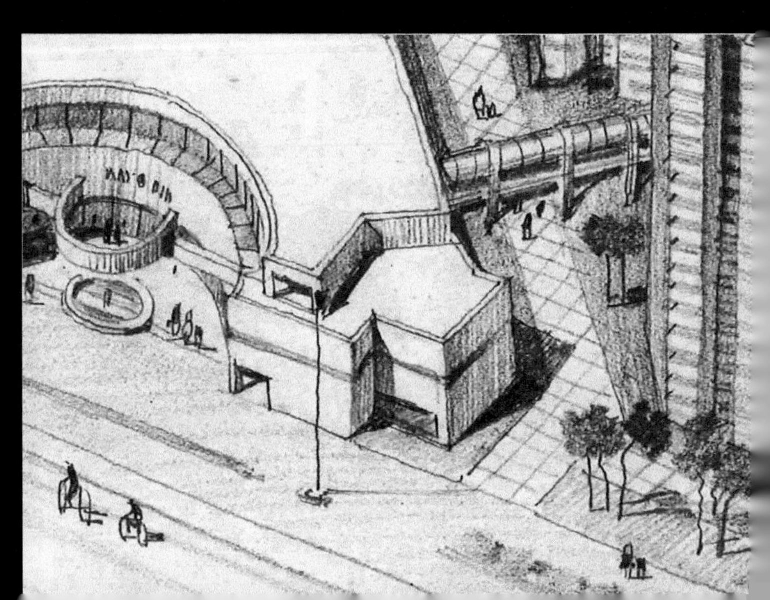

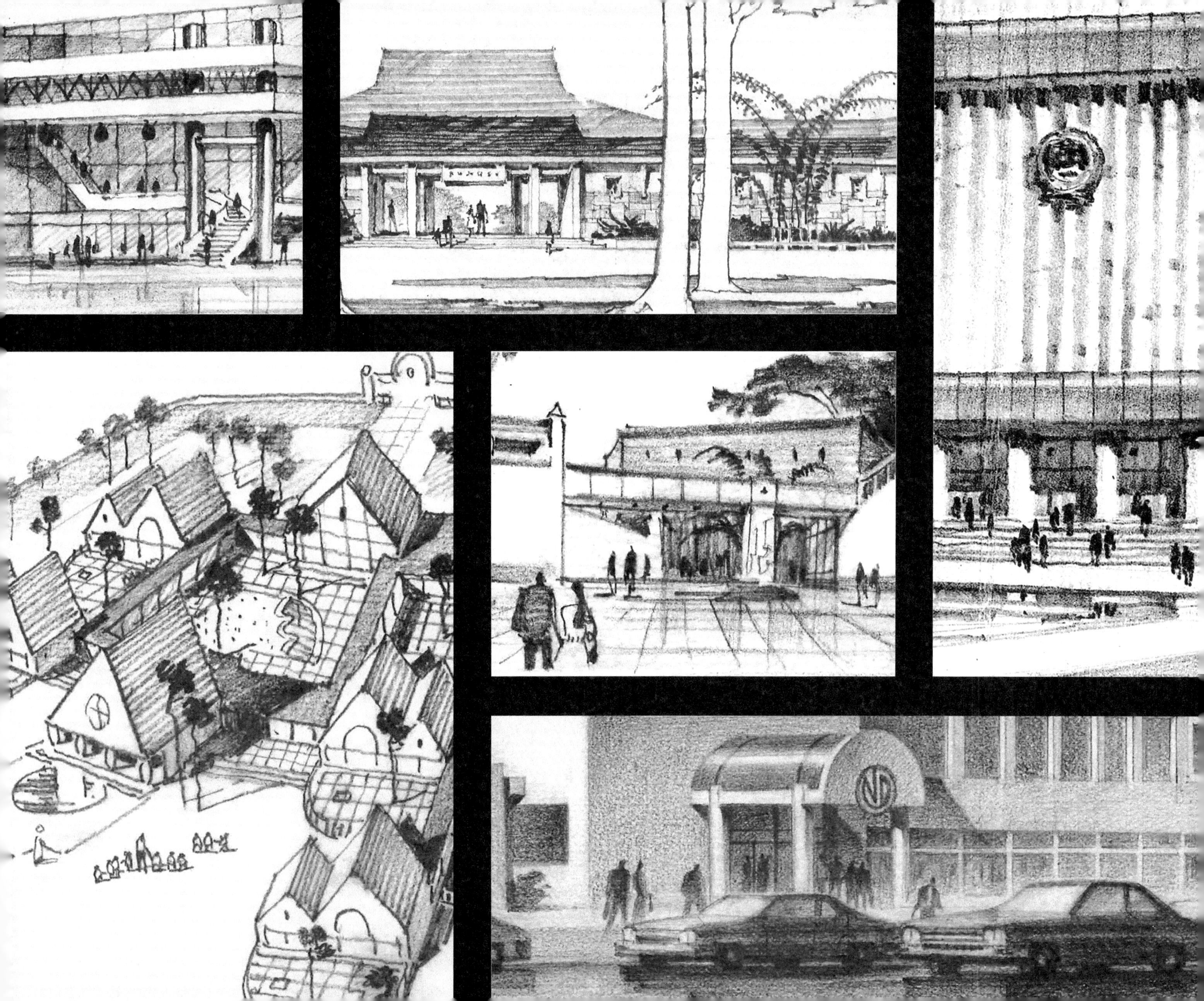

2–48.天津SOS儿童村综合楼方案

综合楼由教室、办公室、多功能厅、餐厅、商店组成。这幅终结性表现图系用棕色铅笔画在粗纹理的灰色纸上。亮面用白色特种铅笔渲染，灰色底面使画面感觉柔和、统一，白色铅笔亦可减少作画时渲染的层次而效果鲜明，纸面的粗质肌理也增加了画面的趣味。

住宅区街景透视 （彩色铅笔）

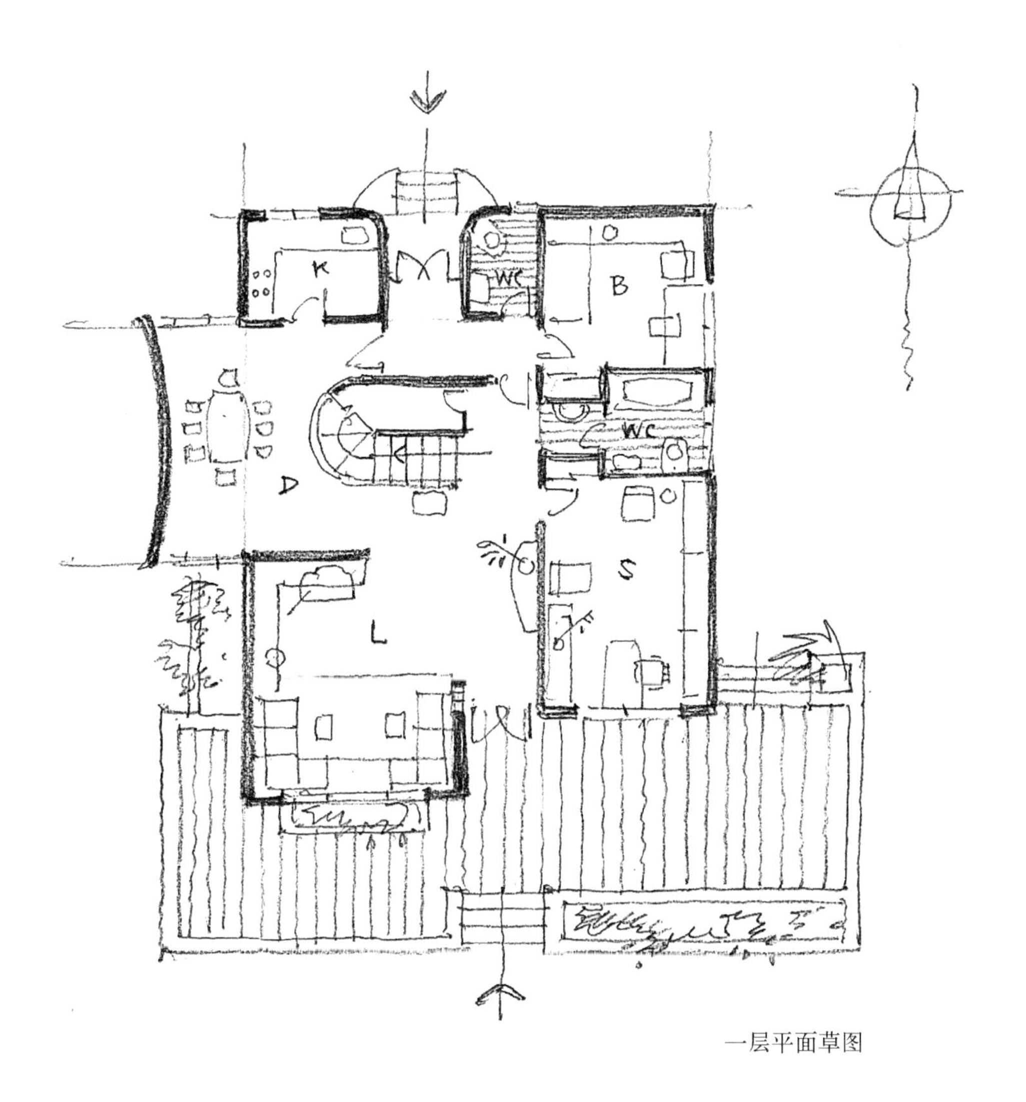

一层平面草图

2-49.多风格住宅方案构思

方案为唐山高新技术开发区的别墅住宅区所设计，适应业主对多种风格的要求，此二层独院住宅用一种平面构思了中、日、英、德、西班牙以及现代式六种风格的造型。草图用灰纸、彩铅表现了由风格各异的小住宅组成街区的多彩景观。带有纹理的灰色纸面使画面柔和统一，并现出笔触的趣味；白色特种铅笔提出主受光面，增加了画面的明度；深绿树丛拉开了黑、白、灰三种感觉的调子，并托出了建筑的轮廓；红、蓝屋顶则使画面色彩更加鲜明。用彩铅画建筑草图，设色不宜过多，以灰纸做底，尤应注意整体的明快感。

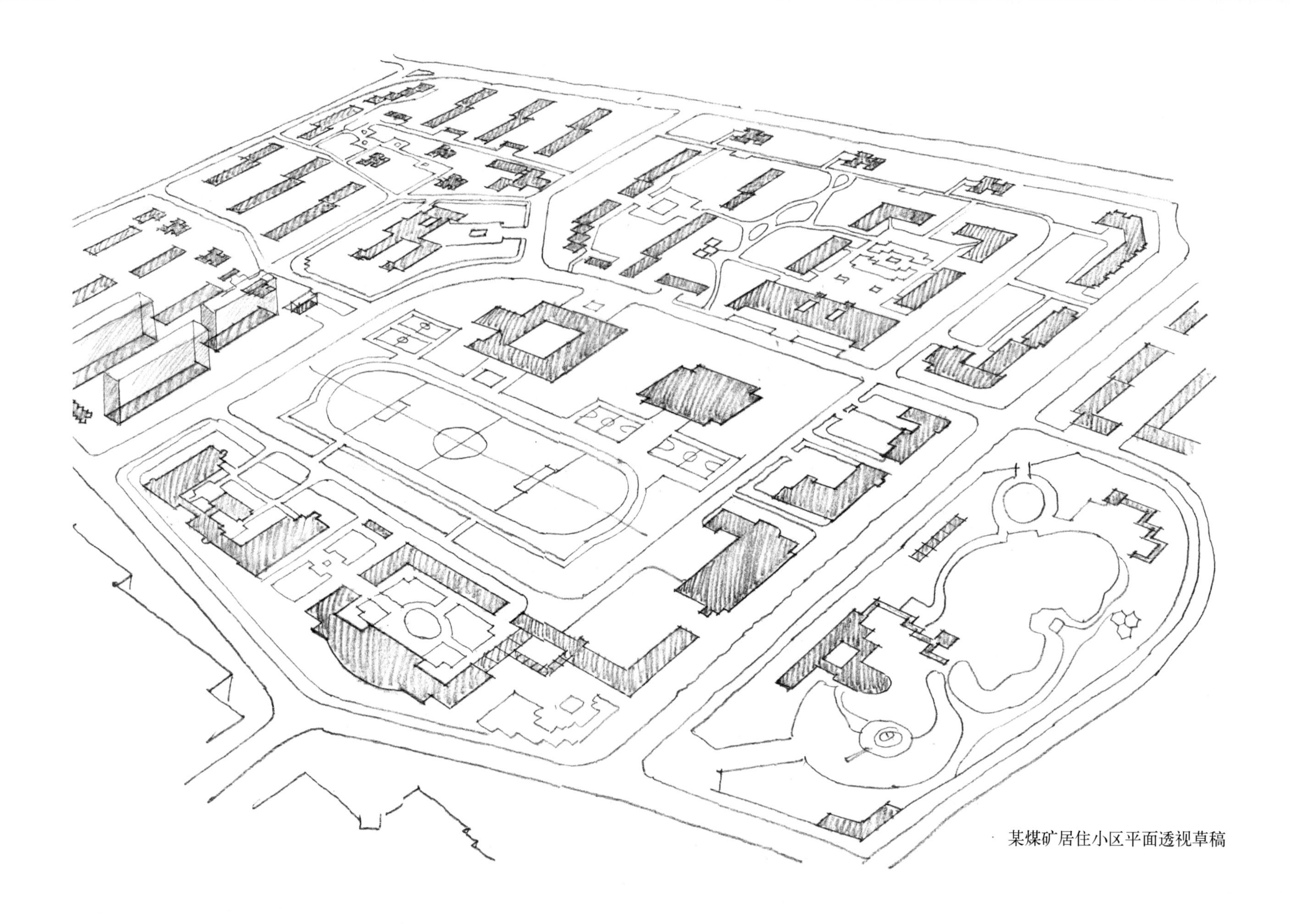

某煤矿居住小区平面透视草稿

2–50.某煤矿居住小区规划方案

这是应邀为付诸实施方案的修改图。用电脑绘制鸟瞰图虽然准确、便捷，但在输入过程中要求组成部分的尺寸具体而繁杂。具备娴熟绘制草图技巧者，可凭脑中记忆的大概尺度绘制鸟瞰图，速度可较电脑绘制的全过程更为快捷。为使表达准确，可先做出规划图的平面透视，然后在覆盖的拷贝纸上依次将建筑平面上升成六面体，草稿完成后再覆盖一层拷贝纸将建筑群清晰描于其上，施之光影，铺衬绿地与树丛以及人物、小品，绘成后再进行重点的润色加工。

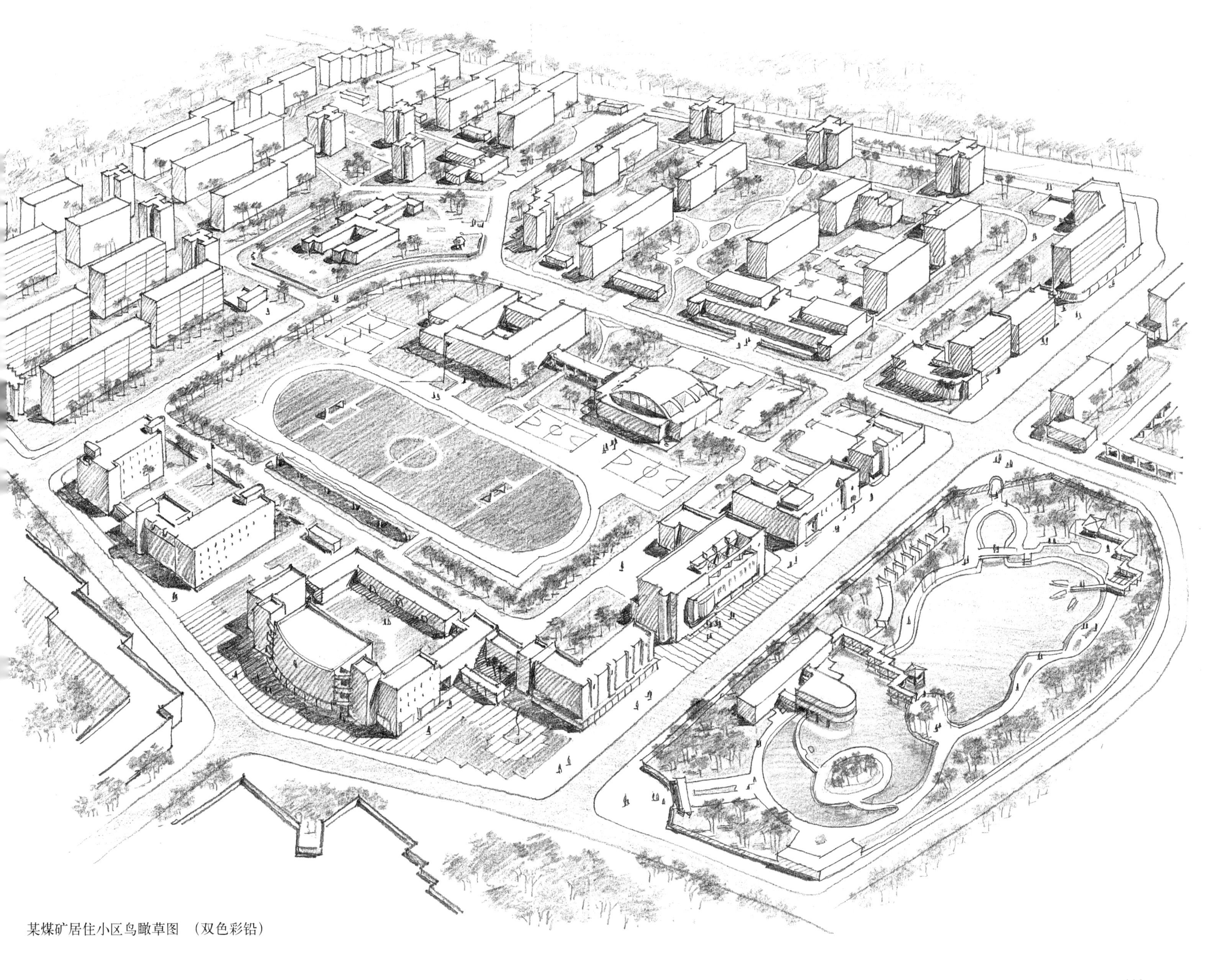

某煤矿居住小区鸟瞰草图 （双色彩铅）

修改后的彩色渲染 （章又新作）

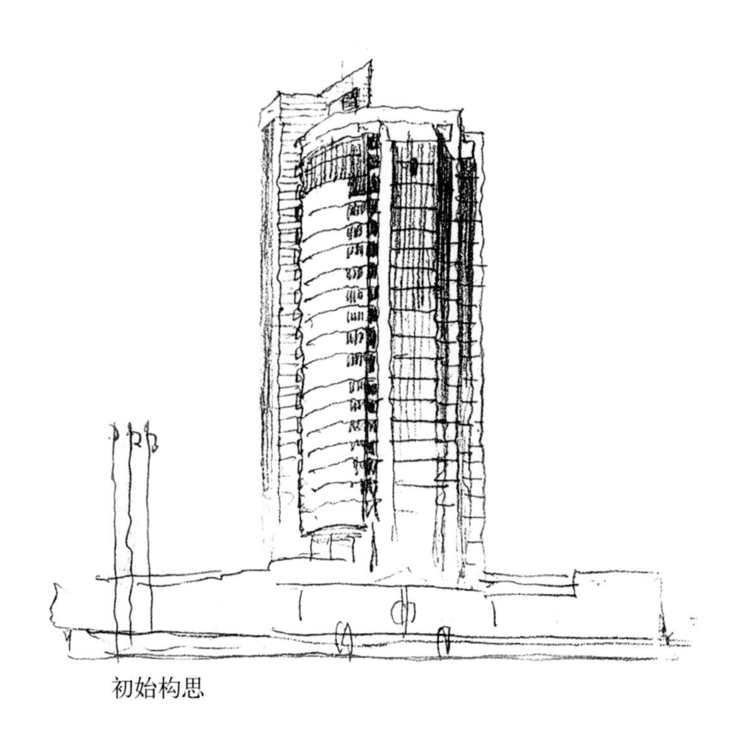

初始构思

2-51.洛阳国际饭店方案

准确是设计草图绘制必须具备的原则。失误的比例与尺度，将丧失草图在设计过程中的省审和表现作用。

立面方案表现了这幢位于十字路口的高层旅馆的造型处理，面向公园、广场的观景电梯由弧形的转折引向正面入口，不仅与雁行式的体量组合共同赢得客房的好朝向，也打破了背阴立面的沉闷，具有动感的光影以及裙房所形成的敦实底座，显现出稳定而活泼的外观。从初始构思、终结草图直至正规作图的彩色渲染与模型，始终保持建筑尺度的准确性和一致性，这正是对于建筑师基本功力所需的严格要求。

模型图片

终结草图

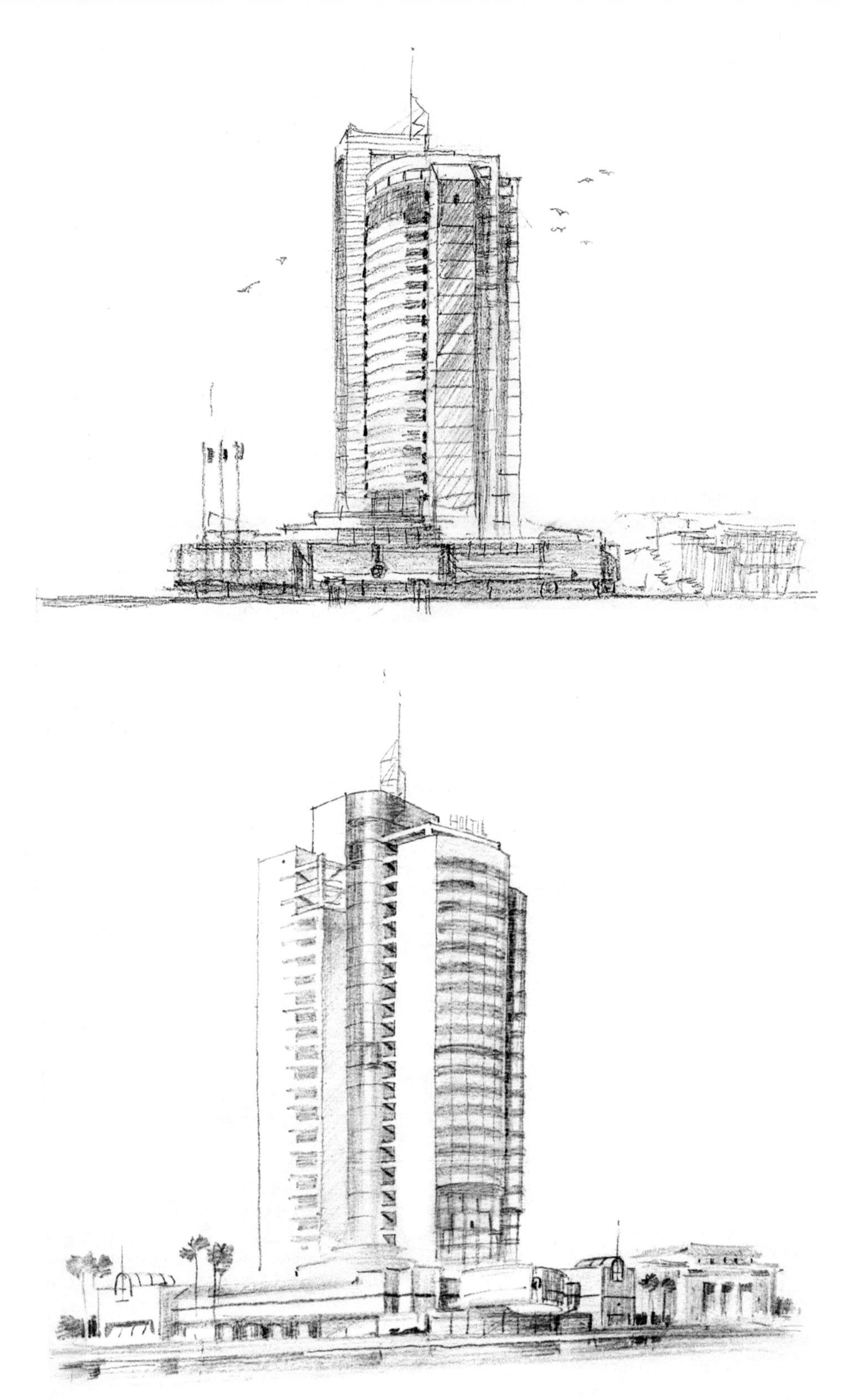

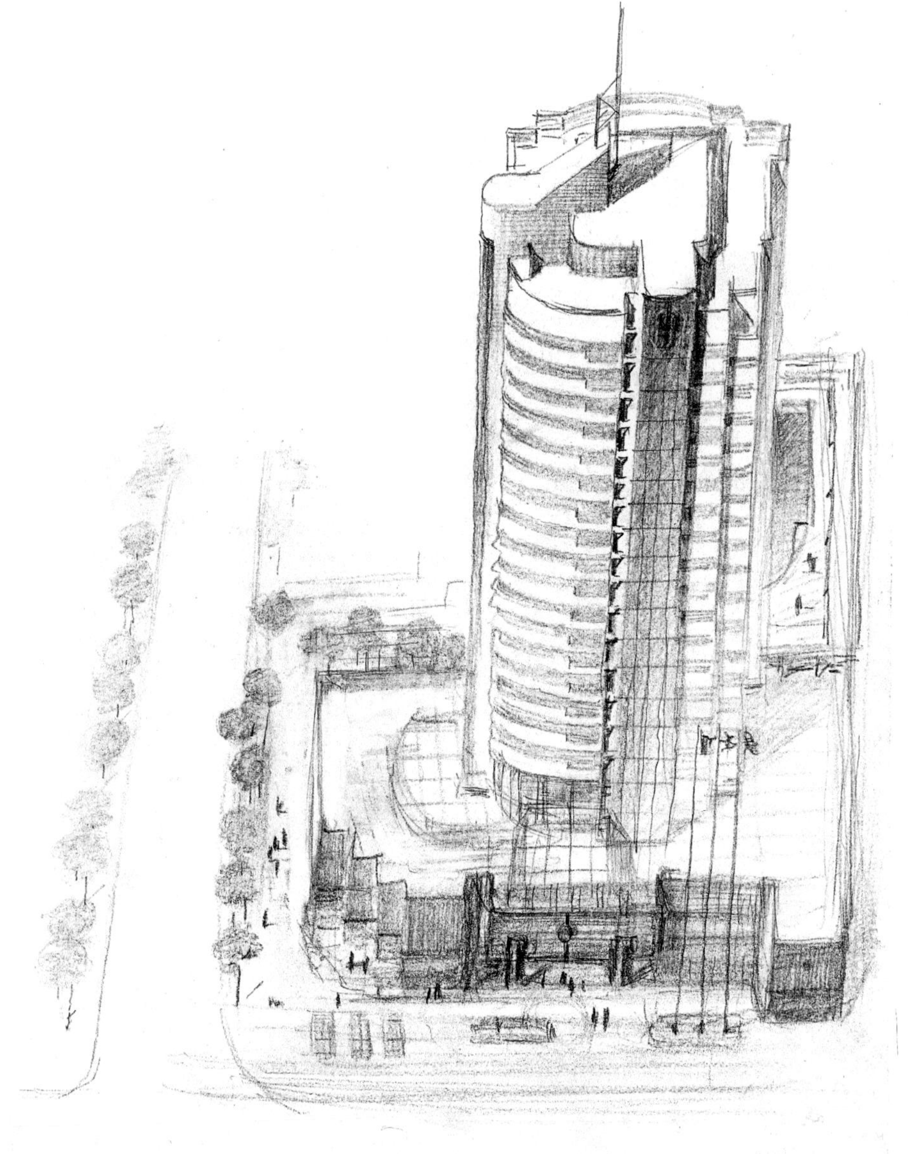

- 洛阳国际饭店造型方案比较

创作中经常要从多个方案比较中推出自己理想的方案，这就要靠多想、多画，使思维中形象不断地跃然于纸上，而后抉择，熟练的草图技法可快捷地达到预想的目的。

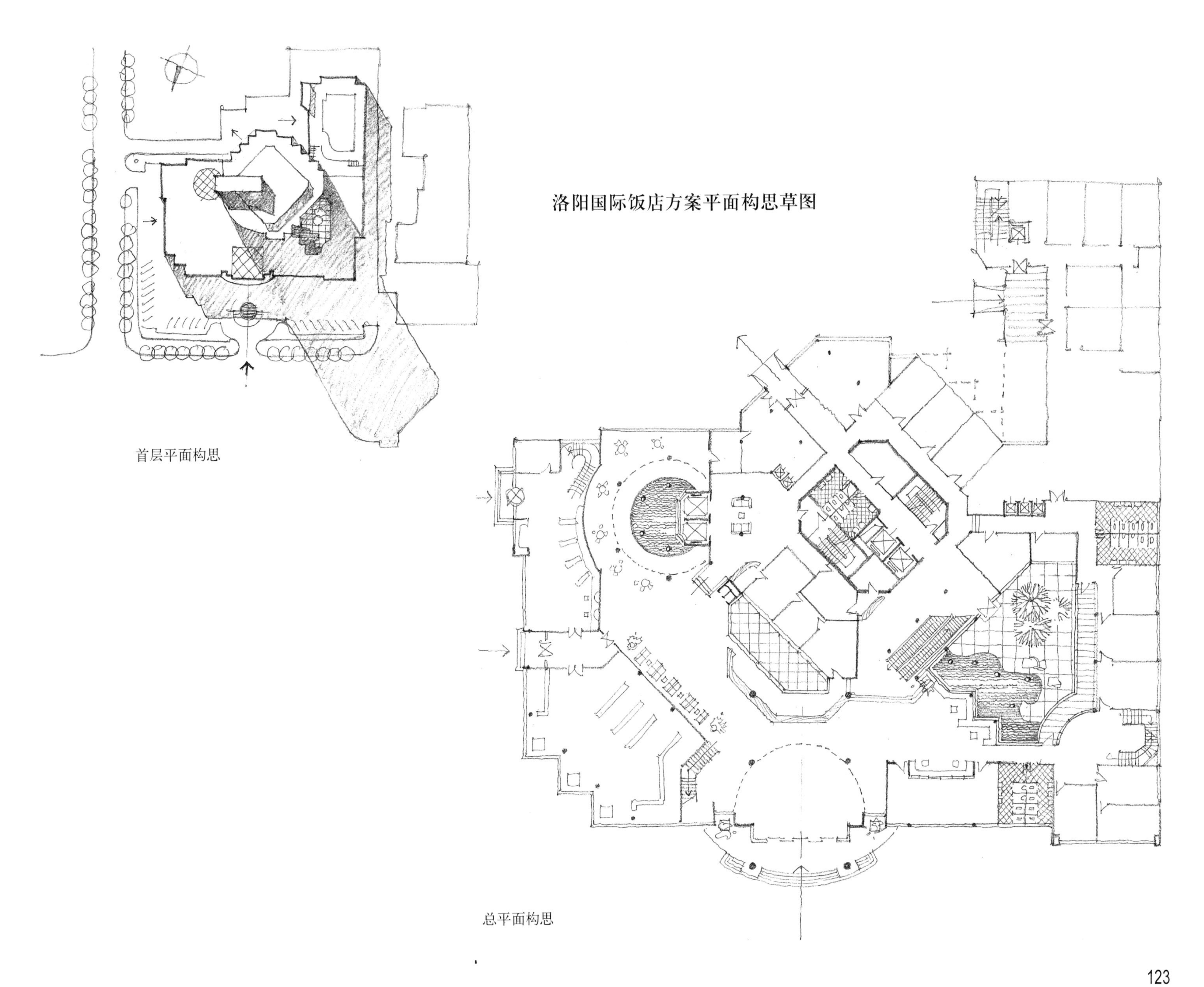

洛阳国际饭店方案平面构思草图

首层平面构思

总平面构思

经合作单位调整后的建成外观

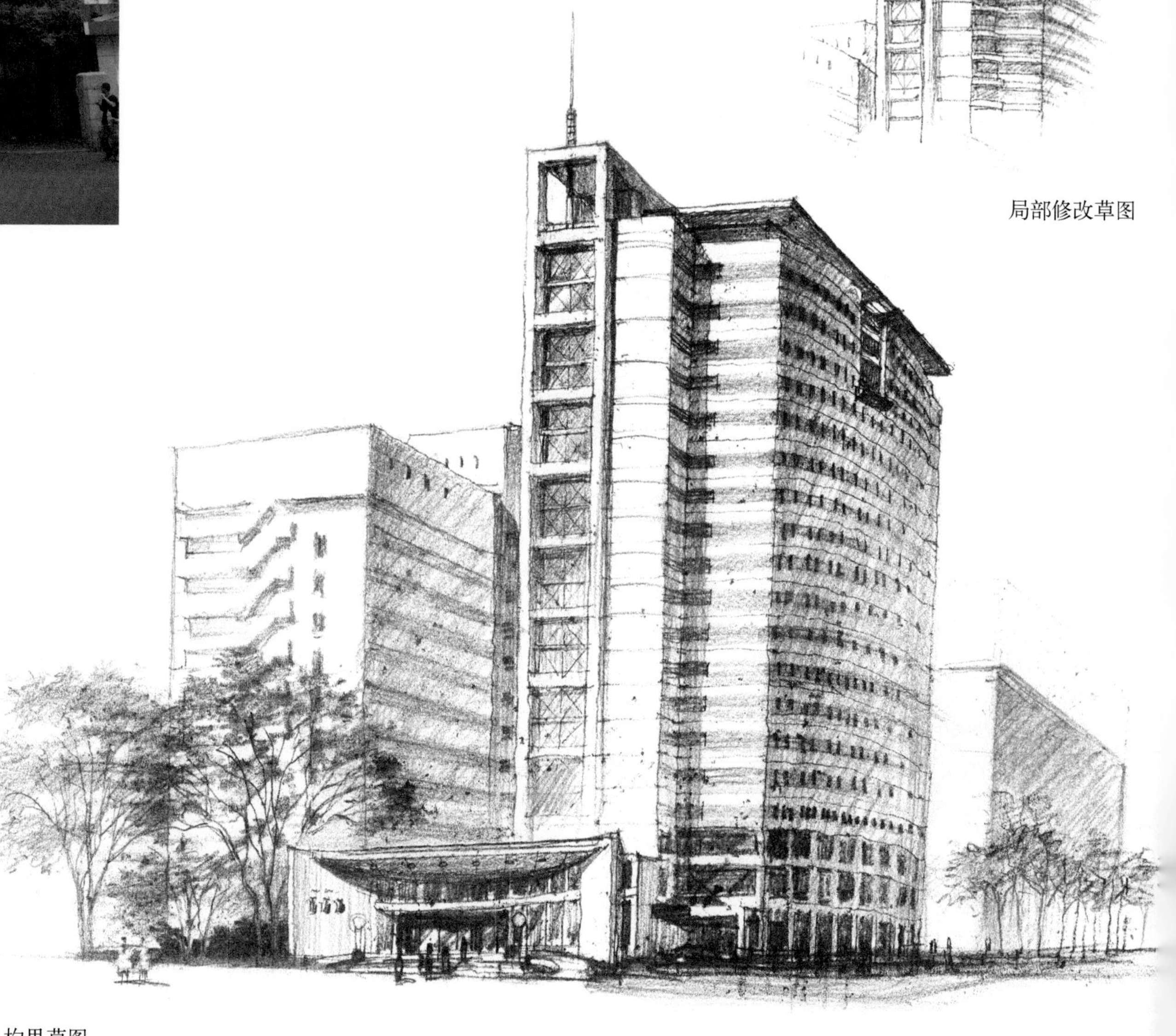

局部修改草图

2-52.北京人民医院住院楼扩建

设计于原址上改建高层，建筑坐北朝南，呈一字形布局。北面顺应街道走向做成弧面，且因贴近马路不易停车，故主入口设在东端的山墙面，正对门诊楼前小广场。建筑造型亦加强东山墙重点处理。一层平面加大入口大厅，并在朝南位置借助室外绿化庭院另辟等候休息之地。建筑造型力求简洁朴实，与原有建筑相协调。

构思草图

2-53.滨州学院主楼

依据选定规划，主楼亦作为入口大门，据此方案着重探讨了平面功能的合理性和造型的标志性特点。研究生在确定草图意向性的基础上逐步深化方案设计，达到了控制造型的最终目标。

意想中的外观草图

建成外观

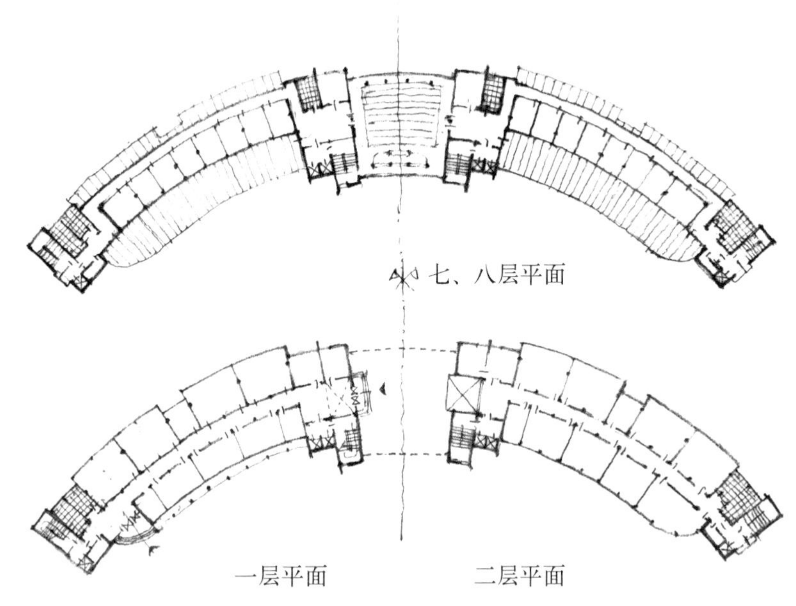

模型鸟瞰

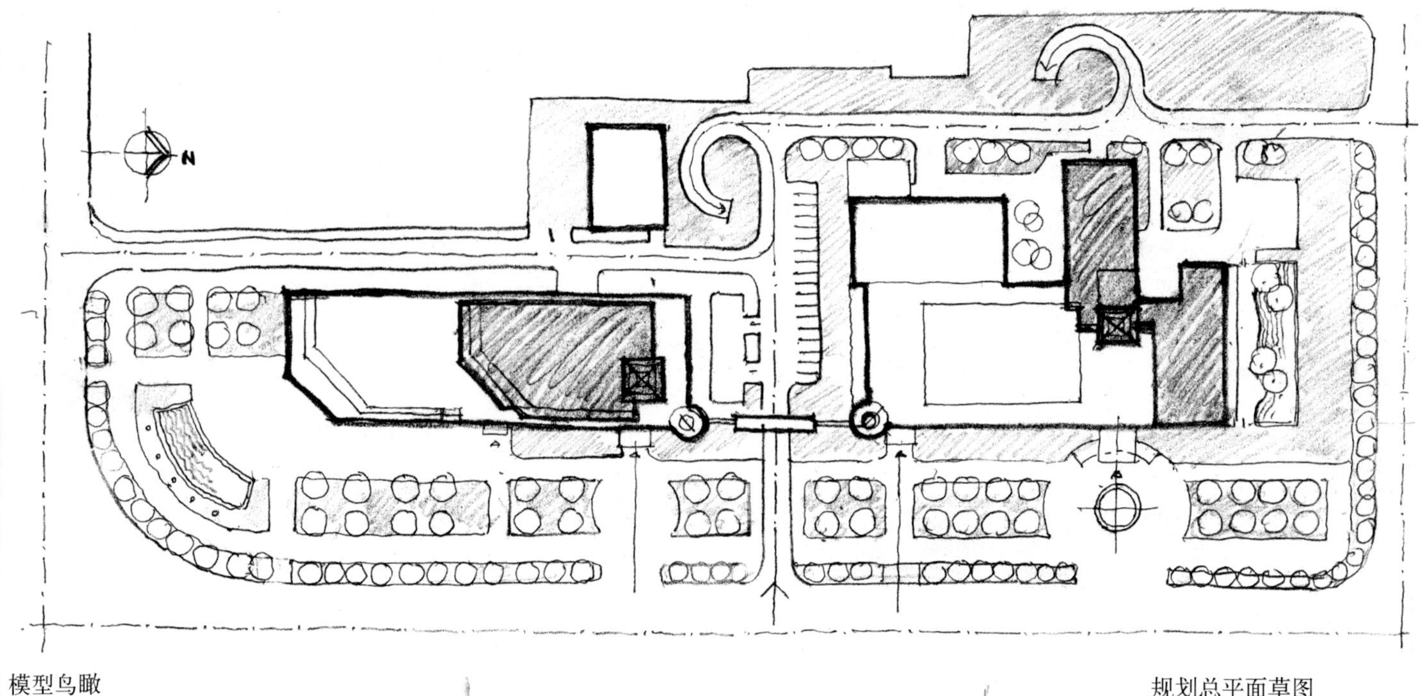

规划总平面草图

2-54.河南饭店改建规划

设计位于纵横交叉的立交桥口，考虑三面临街的景观效果，将建筑分成两幢，采取一横、一竖双向塔板结合的布局，分期建造。塔乃中原的地景特色，两期高层都做了似塔非塔的造型意向，以概念的回归体现地域文化的内涵。此指导研究生完成的方案曾收入《全国建筑方案精品选》

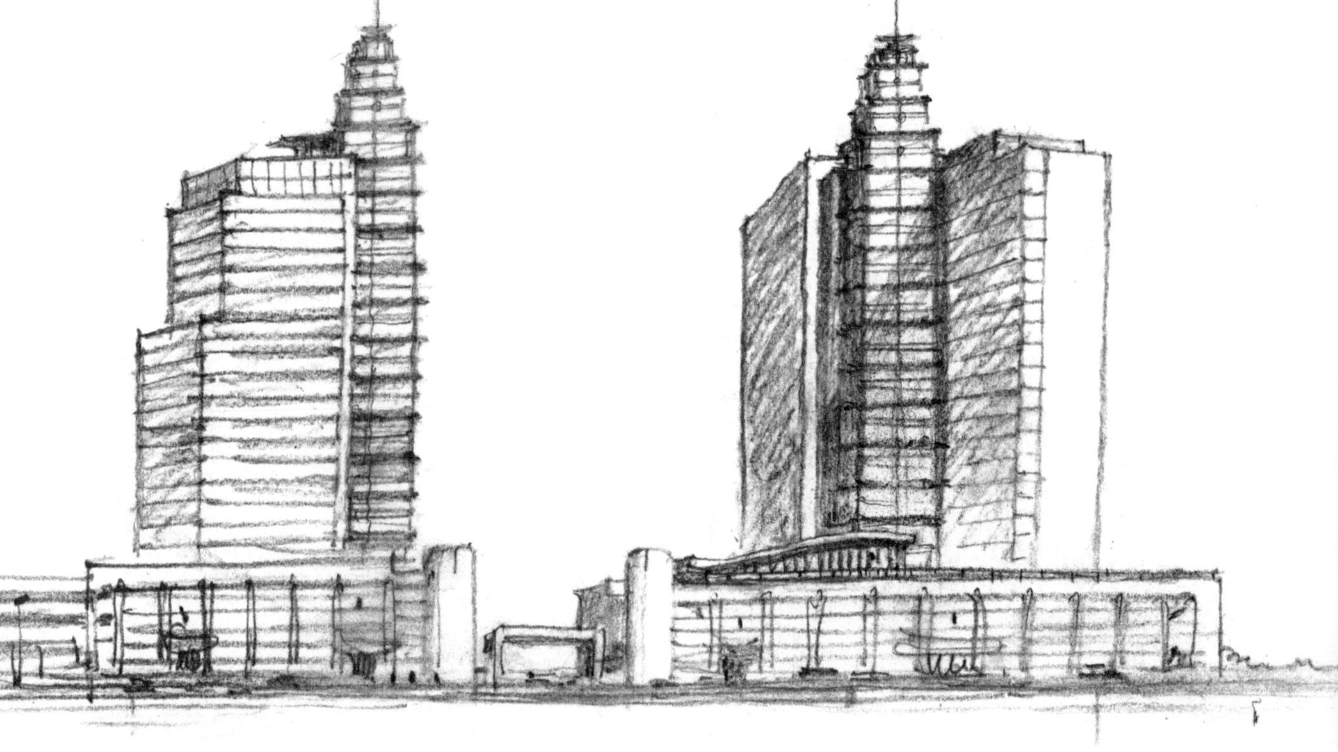

双塔意向草图

国内外名家草图作品观摩

“博采众长”是一切进取者的必由之路。

这里所汇集的部分国内外名家创作手稿，展现了一个建筑创作过程中的“多彩世界”。我们可以从中观摩到每个建筑师都有自己习用的画种和擅长的表现技法，而无论采用什么画种又都具有自己的独特风格。“画如其人”，密斯炉火纯青般的构思草图，完全体现了他所主张“少就是多”的精神；赖特善于用彩铅来构思与环境相融合的主题，也是他主张“生于自然，长于自然”有机建筑理论的再现；汪国瑜精文通画，他那炭笔粉彩草图也带有文人般的清新淡雅，犹如一帧帧意境深邃的传统水墨画……同时，我们也可以从诸多手稿中观摩到创作都有一个由粗到精，由初始的概念性到终结的具体化，反映设计不断深化的进程。“作品”虽不可能展现每位名家创作的全过程，但从盖里的“巴黎美国中心”到墨菲·扬的“纽约城市中心”两幅粗细之别相距甚远的草图中，可以看出初始与终结之间距离的反差，如果忽视草图表现的阶段性，而一味去追求和模仿某种固定的形式，必将本末倒置，违反创作规律而失去由草图构思来完善设计的意义。

然而，最重要的还是从名家手稿中，观察和学习到他们对事业执着追求的投入精神。几滴汗水，几分收成，在建筑创作领域里“浅耕薄收”与“勤耕硕获”绝不会产生同样层次的作品。迄今为止，我还未曾发现哪位嘴勤手懒者会成为名家大师的。多思、多画、多改，往复轮回，逐步深化，是形成设计水准不断上升的良好循环，望还不太善于此道者，能从诸多名家手稿中有所启迪。

勒·柯布西耶创作手稿

印度昌迪加尔市构思草图

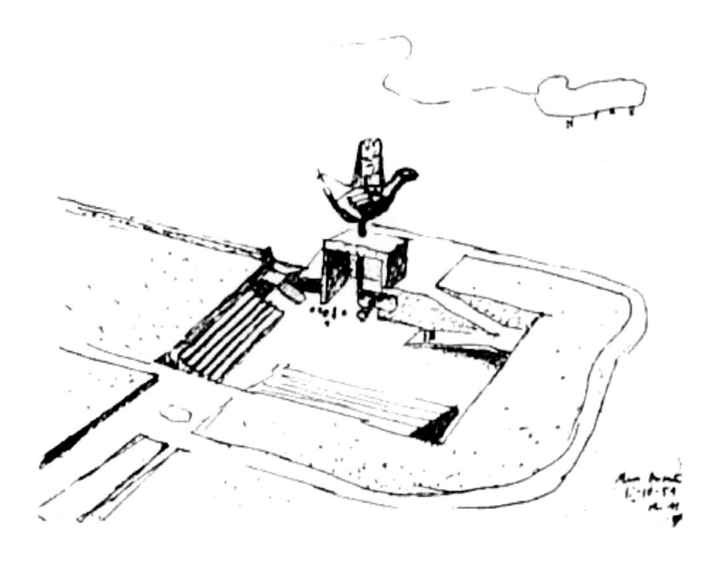

昌迪加尔市中心纪念碑构思草图

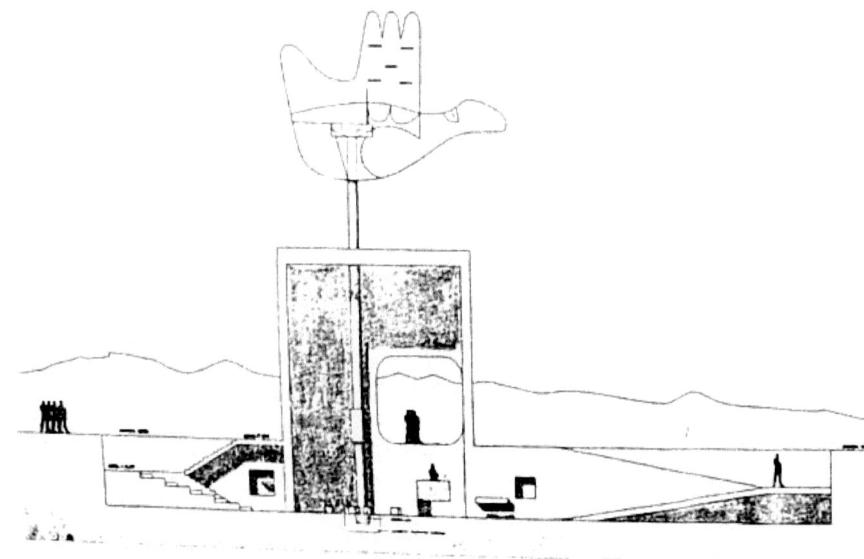

纪念碑设计终结性草图（象征性雕塑 “伸开的手”）

昌迪加尔法院设计构思草图

朗香教堂设计的初始草图与阶段性草图

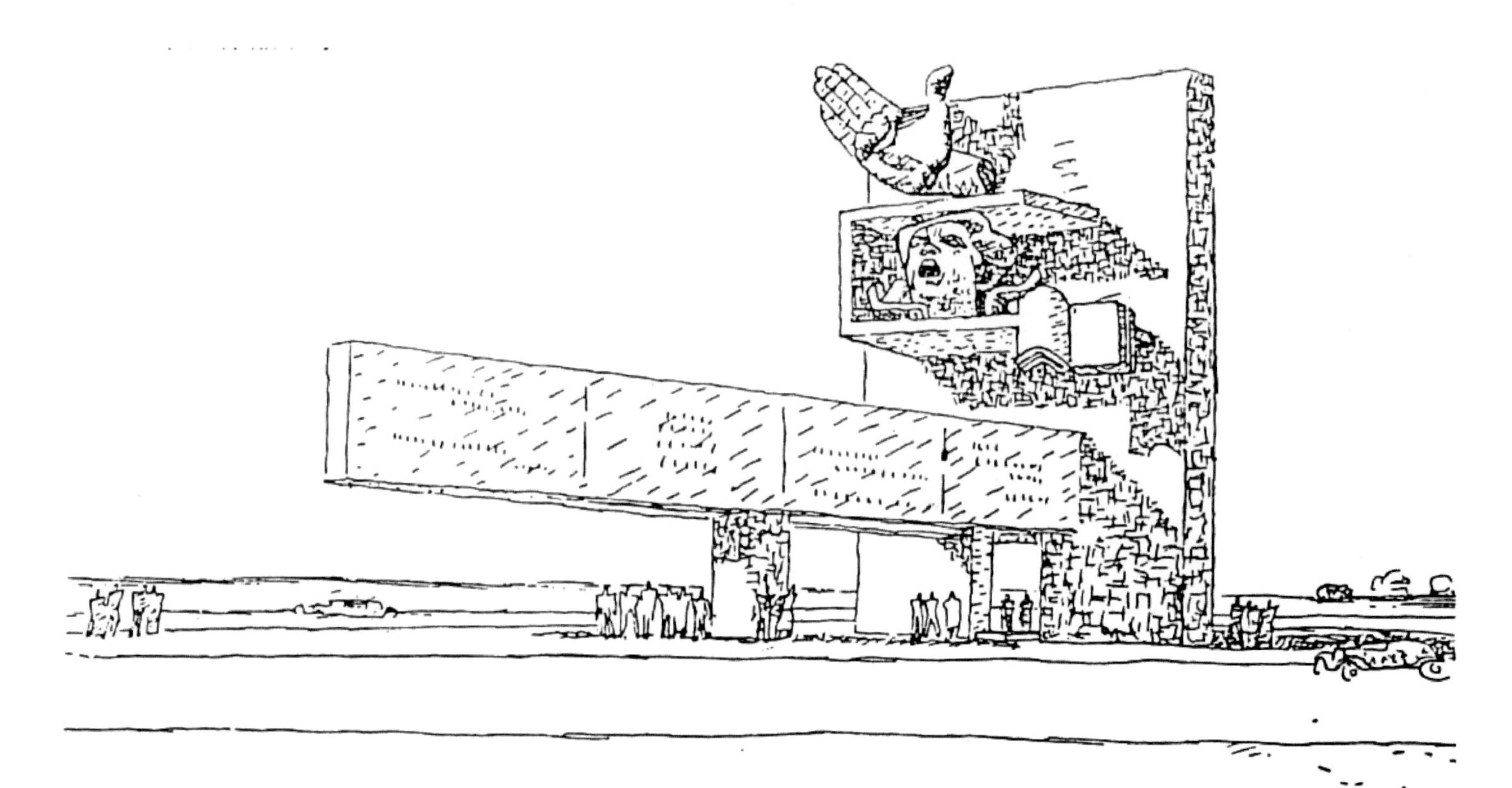

瓦扬古久里纪念碑构思草图

室内设计构思草图

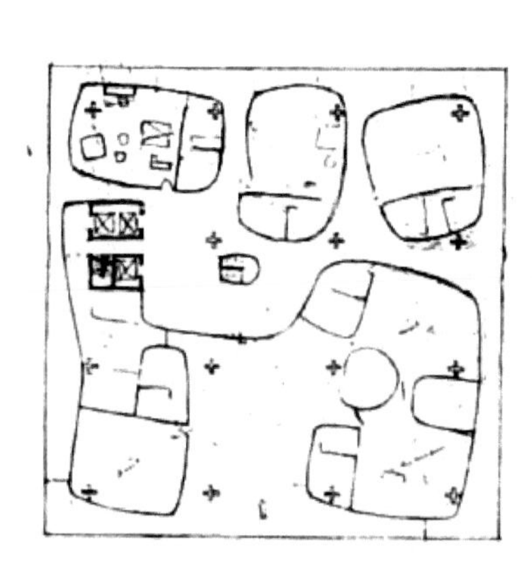

平面构思草图

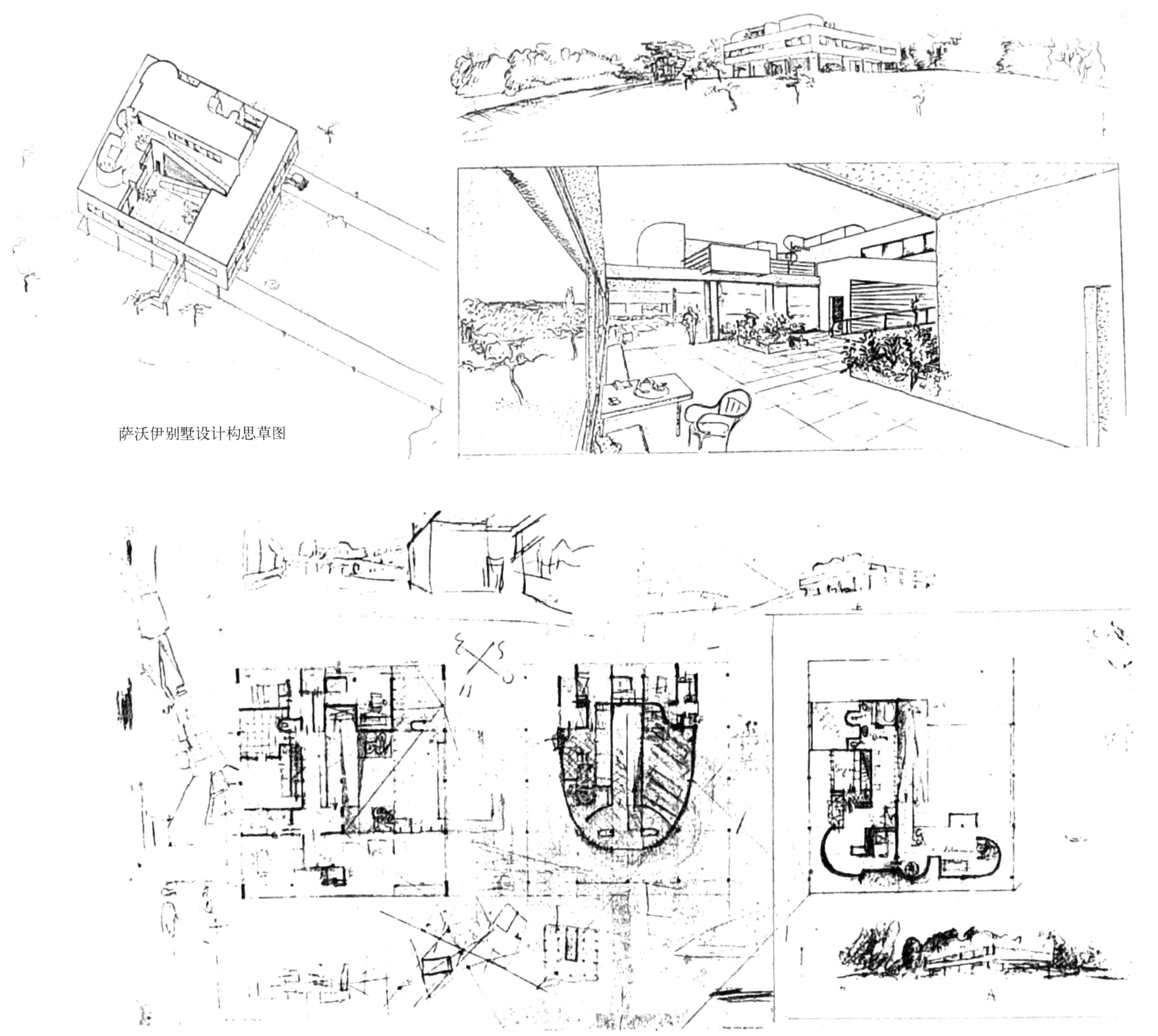

萨沃伊别墅设计构思草图

弗兰克·劳埃德·赖特
创作手稿

霍莱虎克住宅构思草图

古根海姆美术馆设计终结草图

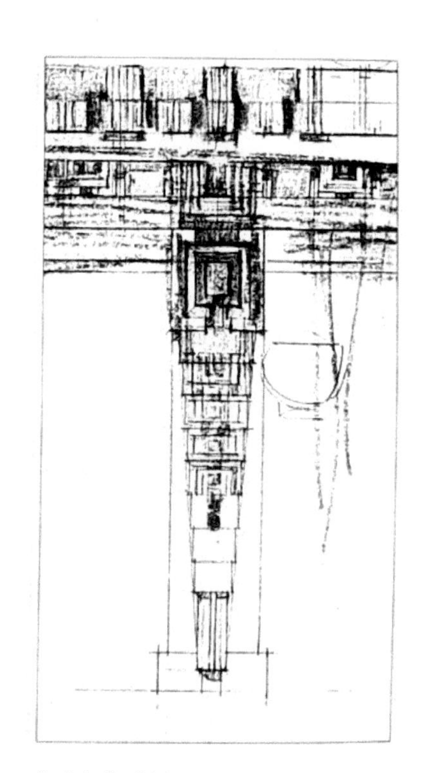

住宅细部草图

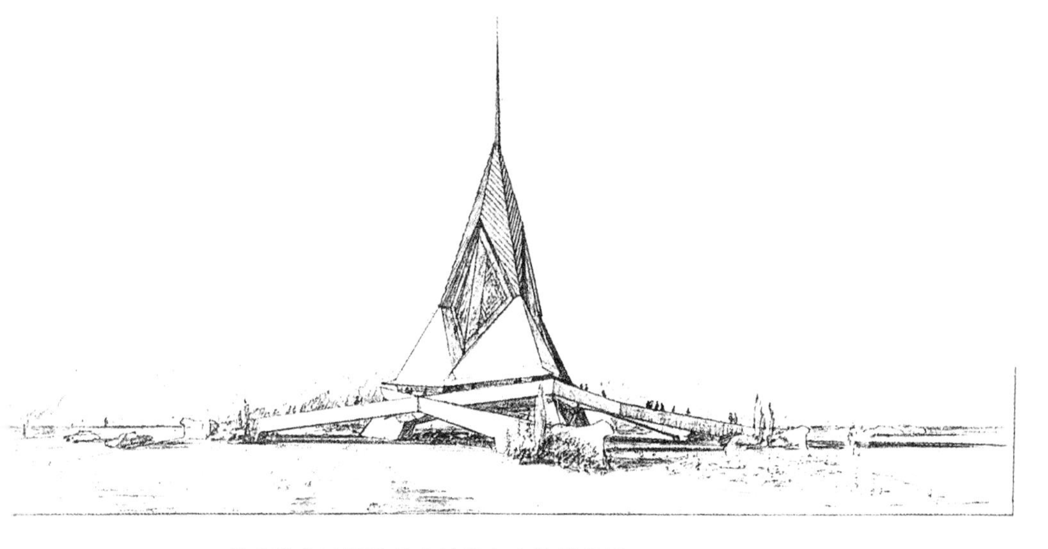

俄克拉荷马州诺曼小教堂方案构思草图

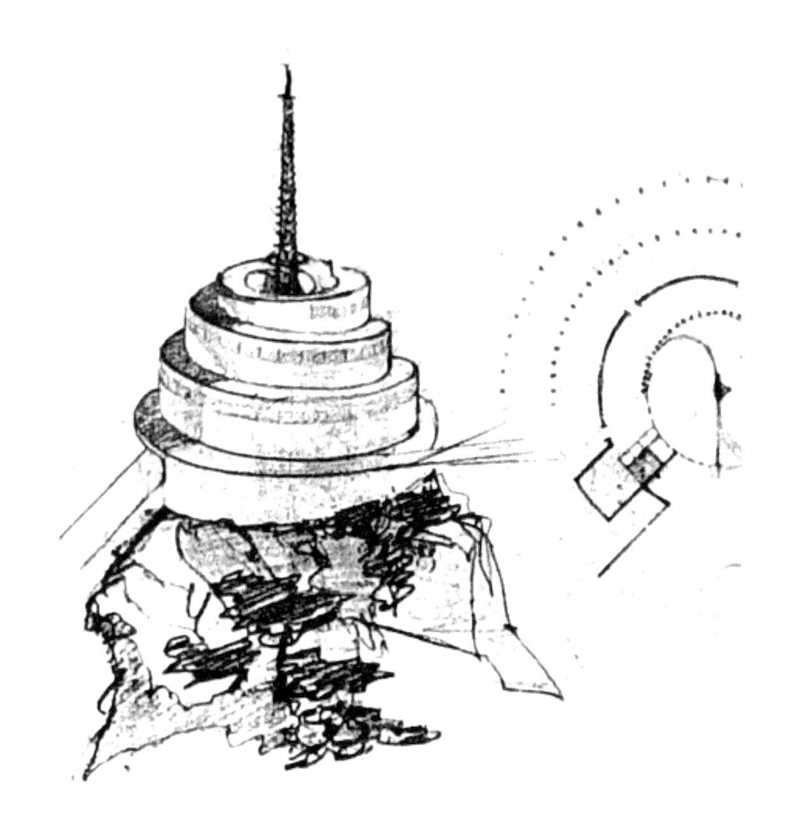

马里兰州汽车目标和天文馆初始草图

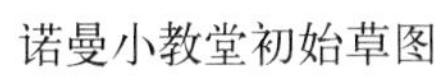

诺曼小教堂初始草图

宾夕法尼亚州考夫曼“旅客之家”初始草图

宾夕法尼亚州流水别墅构思草图

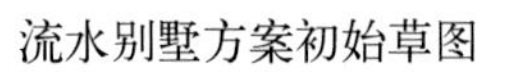

流水别墅方案初始草图

高地住宅构思草图

园林住宅方案终结草图

威拉住宅方案终结草图

密斯·凡·德·罗
创作手稿

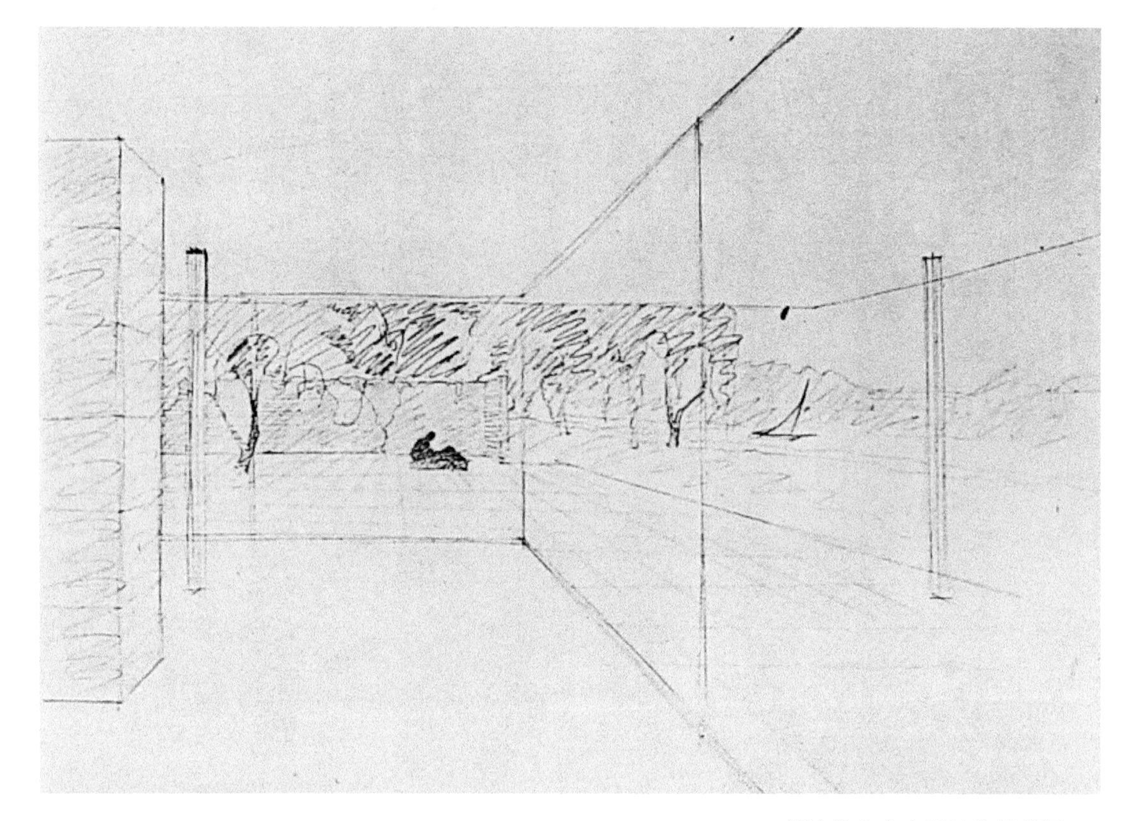

胡比住宅室内设计构思草图一

胡比住宅室内设计构思草图二

阿瓦尔·阿尔托创作手稿

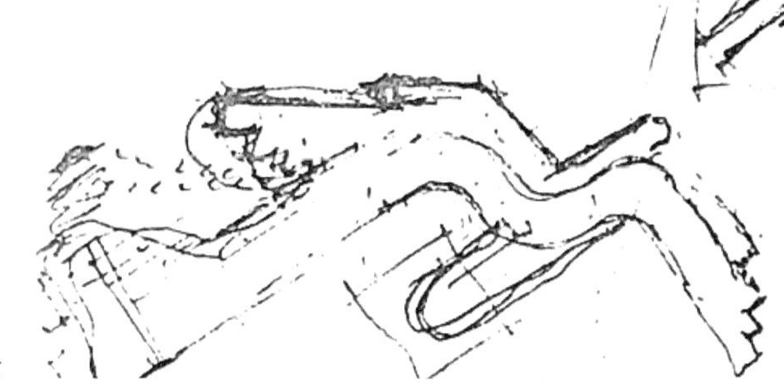

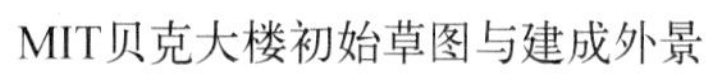

MIT贝克大楼初始草图与建成外景

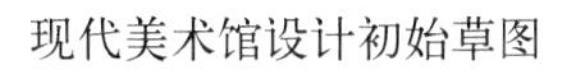

现代美术馆设计初始草图

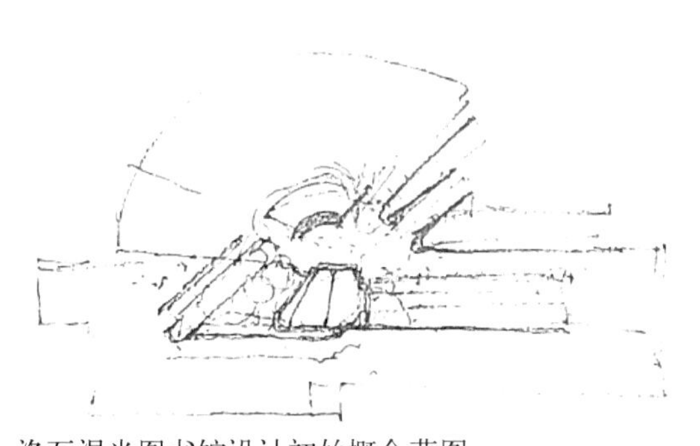

洛瓦涅米图书馆设计初始概念草图

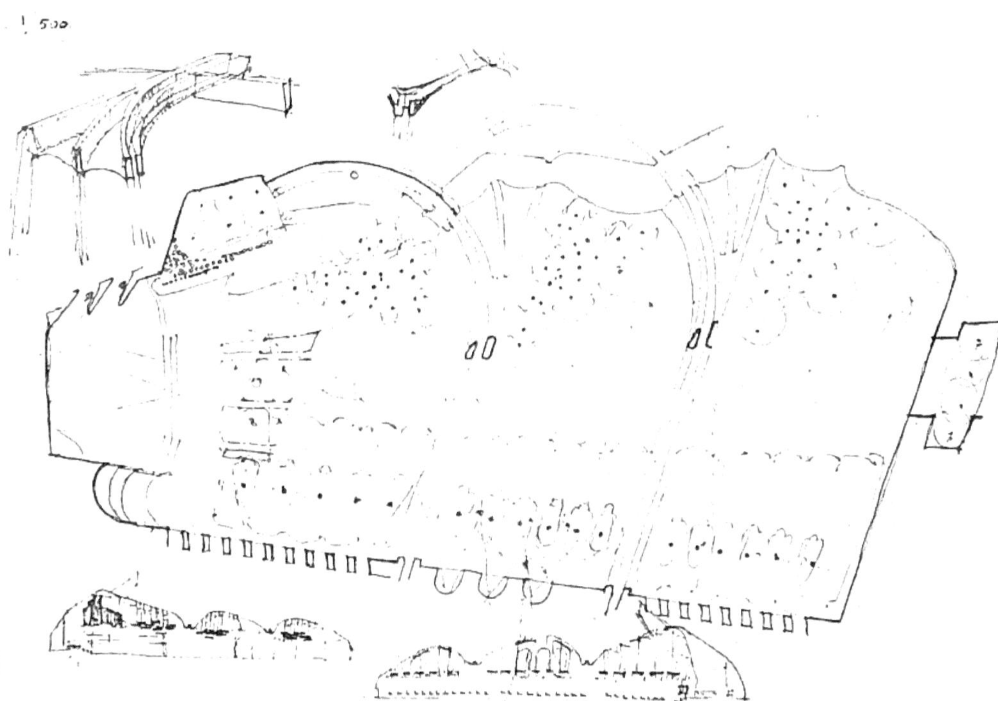

伏克塞涅斯卡教堂平面和剖面草图

贝聿铭事务所创作手稿

华盛顿美国国家美术馆东馆

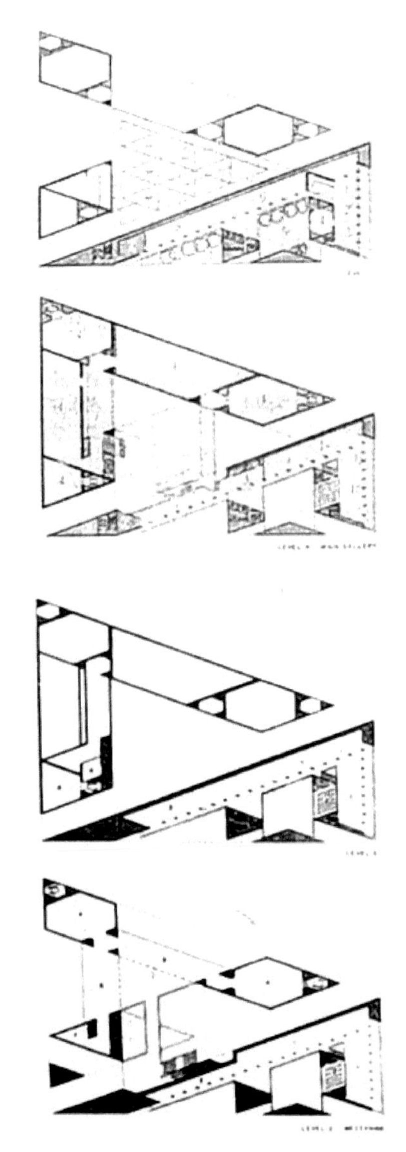

建成的一、三、七层平面

埃佛森艺术博物馆雕塑陈列厅室内(威廉·汉得森绘)

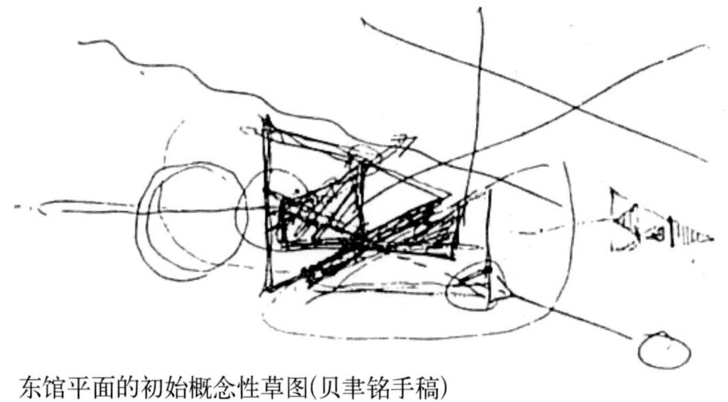

东馆平面的初始概念性草图(贝聿铭手稿)

建成的达拉斯市政厅

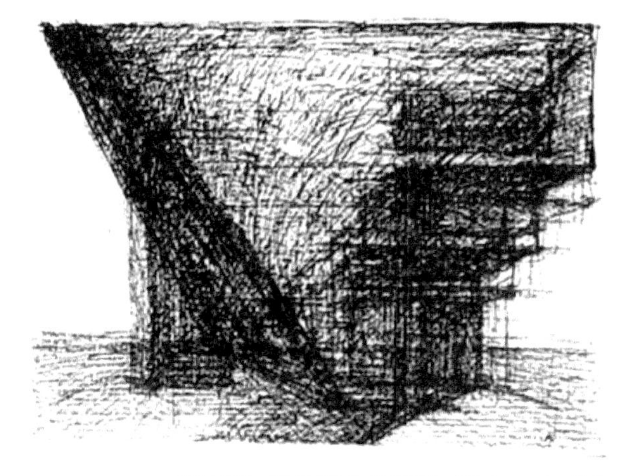

市政厅初始性概念性草图（Ted·mosho绘）

达拉斯音乐厅初始草稿（贝聿铭手稿）

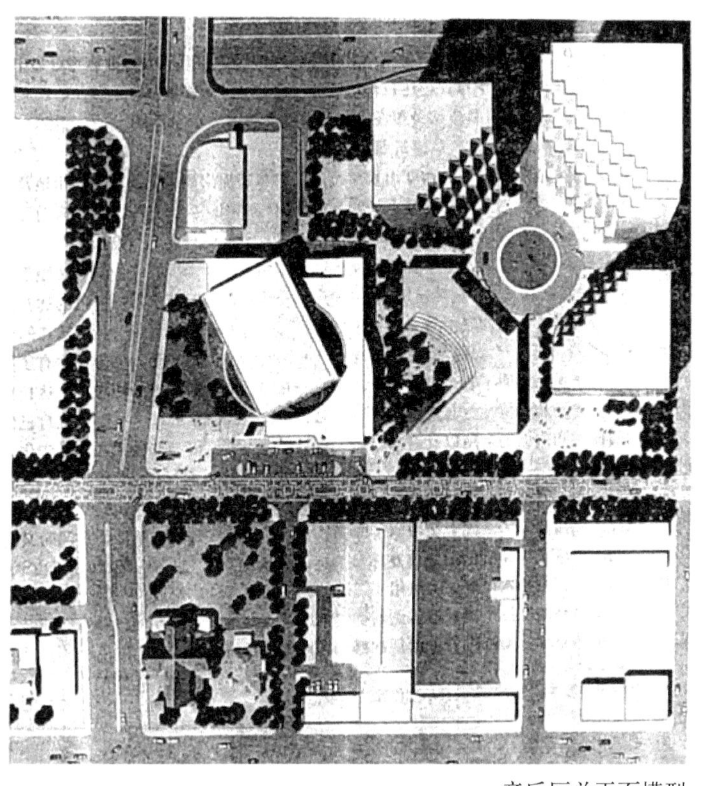

音乐厅总平面模型

芝加哥西威克大厦草图与模型方案比较

芝加哥西北车站大厦火车入口中庭

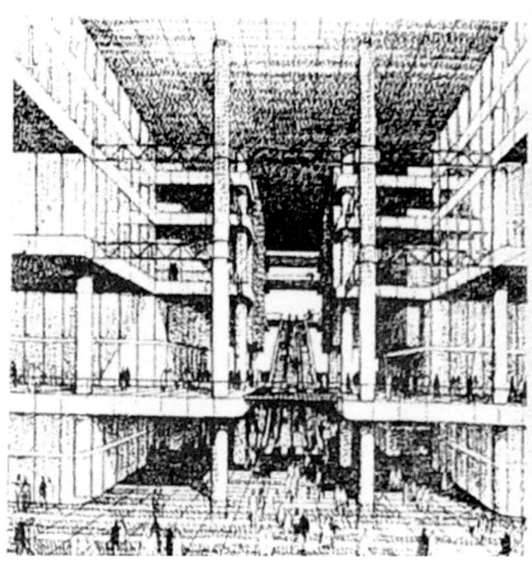

芝加哥西北车站大厦正入口中庭

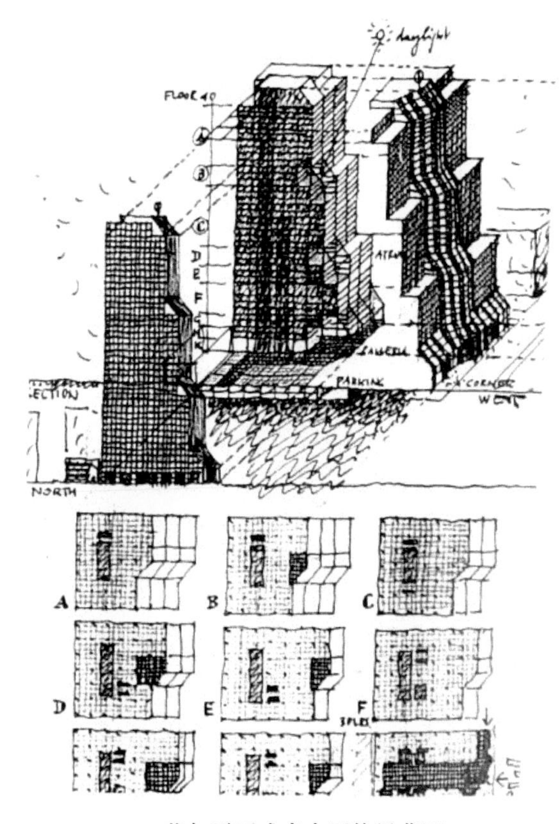

芝加哥西威克大厦构思草图

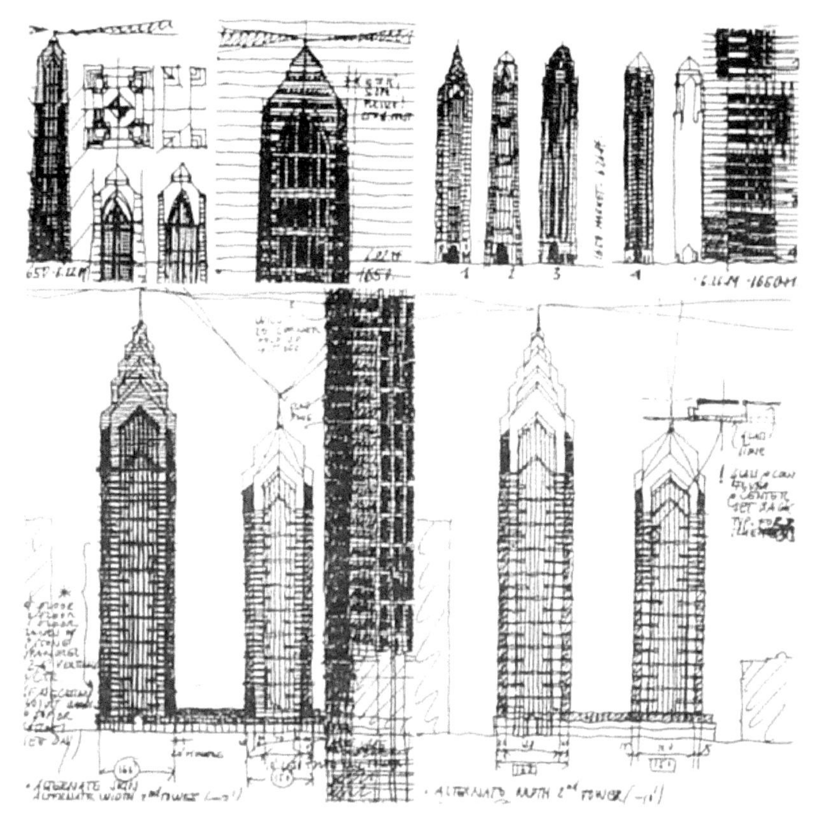

费城市场街1650号
方案构思草图

模型

模型

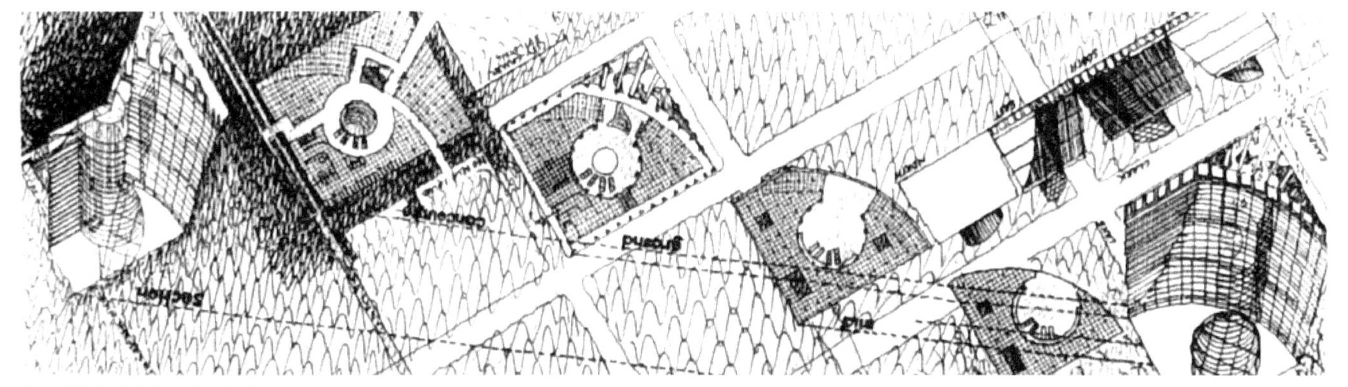

伊利诺伊州中心构思草图

马里奥·博塔创作手稿

维加内独家住宅细部构思草图

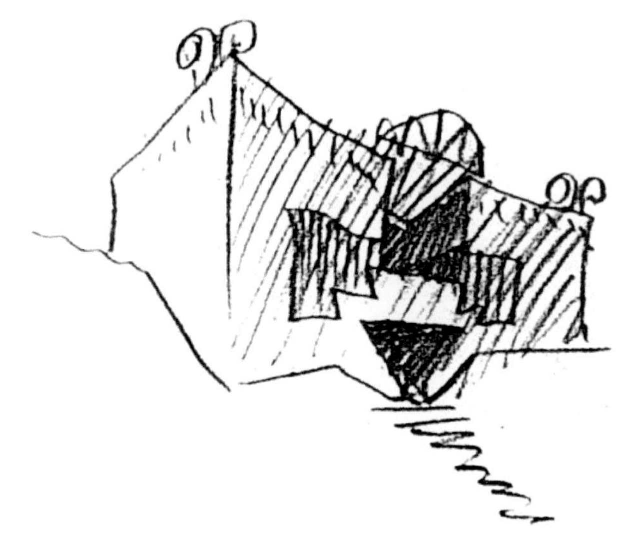

维加内独家住宅外观构思草图

建成后细部外观

建成后外观

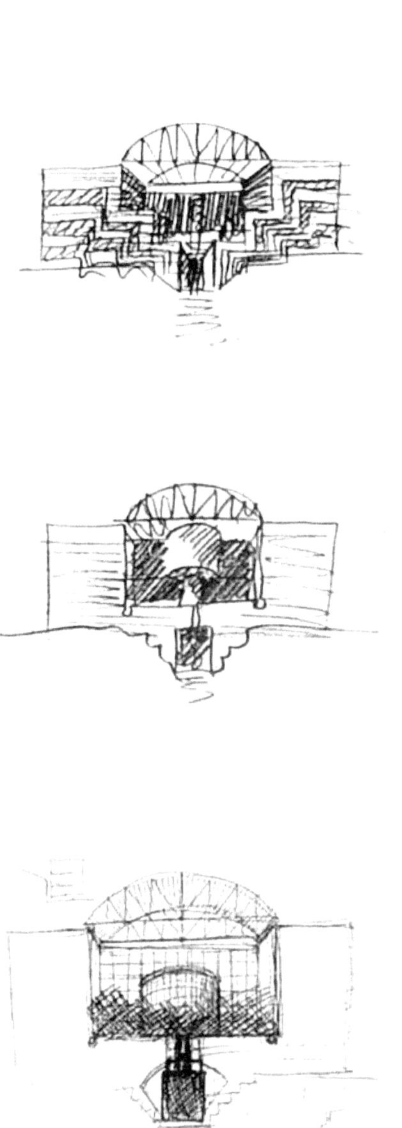

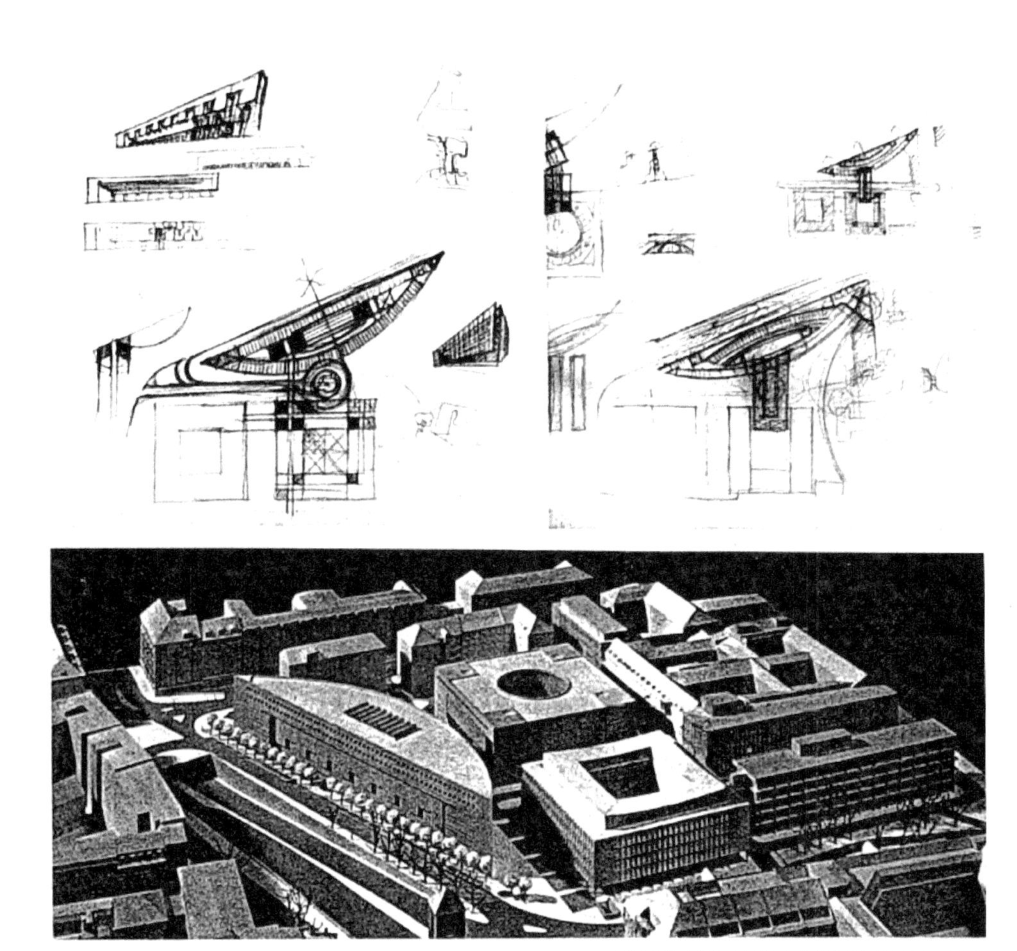

慕尼黑行政公署大厦构思草图与模型

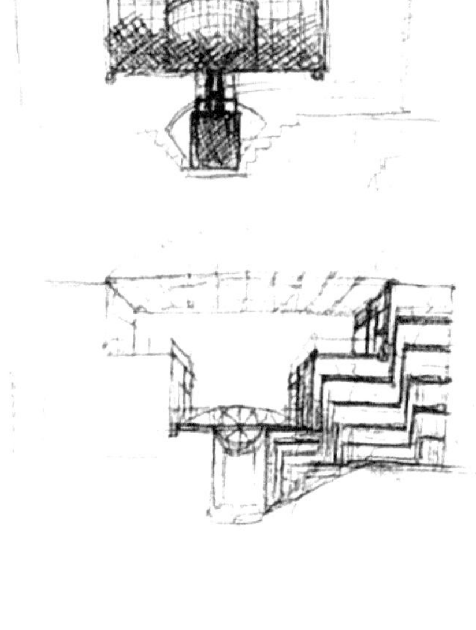

比林佐那独家住宅立面构思草图

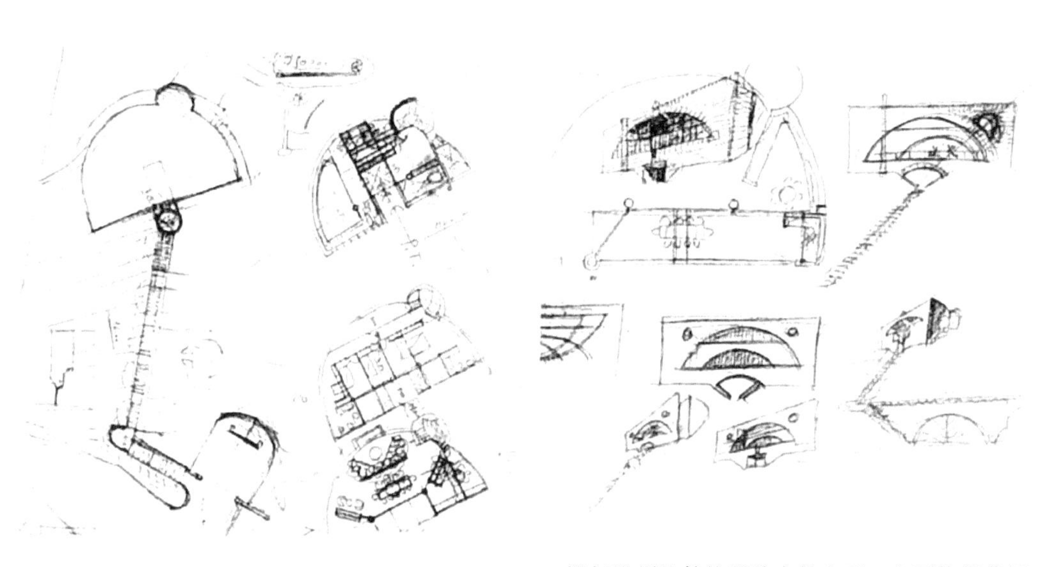

提契诺州比林佐那独家住宅平、立面构思草图

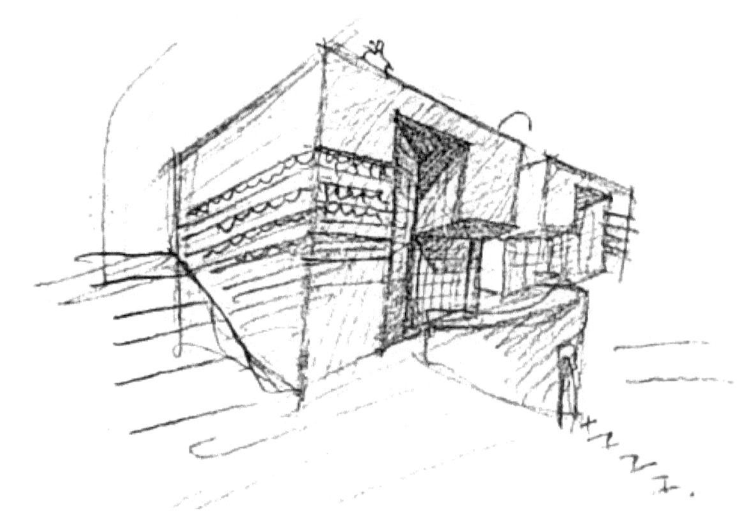

提契诺州奥迪斯考独家住宅透视草图

提契诺州卡威诺独家住宅透视草图

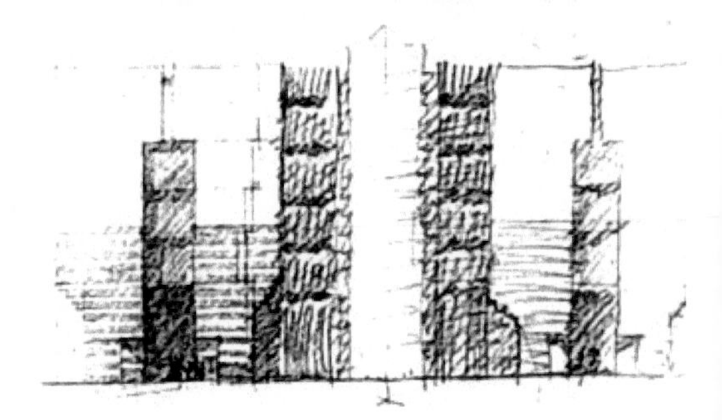

卢加诺湖滨大厦立面方案与草图

西萨·佩里创作手稿

赫尔曼花园公寓方案终结草图

邦克山大厦方案终结草图

匹兹堡大厦构思草图

奥斯卡·尼迈耶创作手稿

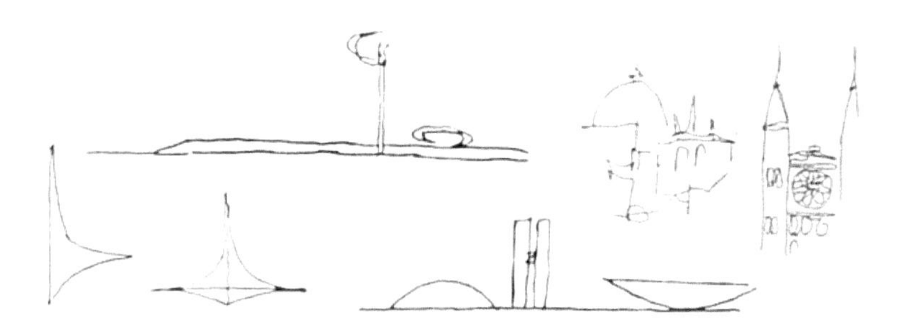

巴西利亚国会大厦设计初始草图

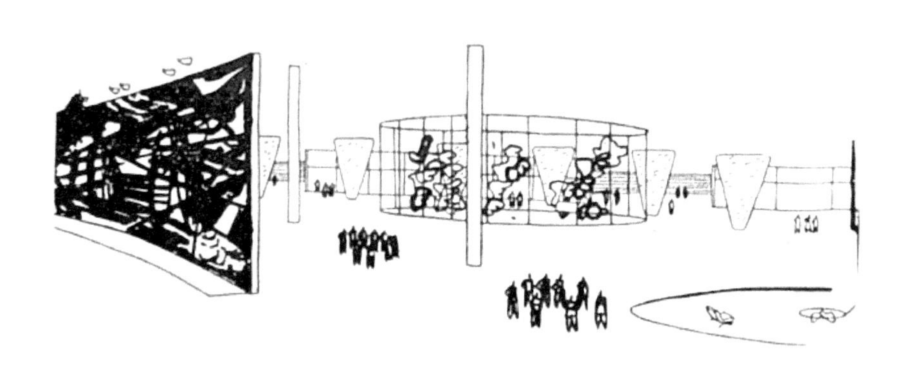

斯坦迪尼亚旅馆门厅构思草图

米兰蒙达多里出版社门厅构思草图

小住宅方案构思

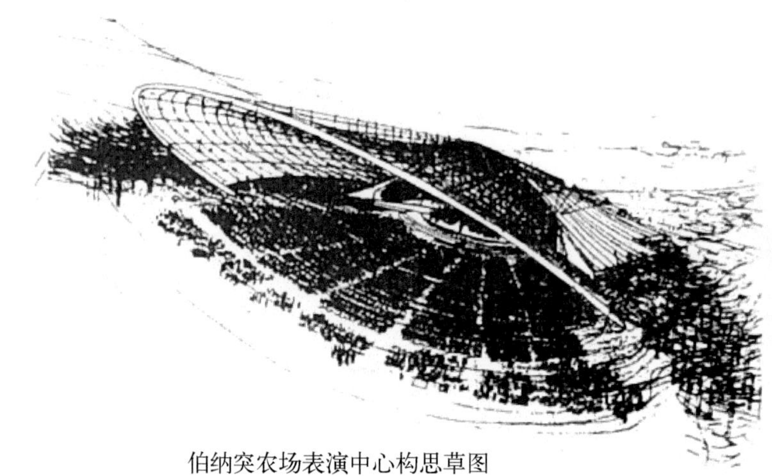

伯纳突农场表演中心构思草图

保罗市办公楼构思草图

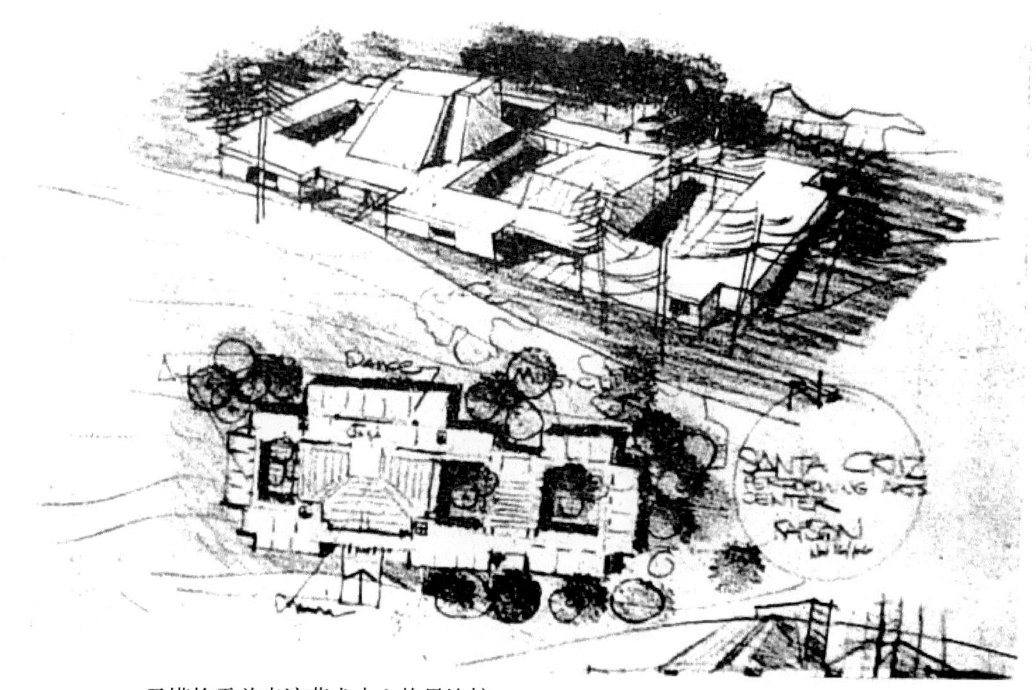

圣塔格露兹表演艺术中心构思比较

彼得·埃森曼创作手稿

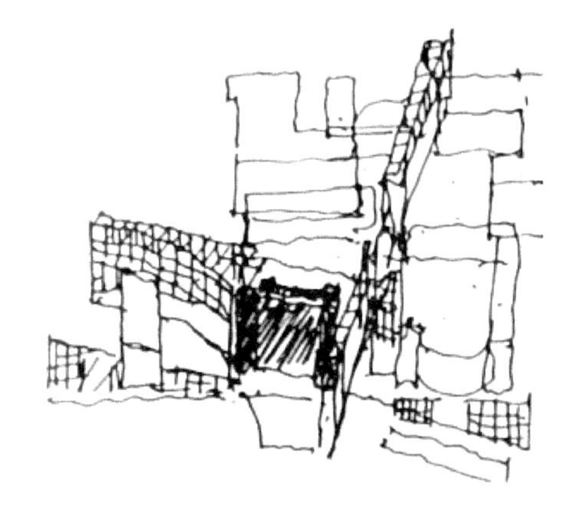

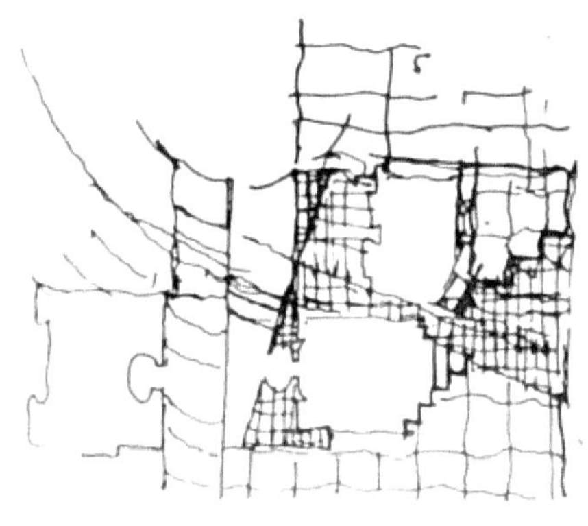

韦克斯那视觉艺术中心初始草稿

黑川纪章创作手稿

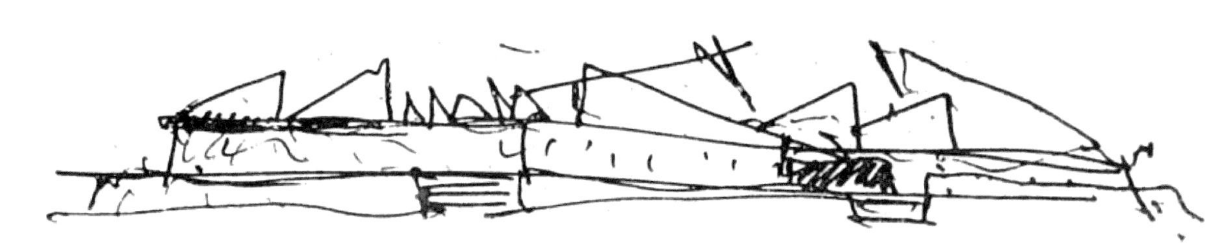

熊本市立博物馆设计初始草图

詹姆斯·斯特林创作手稿

联排式住宅构思草图

弗兰克·盖里创作手稿

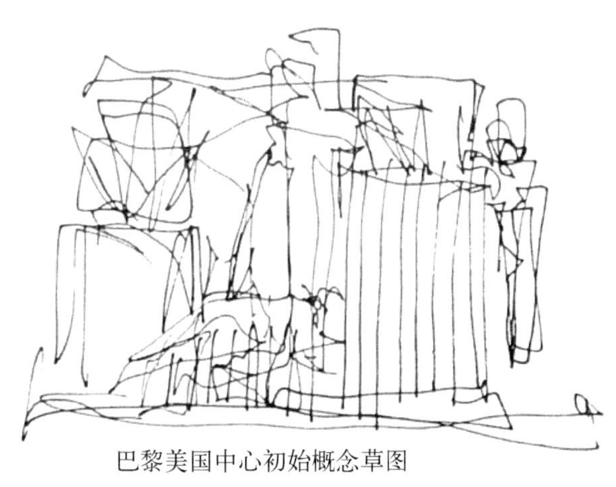

巴黎美国中心初始概念草图

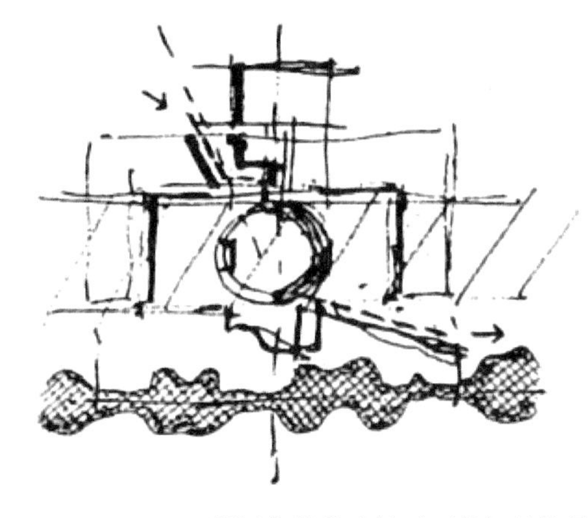

斯图加特美术馆平面的初始构思

安藤忠雄创作手稿

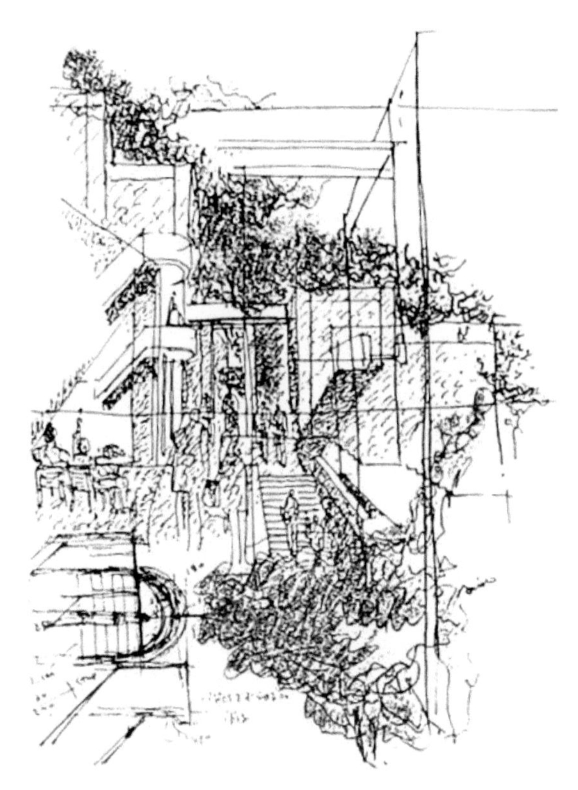

神户六甲山住宅构思草图

外部环境设计构思草图

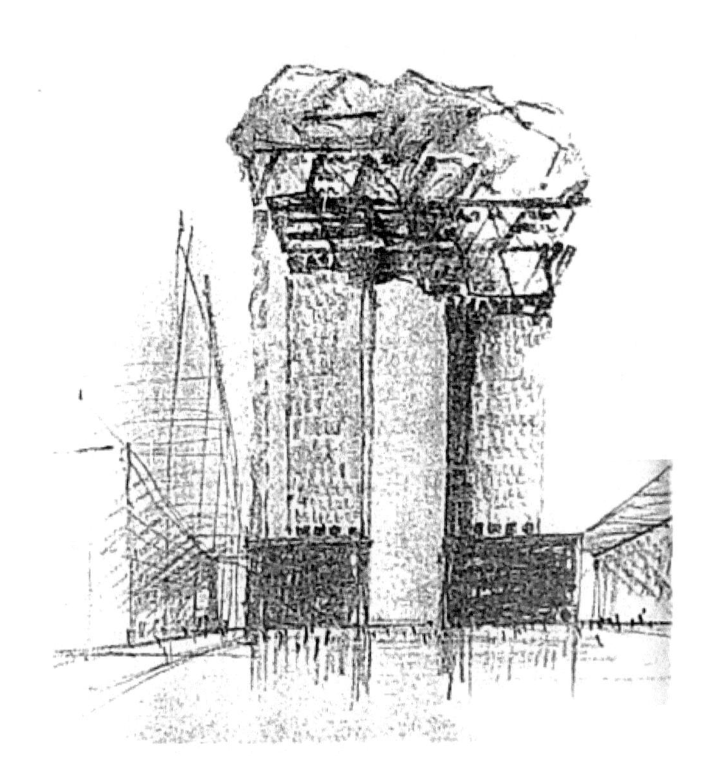

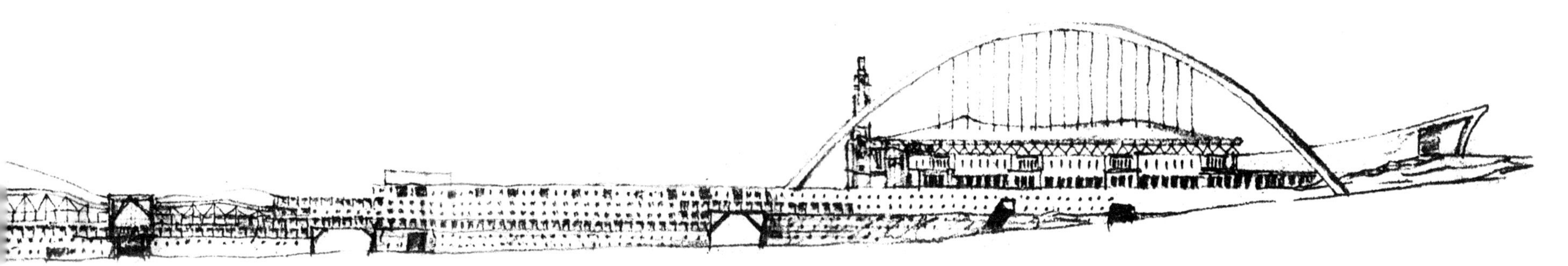

巴塞罗那圣约迪体育馆构思草图

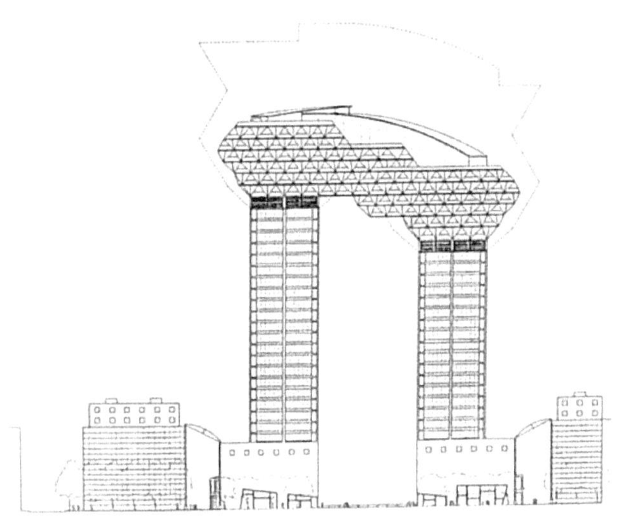

• 法国里昂法兰克福广场竞赛设计

设计立意为双塔入云，构思发展逐渐向单纯化过渡，“云”抽象为几何形态。左图为初始的概念草图，上图为构思的演变过程，右图为完成设计的最后形象。

• 人间科学馆环境设计构想

海湾对面右端为市中心

正面初始草图

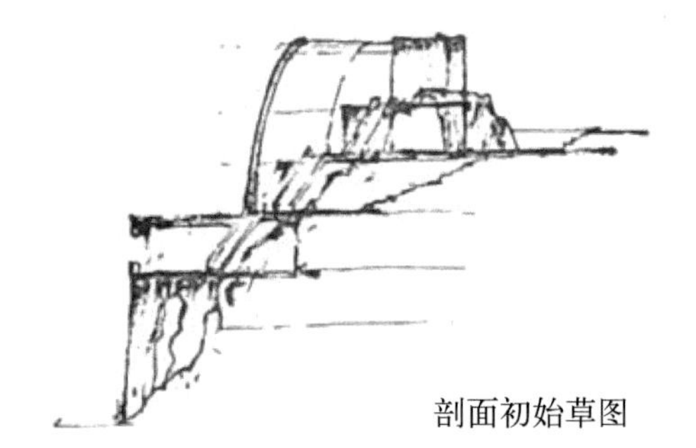

剖面初始草图

剖面初始草图

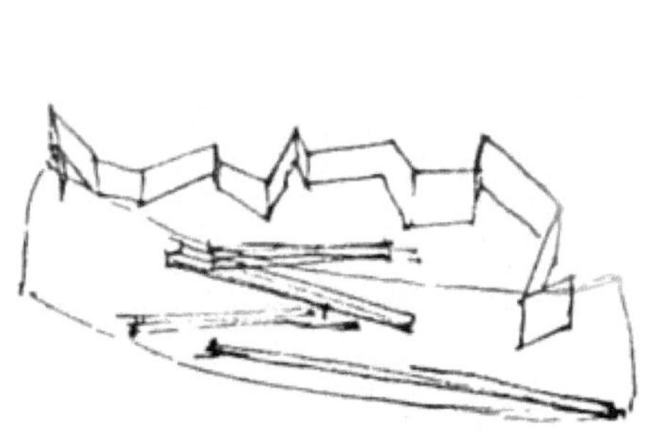

初始草图（展厅斜面和背面折形屏风墙）

• 人间科学馆环境设计构想

终结设计图与模型

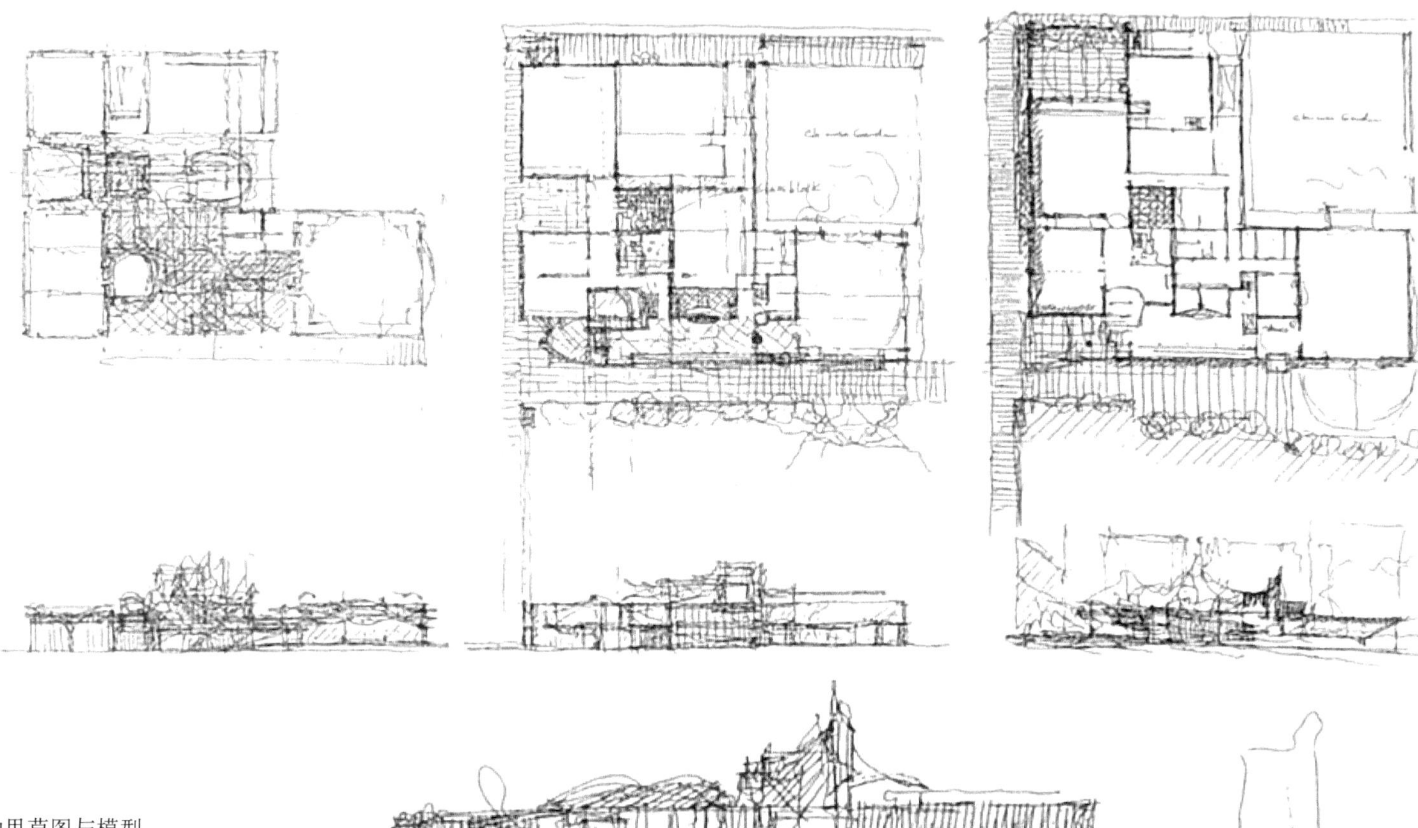

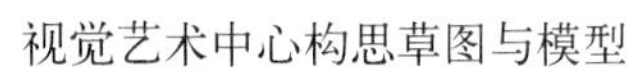

视觉艺术中心构思草图与模型

• 歌星总部设计方案研究

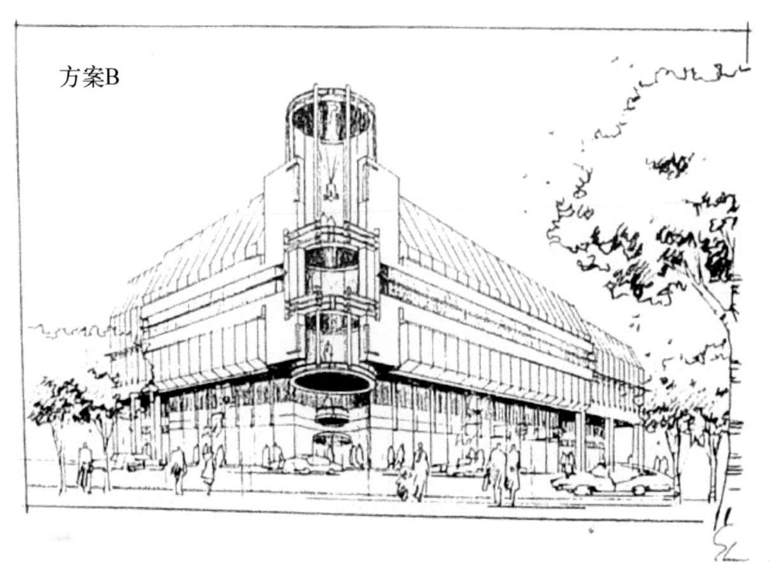

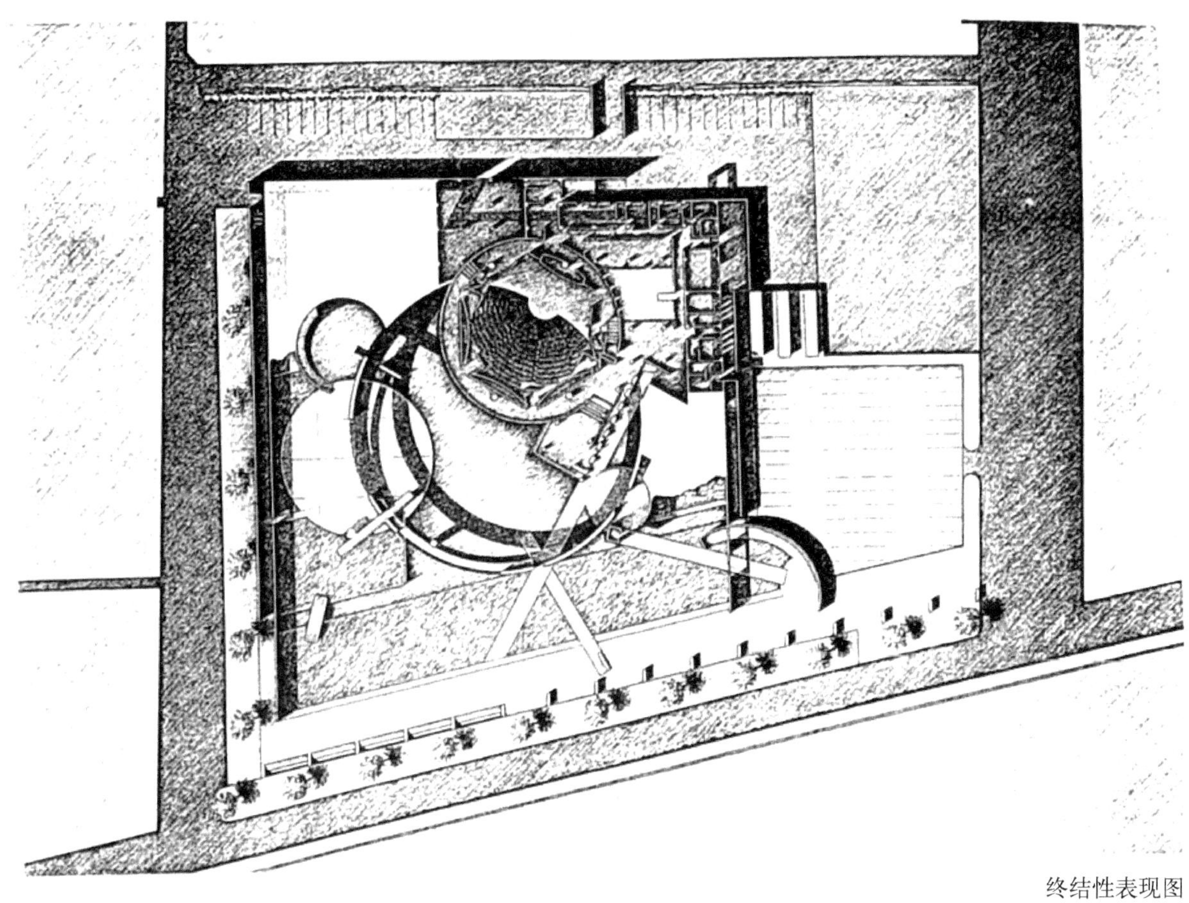

终结性表现图

- **交响乐园平面设计构思**

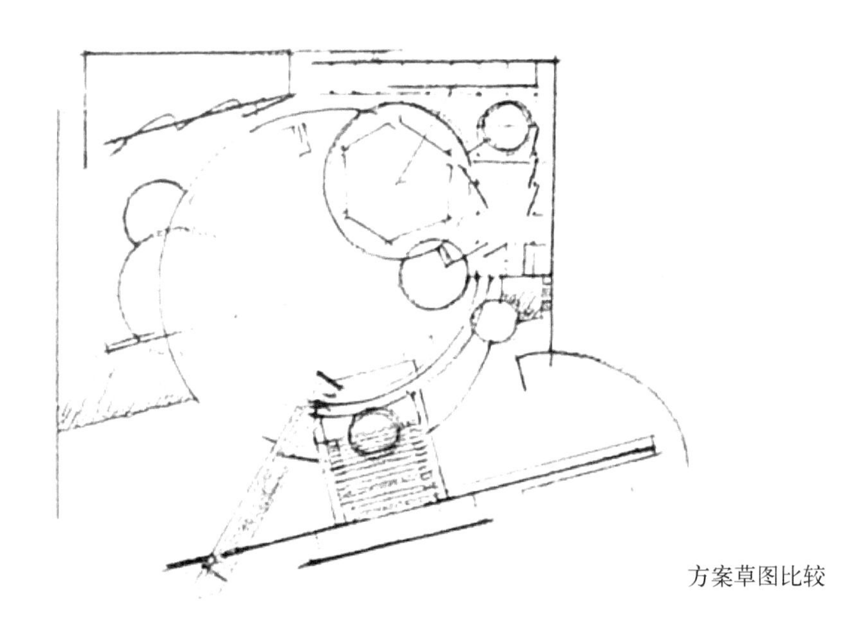

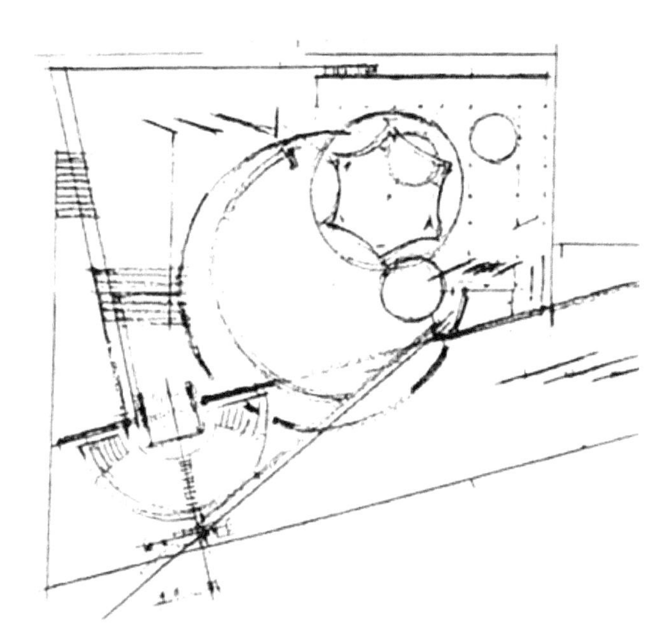

方案草图比较

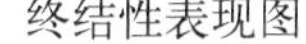

黄山云谷山庄内庭设计构思草图（炭笔）

黄山云谷山庄停云东馆构思草图（炭笔）

黄山云谷山庄前期设计构思草图一（炭笔）

黄山云谷山庄前期设计构思草图二（炭笔）

黄山云谷山庄前期设计构思草图三、四（炭笔）

钟训正创作手稿（铅笔复印）

南京中山陵园区东苑宾馆

终结草图

江苏吴江同里度假村主楼（铅笔）

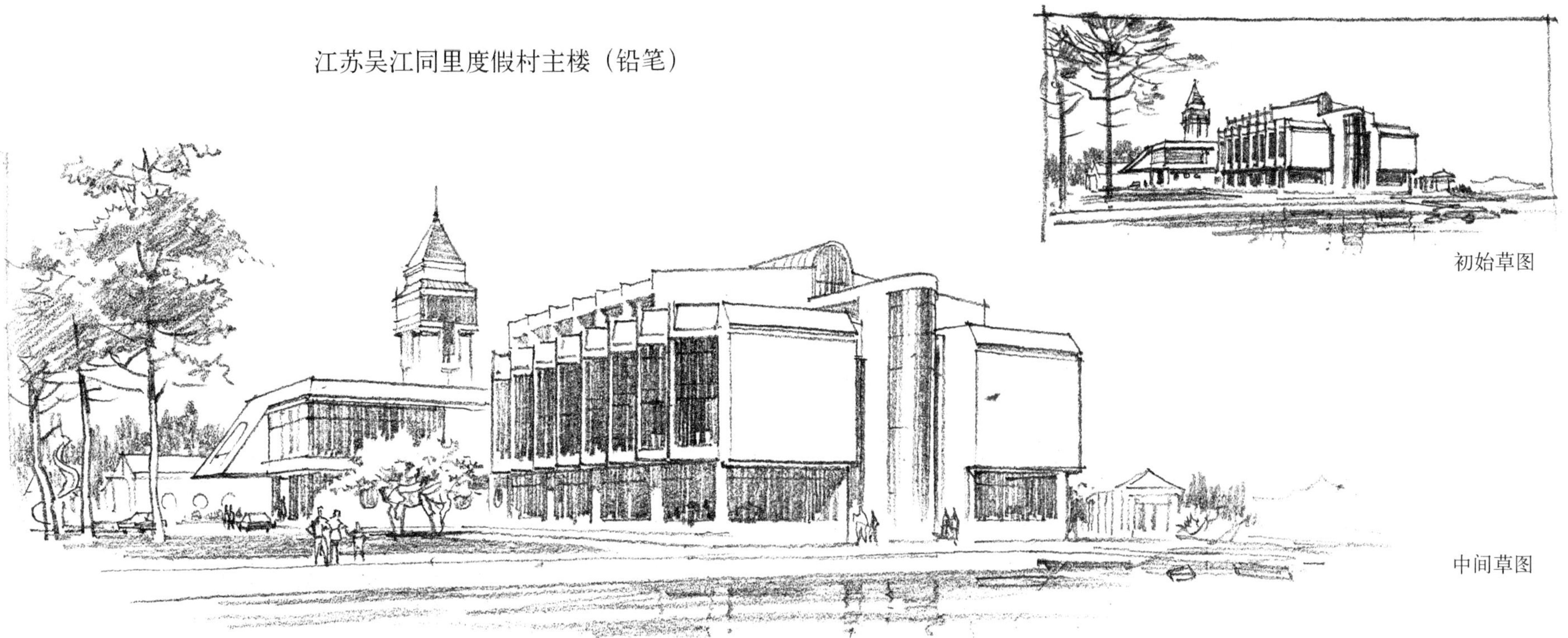

初始草图

中间草图

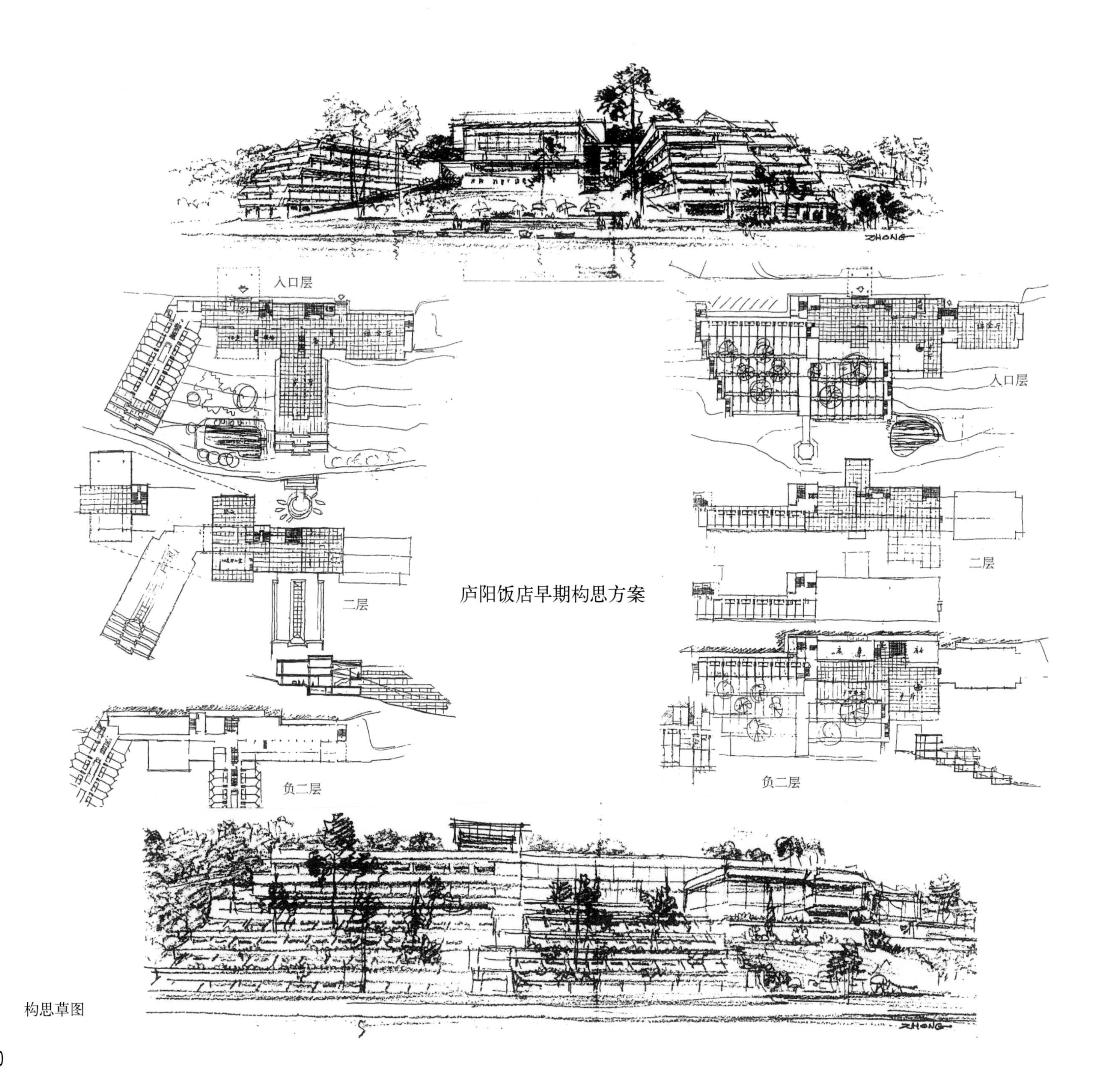

庐阳饭店早期构思方案

构思草图

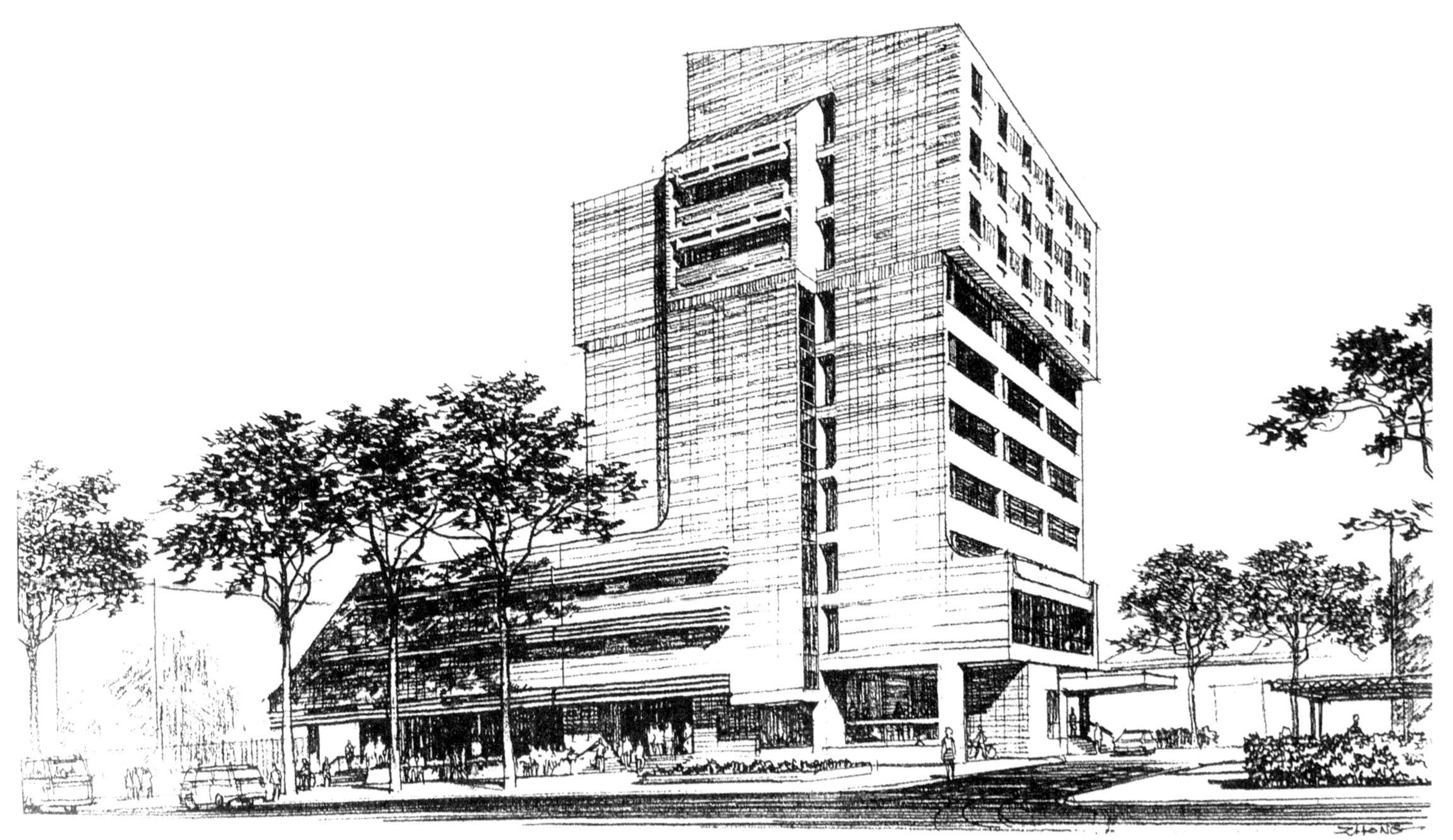

靖江小高层综合楼构思草图

南京雨花台纪念碑初始草图之一

张文忠创作手稿（铅笔复印）

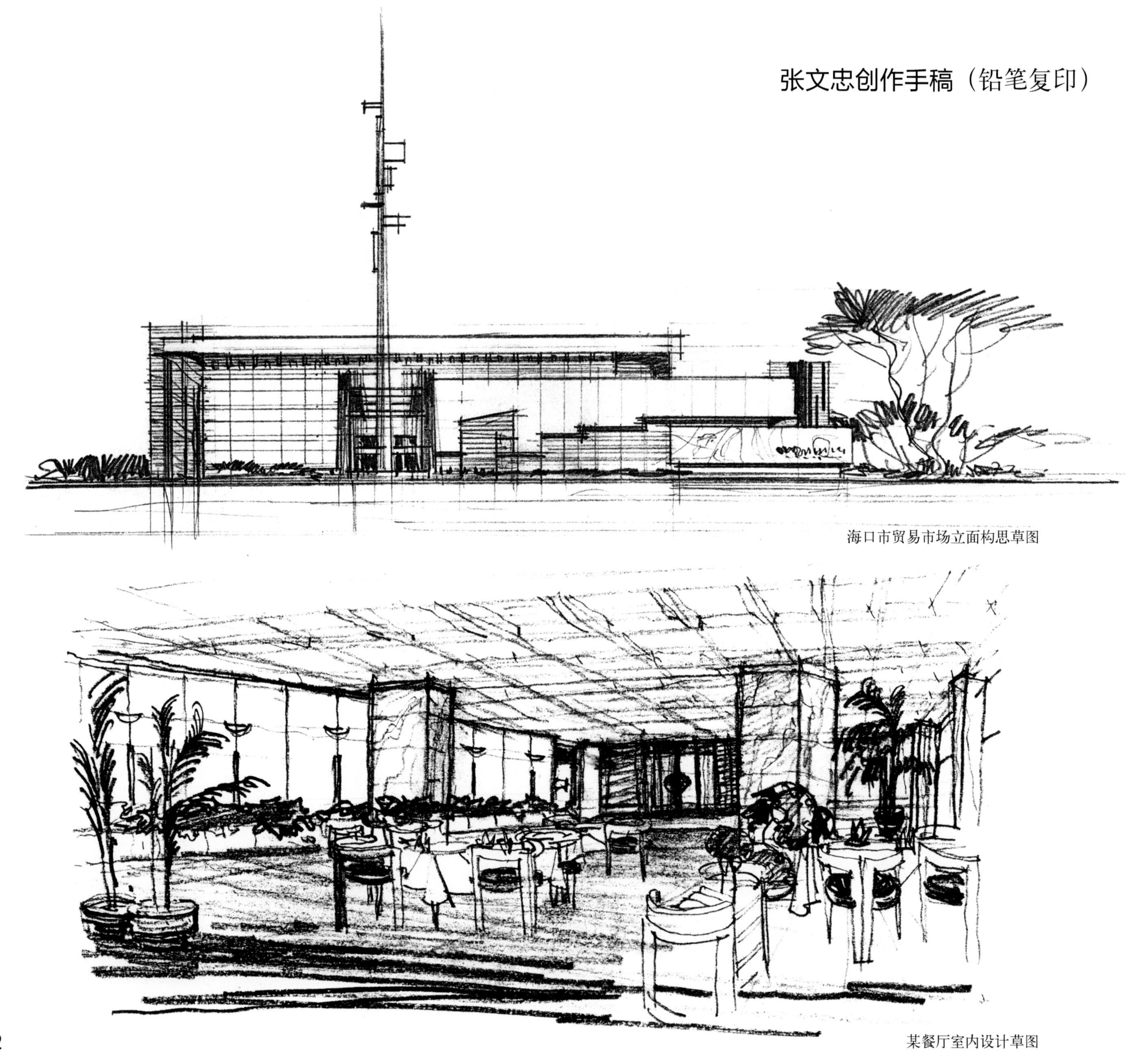

海口市贸易市场立面构思草图

某餐厅室内设计草图

某宴会厅设计构思

某办公楼设计初始草图

深圳福田中心17号地金融中心区环境构思草图

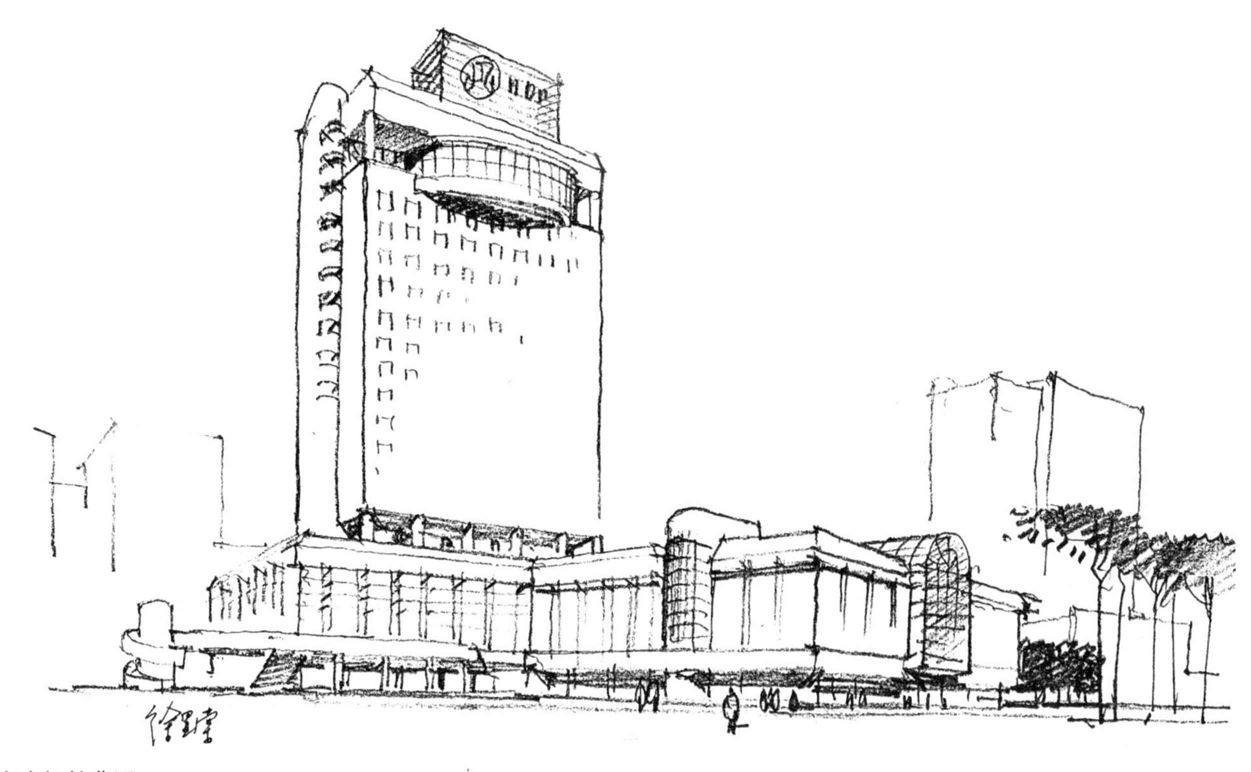

石家庄劝业场方案初始草图

奈良中国文化村
“异国情调区”构思草图

佛罗里达州Z·B·T互助之家方案终结性草图

弗兰克·劳埃德·赖特
创作手稿

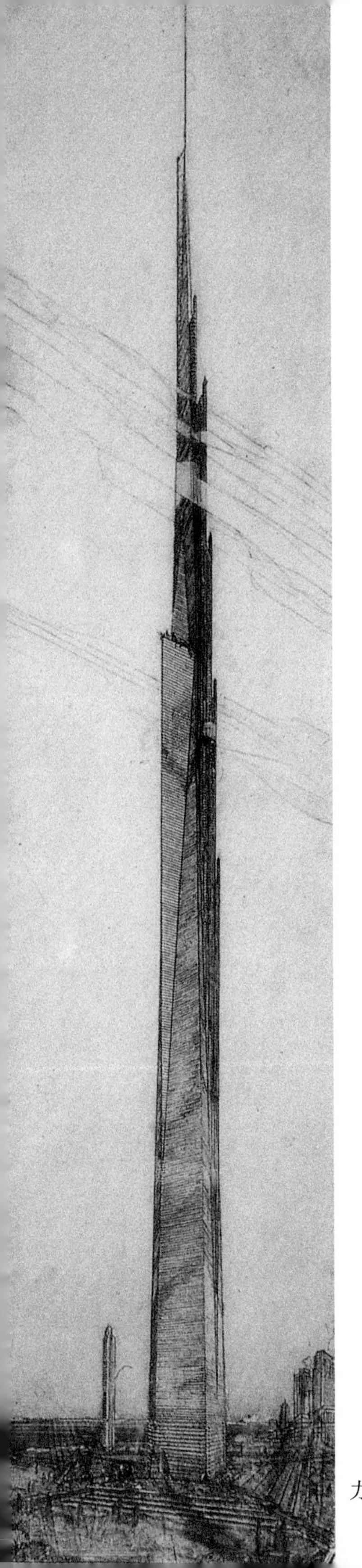

力高空中城市构思草图

墨西哥R·B之家构思草图

圣弗朗西斯科（旧金山）“海边峭壁”住宅方案一构思草图

圣弗朗西斯科（旧金山）“海边峭壁”住宅方案二构思草图

加利福尼亚州耐斯伯特住宅构思草图

威斯康星州基督教女青年会室内设计草图

加利福尼亚州好莱坞游乐场与俱乐部构思草图

宾夕法尼亚州欧兹堡民用中心双悬吊桥构思草图

洛杉矶市立画廊构思草图

罗夫·雷普森创作手稿

塞得河畔公寓构思草图

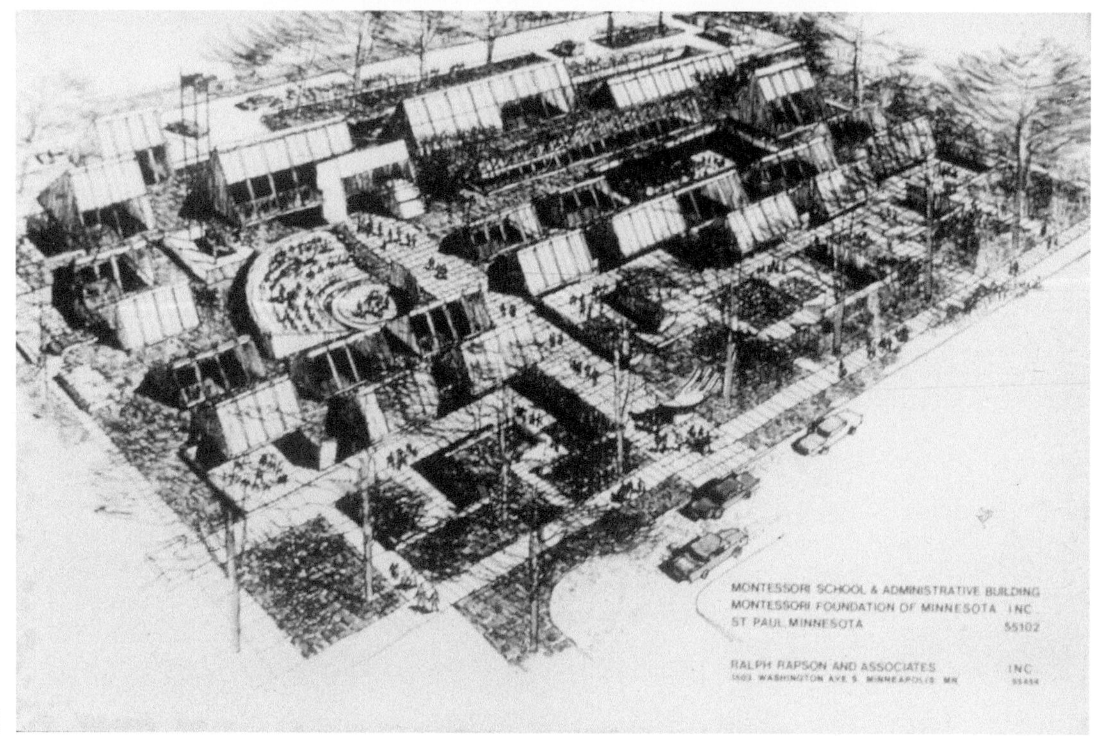

蒙特索利学校方案终结草图

演出中心构思草图

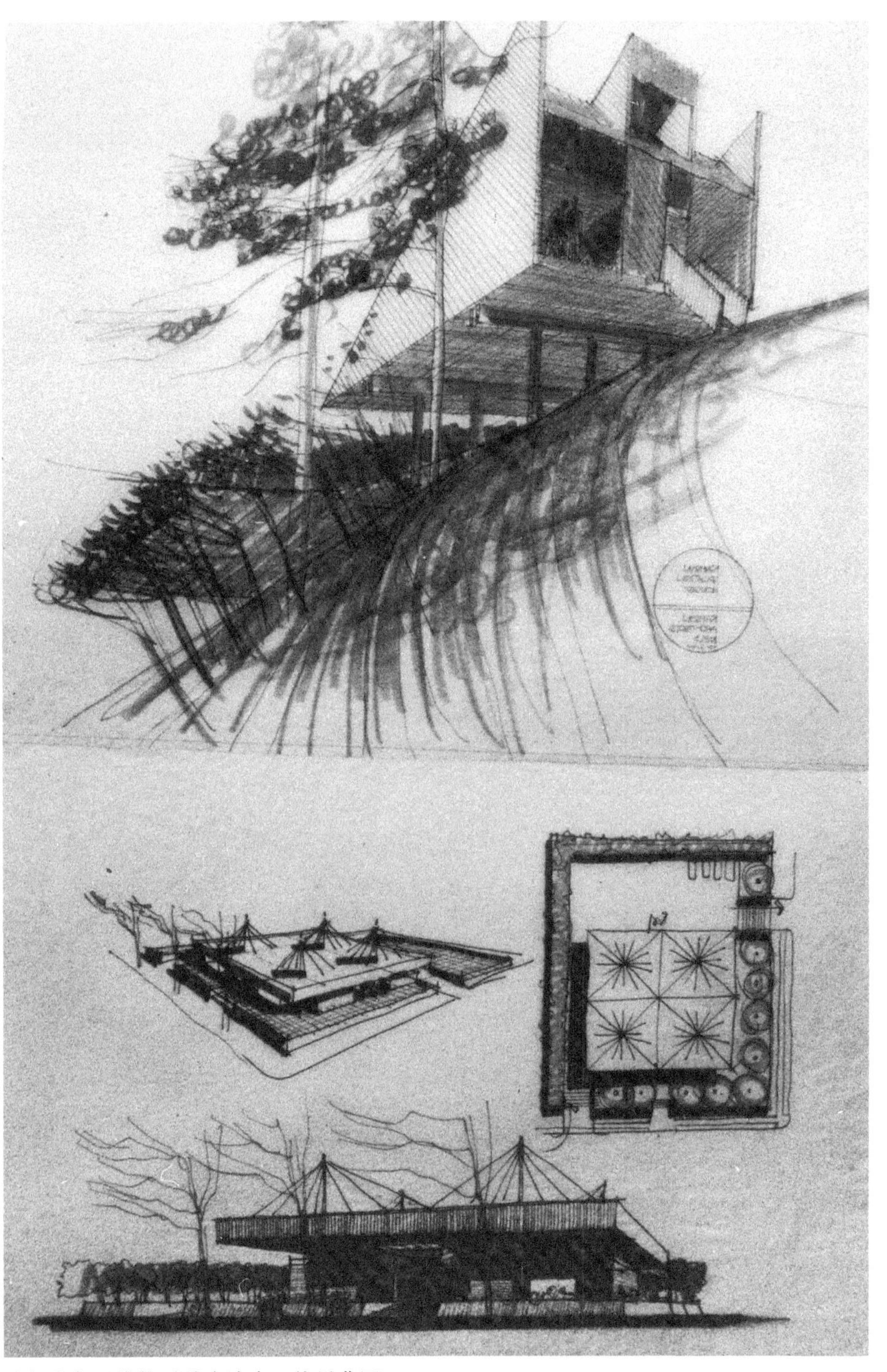

小住宅与圣塔格露兹表演中心构思草图

耶鲁大学冰球馆初始草图

克兰布鲁克男生学校设计终结性表现图

纽约城市中心方案设计终结性表现图

纽约哥伦布十号环形广场设计终结性表现图

迪士尼学院与城市中心草图

新加坡艺术中心室内设计草图

罗伯特·文丘里创作手稿

勃兰海姆旅馆扩建方案终结性表现图

伦敦国家画廊展厅构思草图

迈克尔·格雷夫斯创作手稿

波特兰大厦构思草图

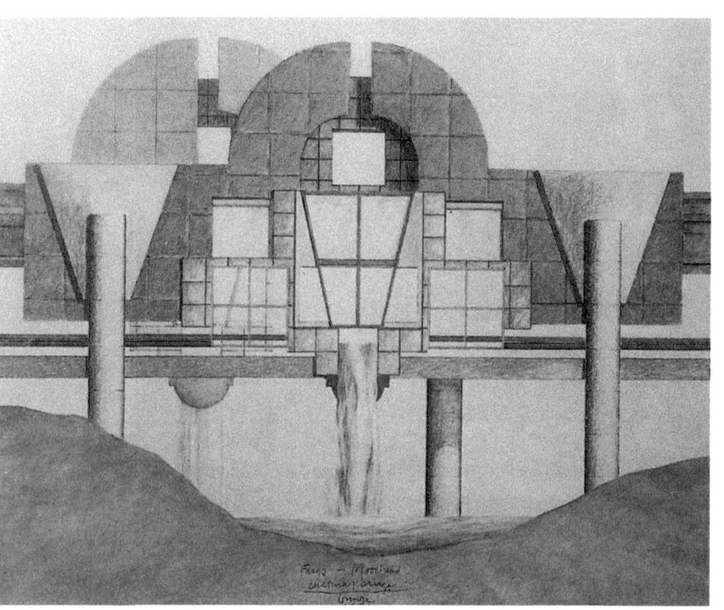

墨尔海德桥头文化馆终结性草图

北京同仁堂药店改建方案草图（炭笔粉彩）

某乡镇办公楼入口构思草图（炭笔粉彩）

汪国瑜创作手稿

徐悲鸿新馆设计草图（牛皮纸彩墨）

彭一刚创作手稿

终结性草图（灰纸马克笔）

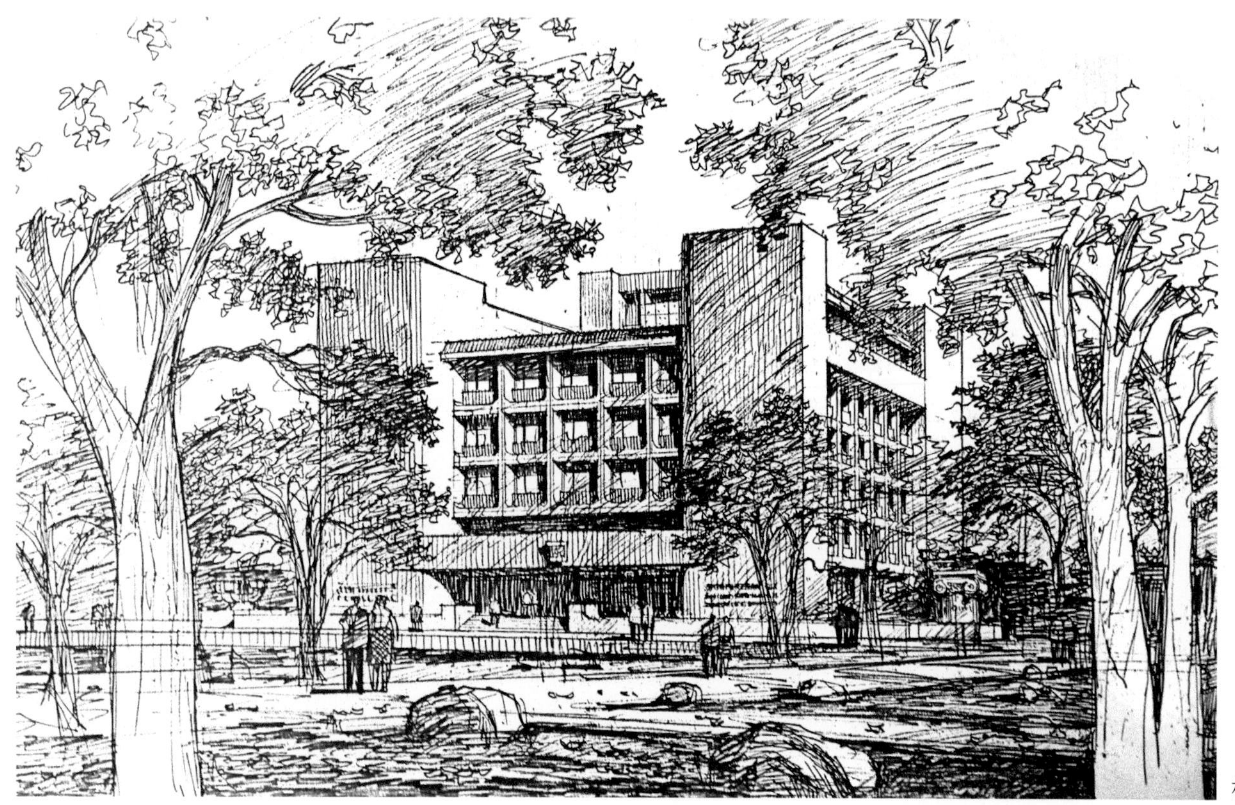

天津大学建筑馆

构思草图（钢笔）

甲午海战纪念馆

构思草图（钢笔）

建成外观

初始性草图（钢笔）

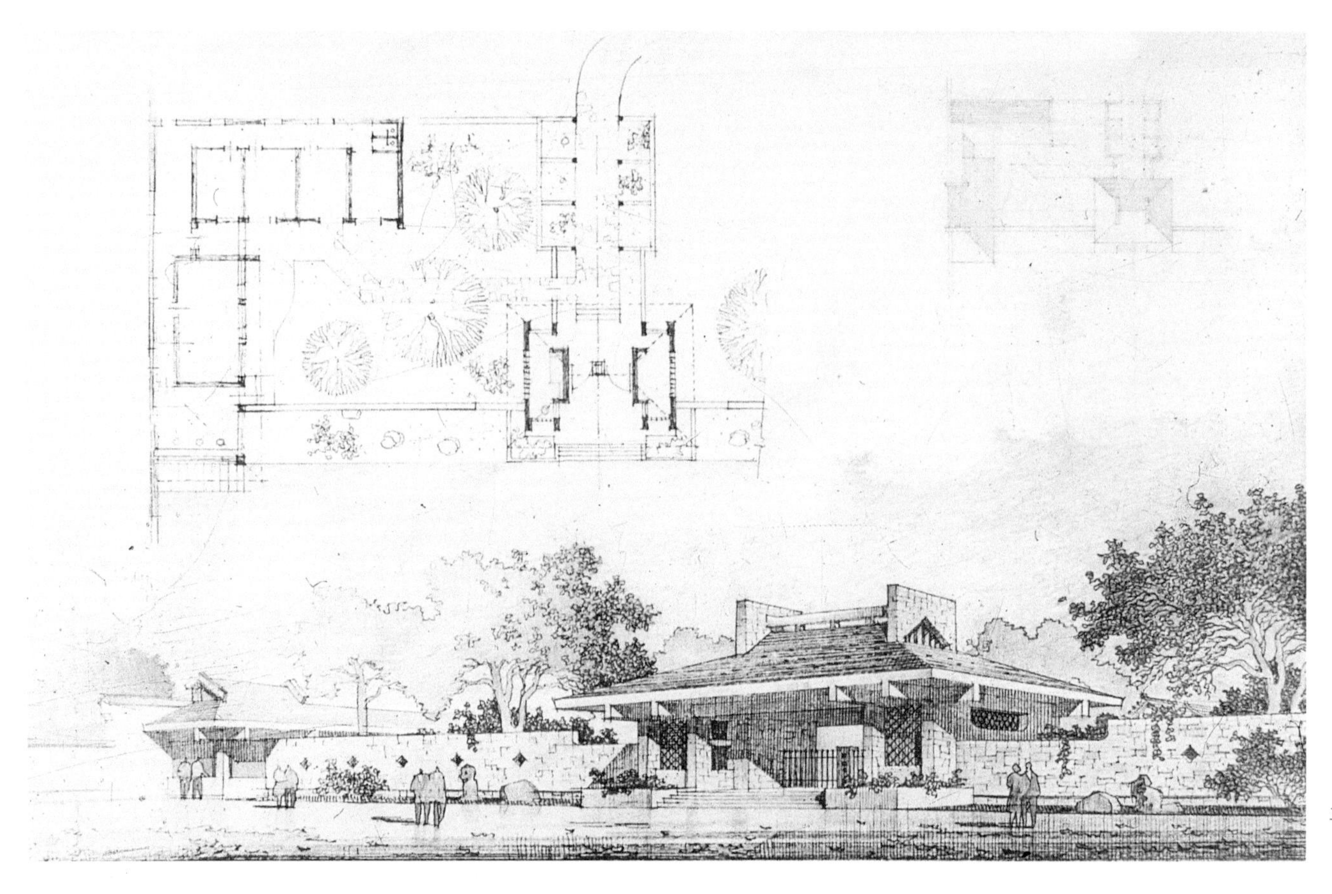

平度公园大门设计终结草图
（铅笔复印加淡彩）

地震历险城展馆初始草图
（马克笔）

某驻外使馆商务处设计方案（马克笔）

陈云纪念馆——建议修改推荐方案草图（马克笔）

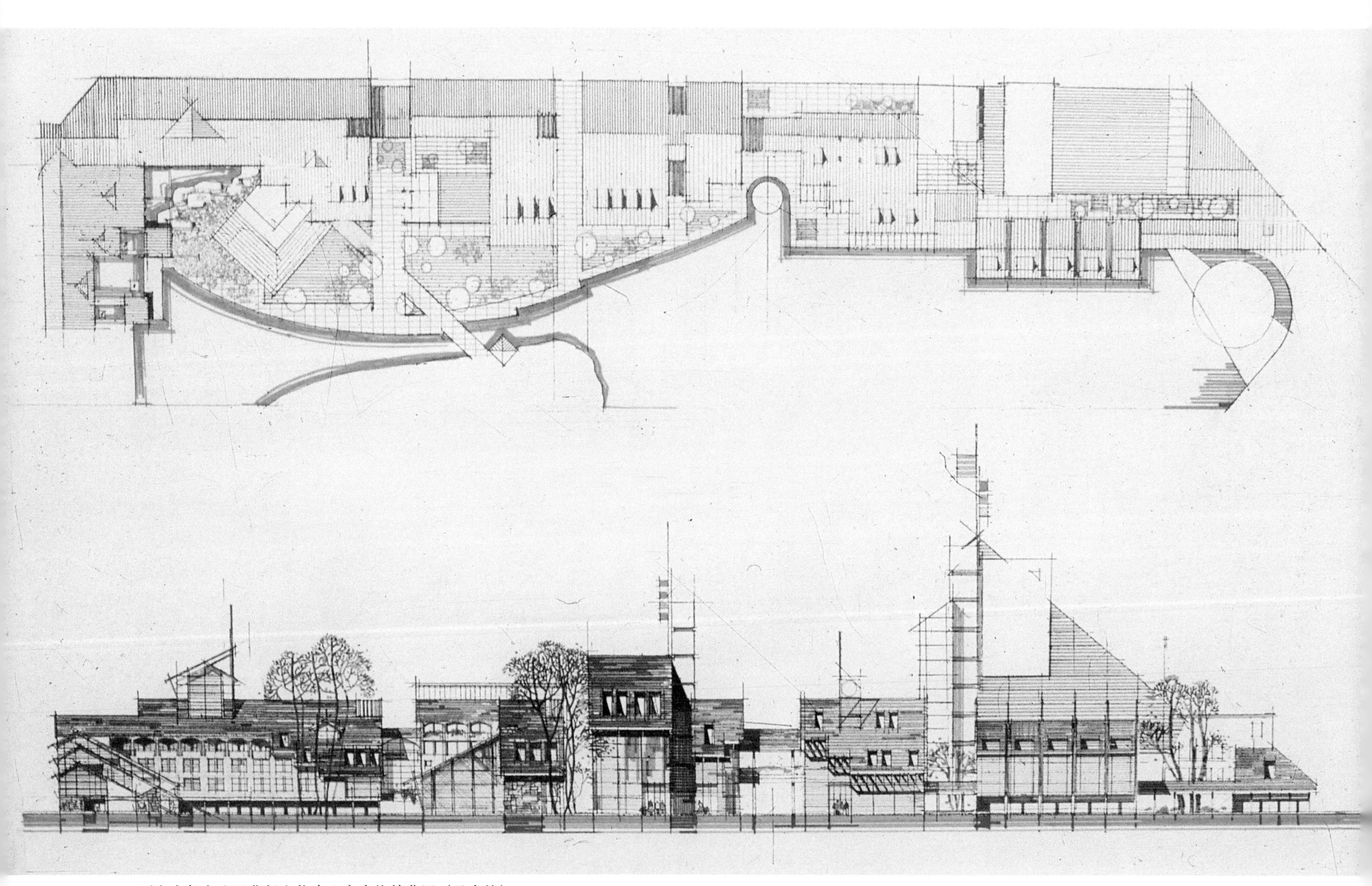

石家庄长安公园燕赵文化中心方案终结草图（马克笔）

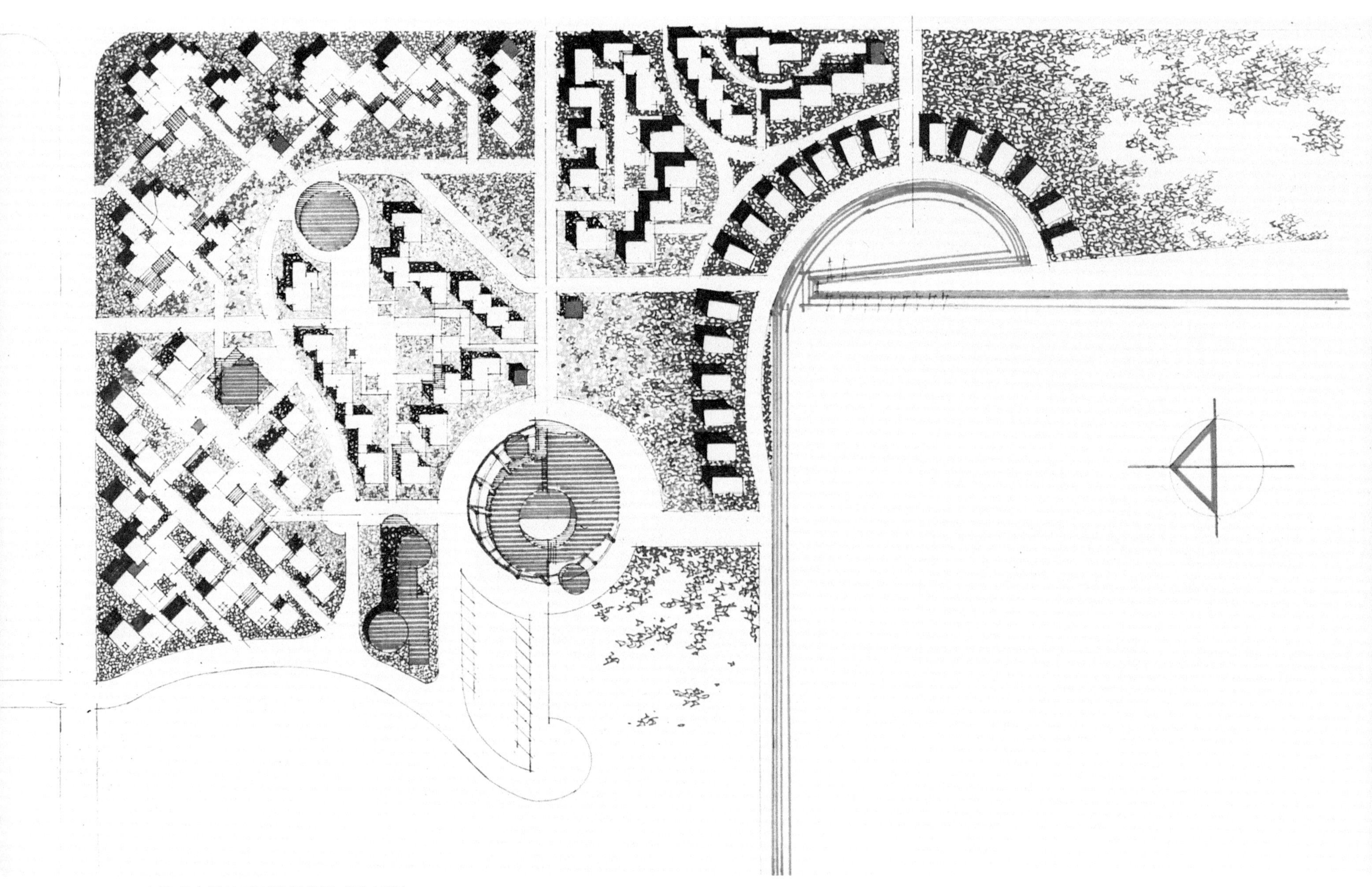

大连某度假村平面规划草图（马克笔）

终结效果图

构思草图

浙江美术馆方案

构思草图

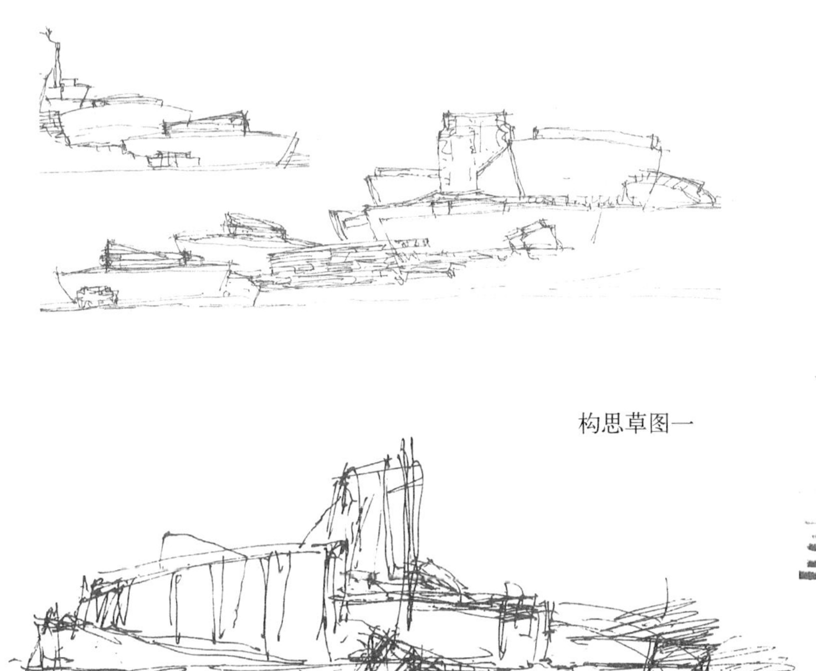

构思草图一

构思草图二

龙泉青瓷博物馆方案

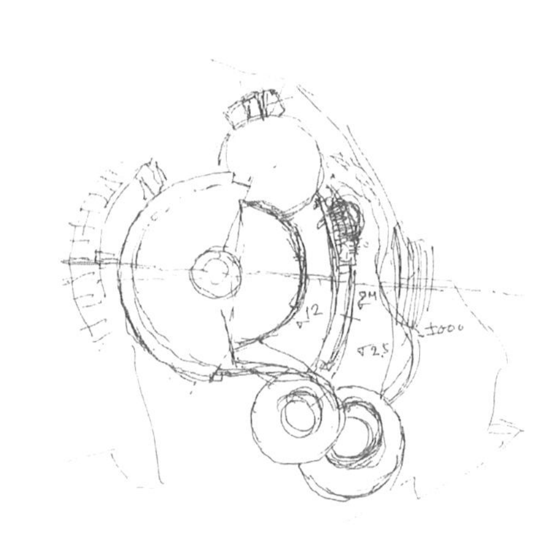

终结效果图

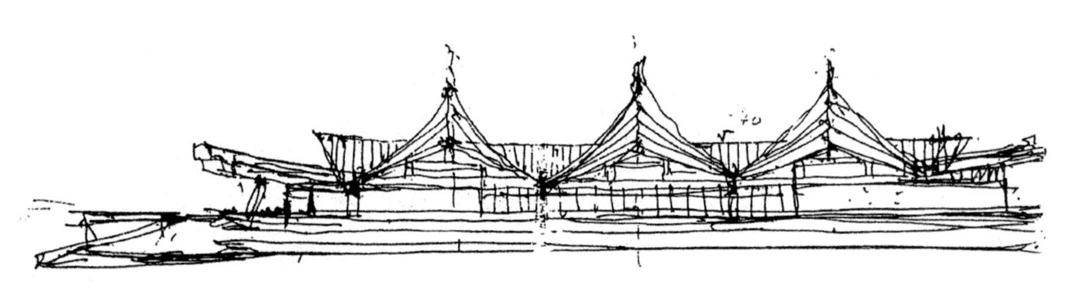

构思草图

重庆美术馆方案

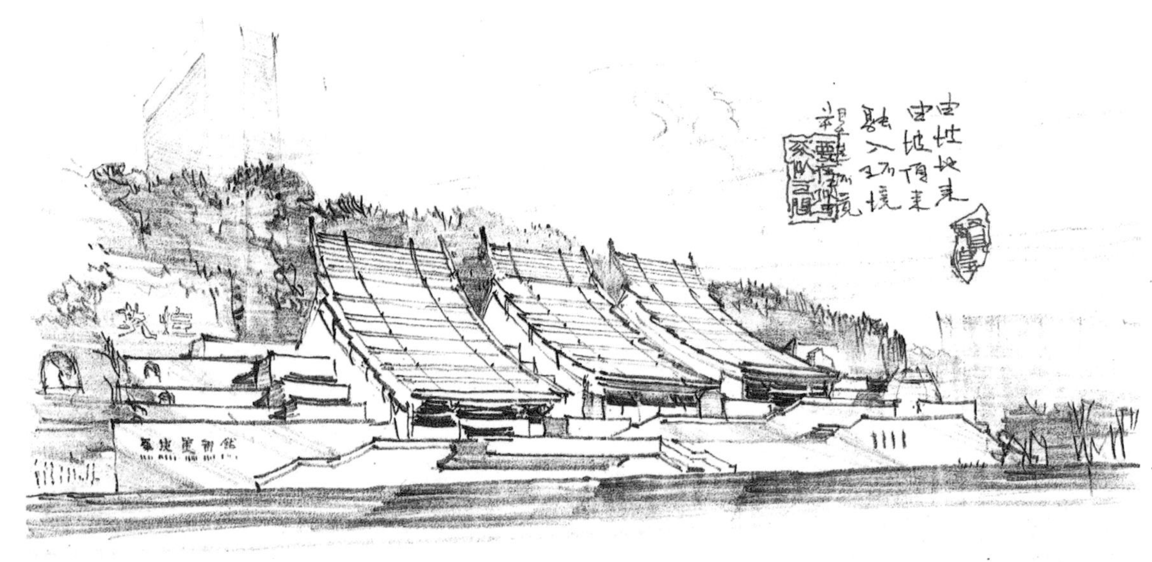

效果图

杭州铁路西站方案

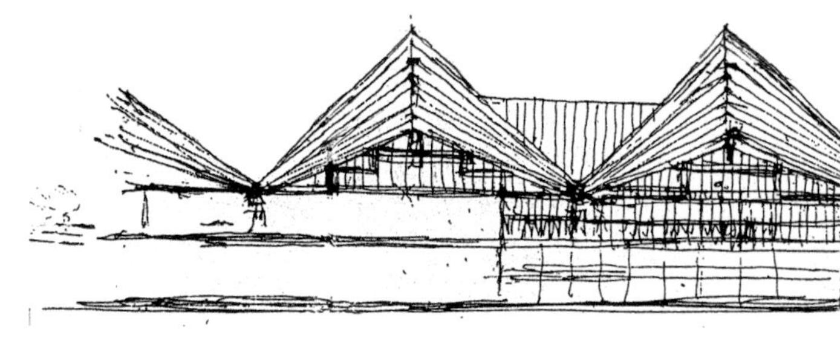

构思草图

构思草图

效果图

构思草图比较

上海中心设计方案

推荐方案效果图

陈世民创作手稿（铅笔复印）

深圳火车站建成外景

深圳火车站构思草图

珠海明如大酒店构思草图

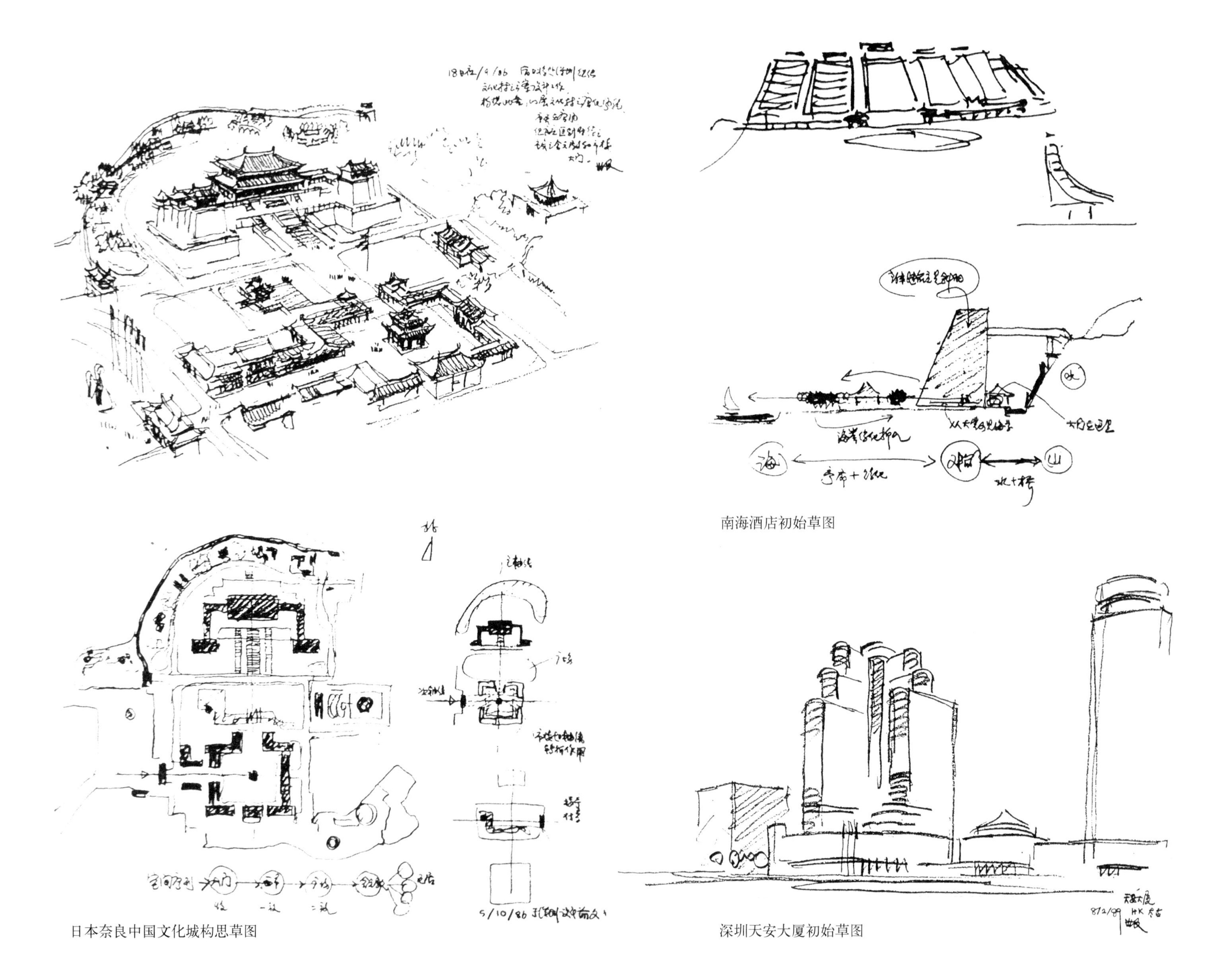

南海酒店初始草图

日本奈良中国文化城构思草图

深圳天安大厦初始草图

某火车站构思草图（铅笔复印）

天津贸易中心方案（马克笔）

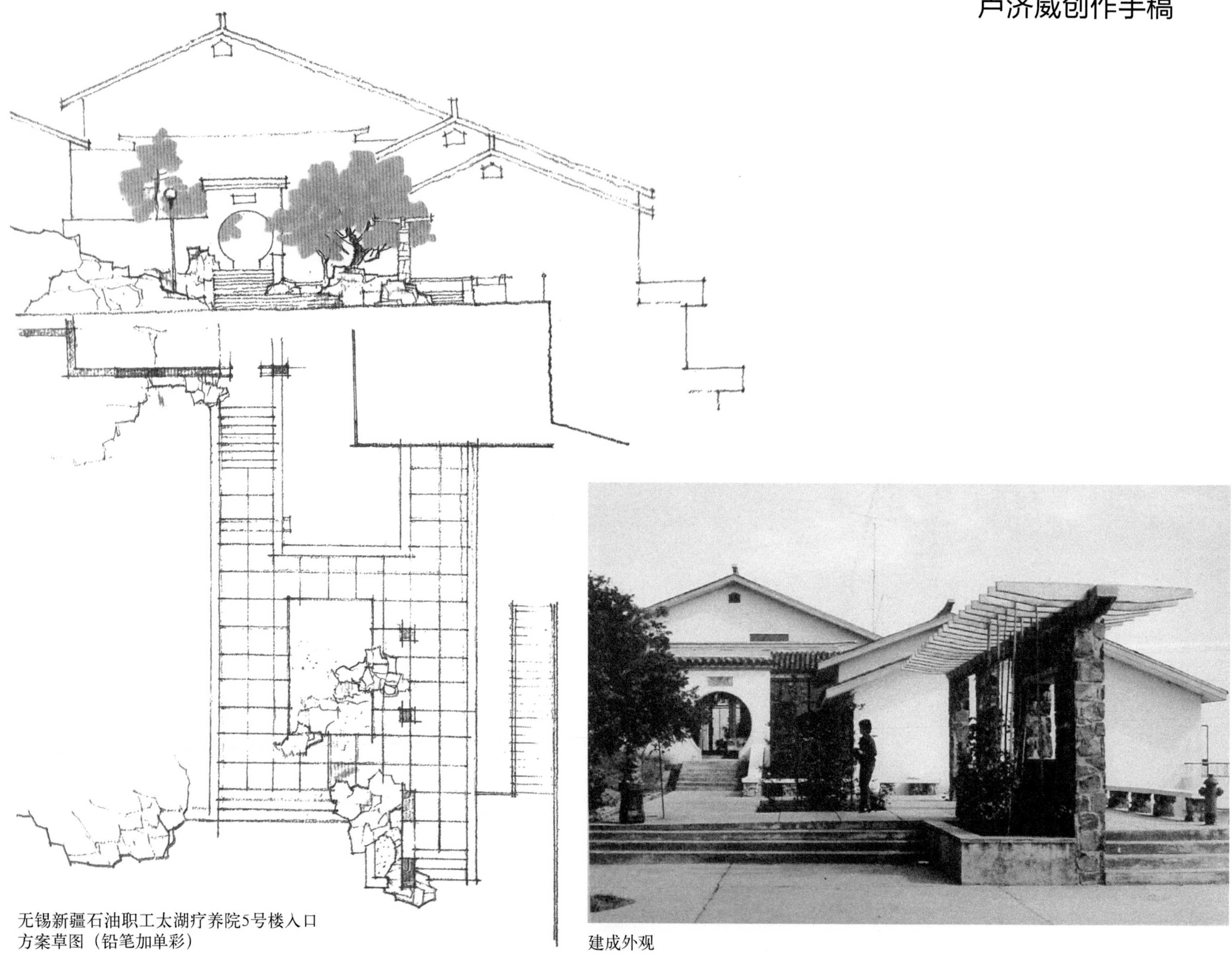

无锡新疆石油职工太湖疗养院5号楼入口
方案草图（铅笔加单彩）

建成外观

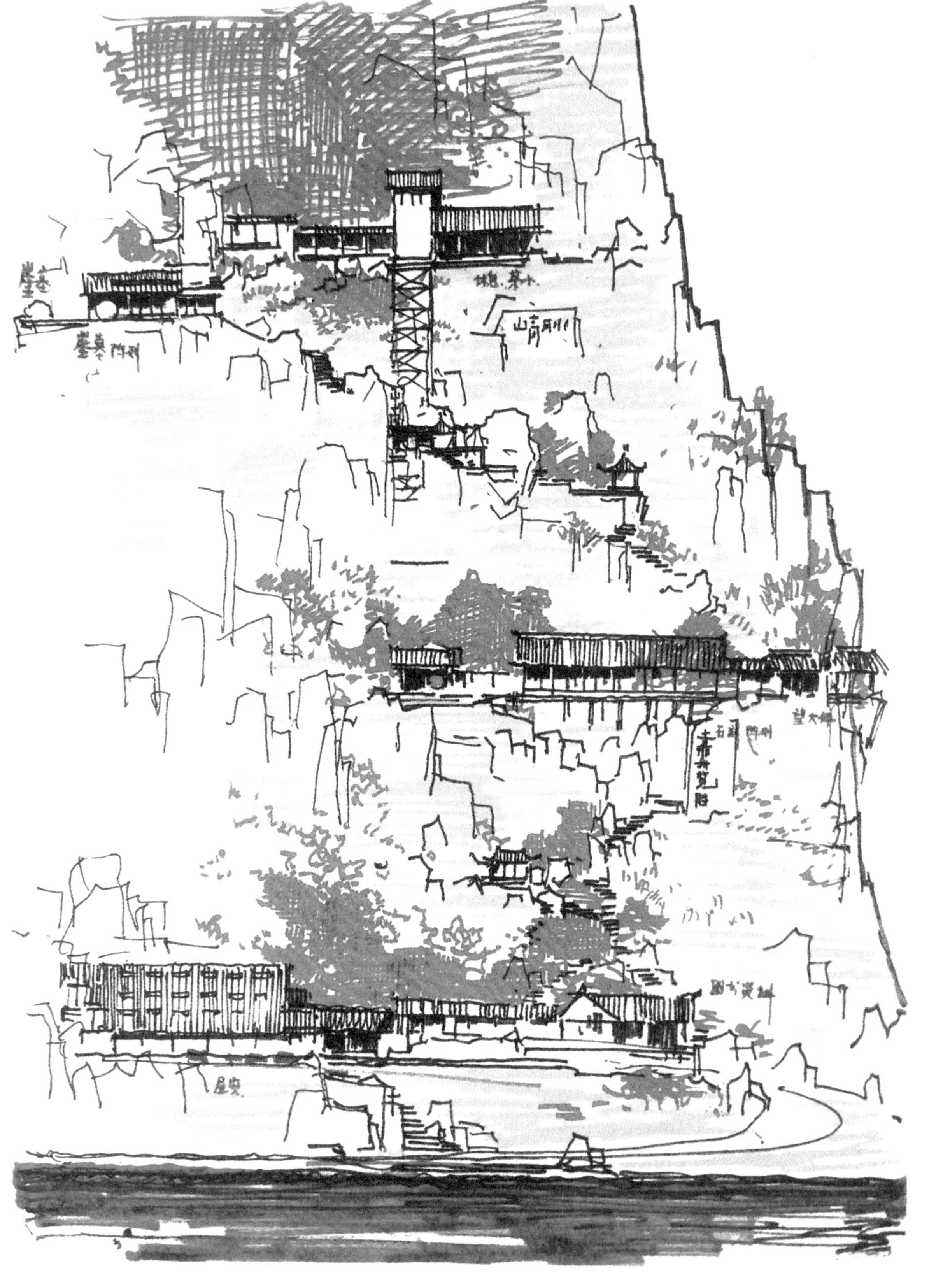

“未来文化乡土博物馆”国际竞赛获奖方案构思草图（钢笔淡彩）

布正伟手稿（铅、钢笔复印）

烟台美食文化城透视草图

北京独一居酒家入口

北京独一居酒家入口店标“醉翁”

烟台美食文化城购物街室内设计草图

烟台美食文化城主入口海草门楼构思草图

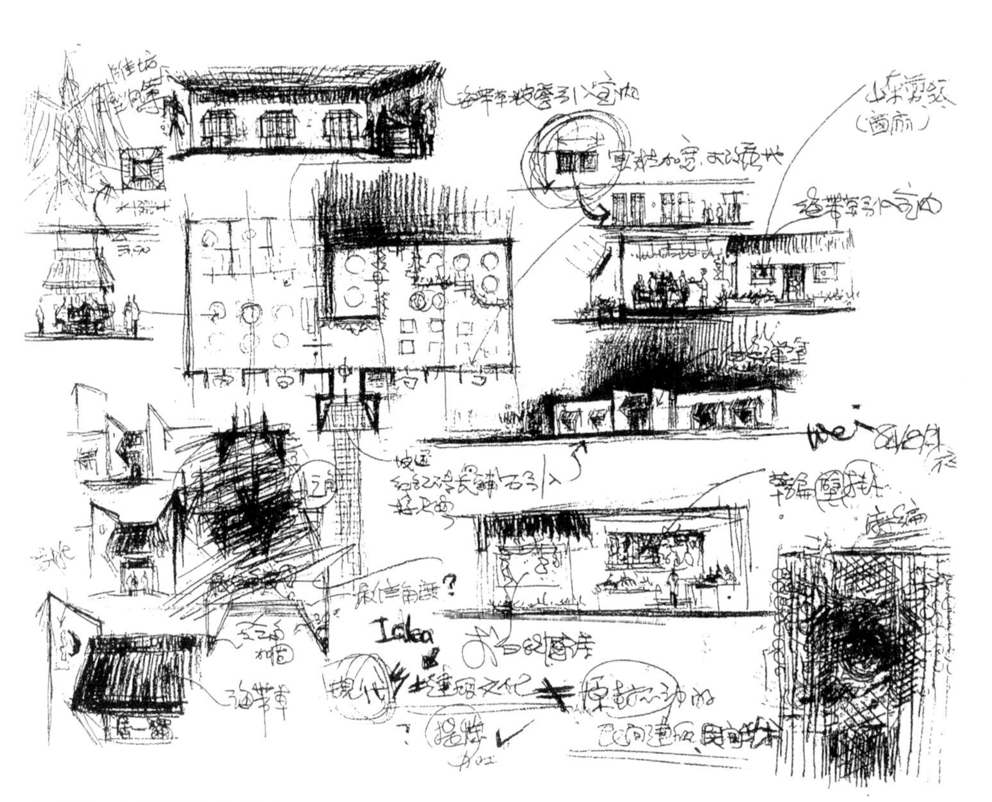

北京独一居酒家构思草图

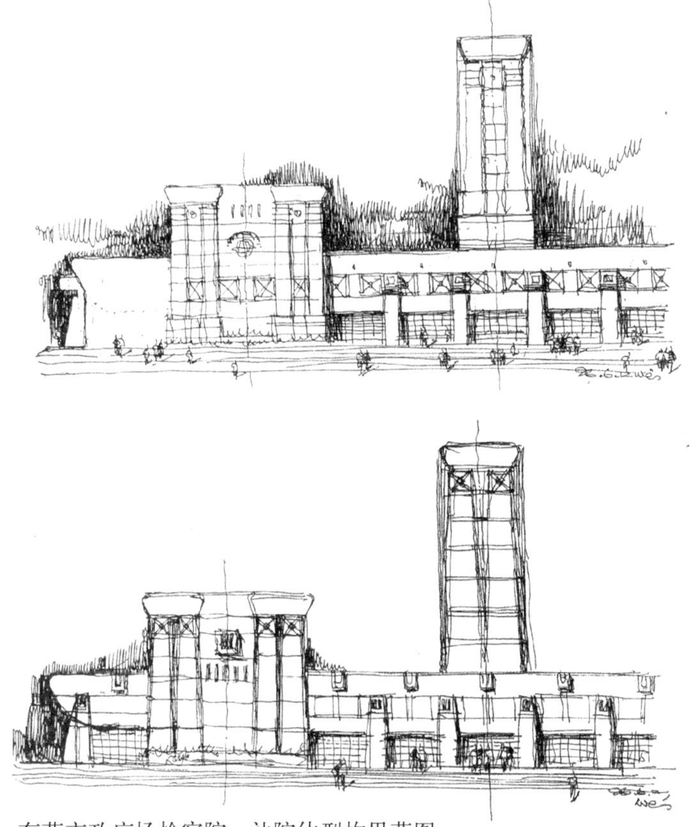

东营市政广场检察院、法院体型构思草图

东营市政广场建成外景

东营市法院标志塔外观

崔愷创作手稿

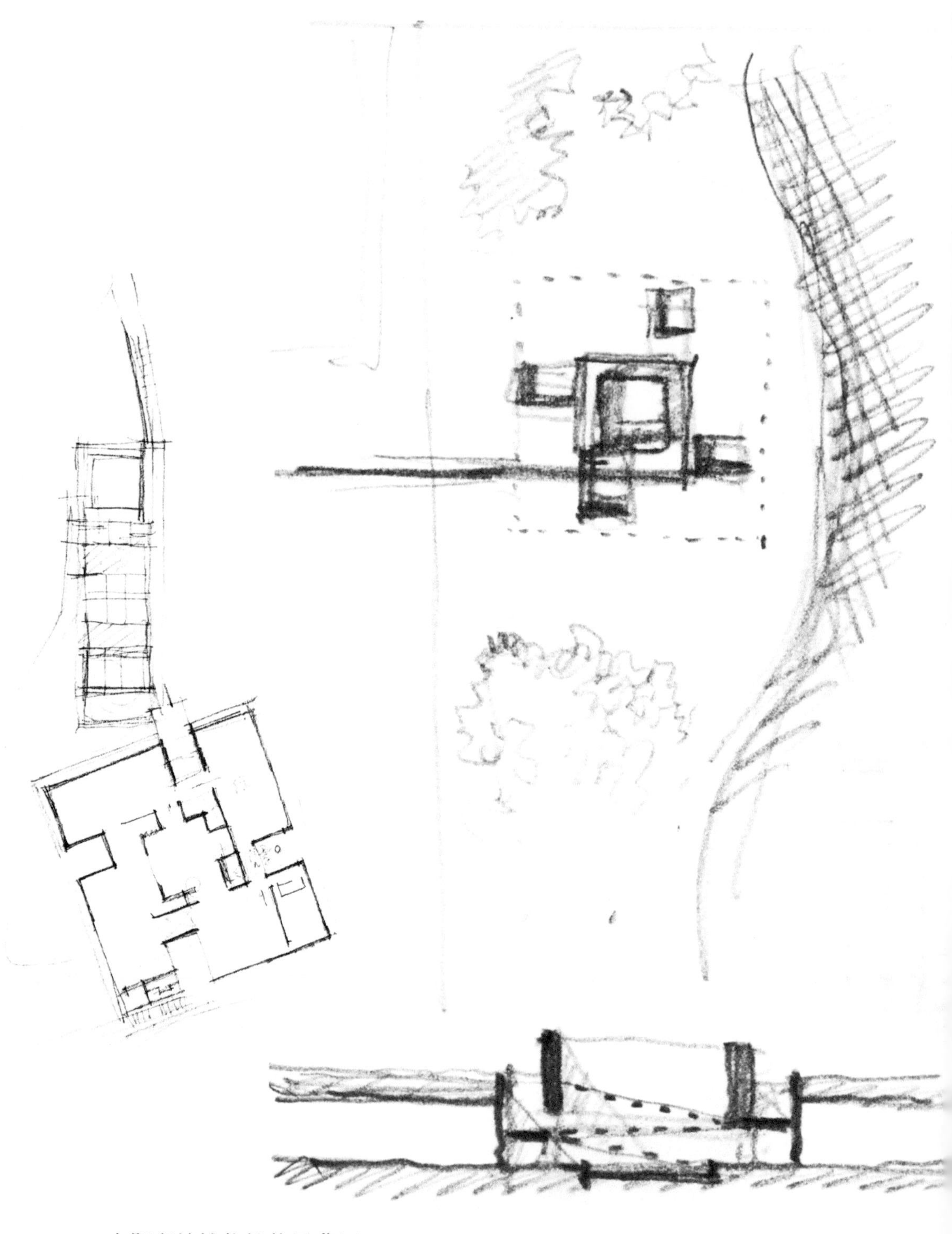

安阳殷墟博物馆构思草图

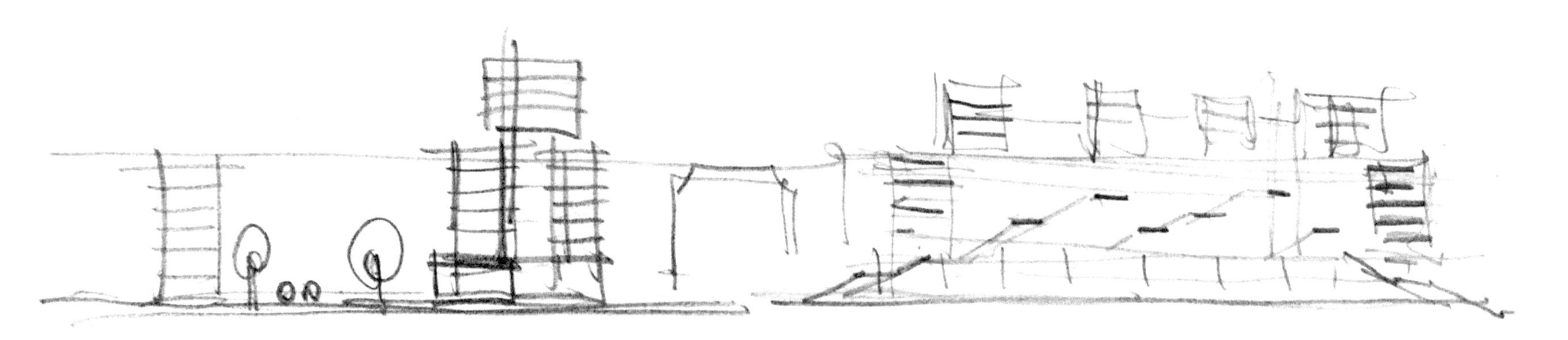

大连软件园软件工程师公寓构思草图

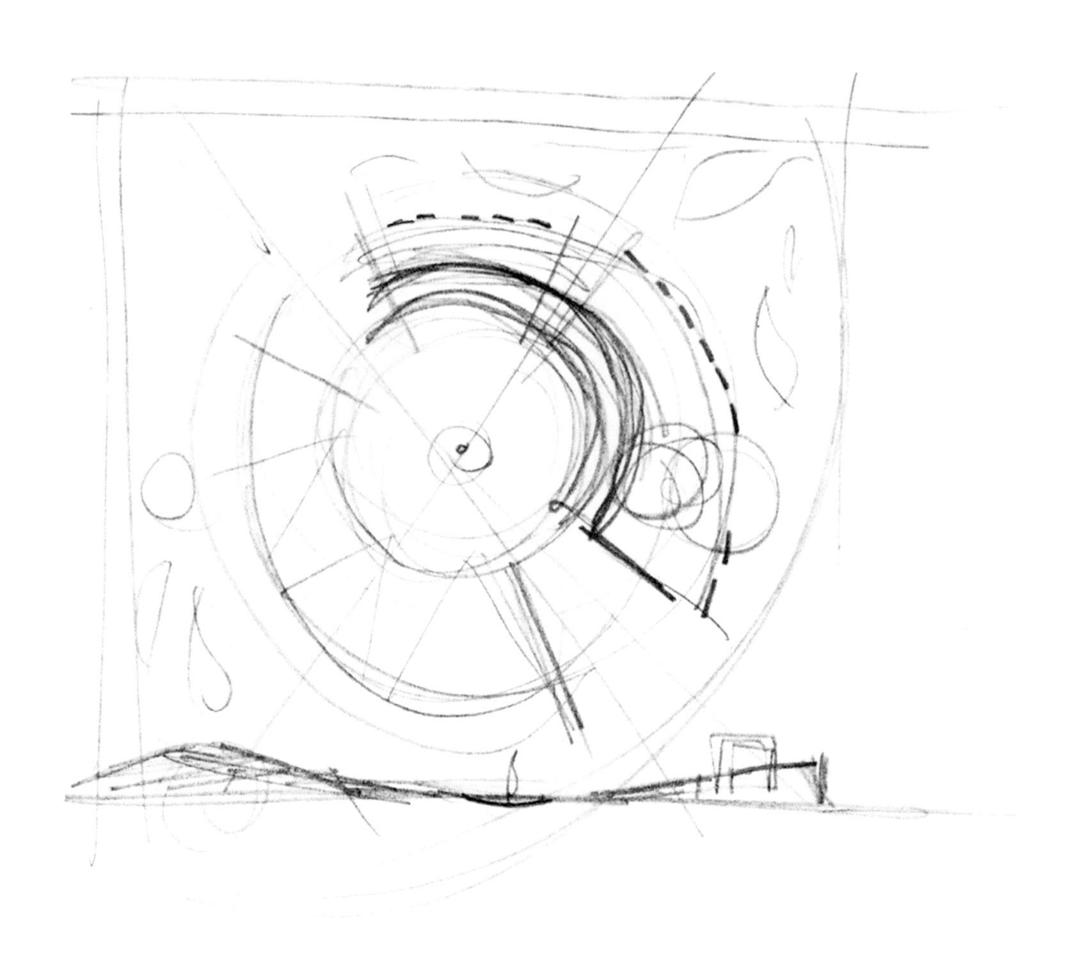

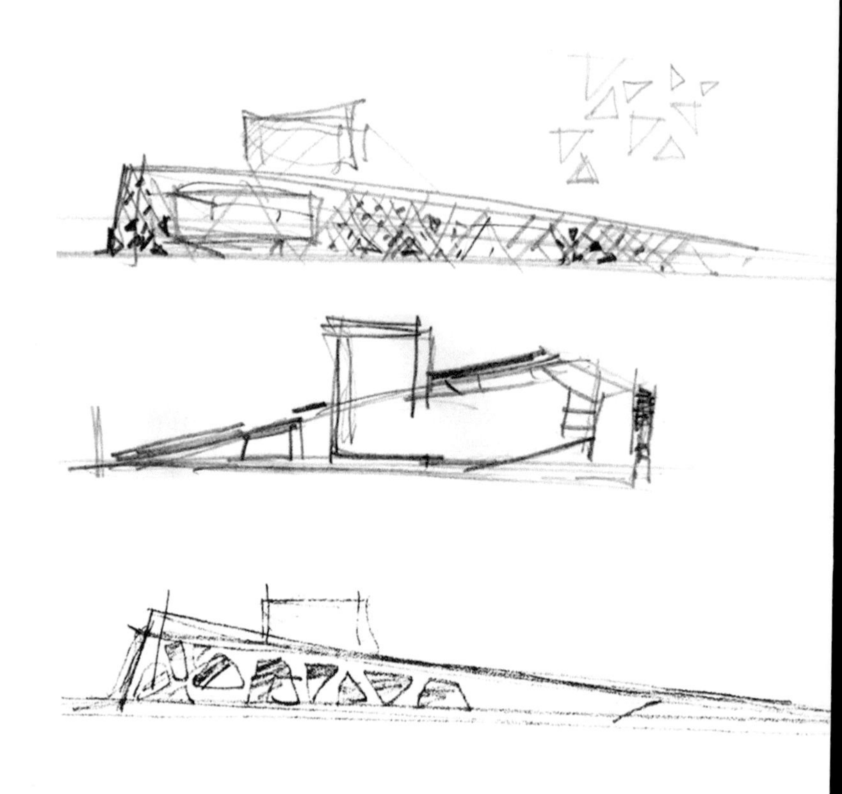

凉山民族文化艺术中心构思草图

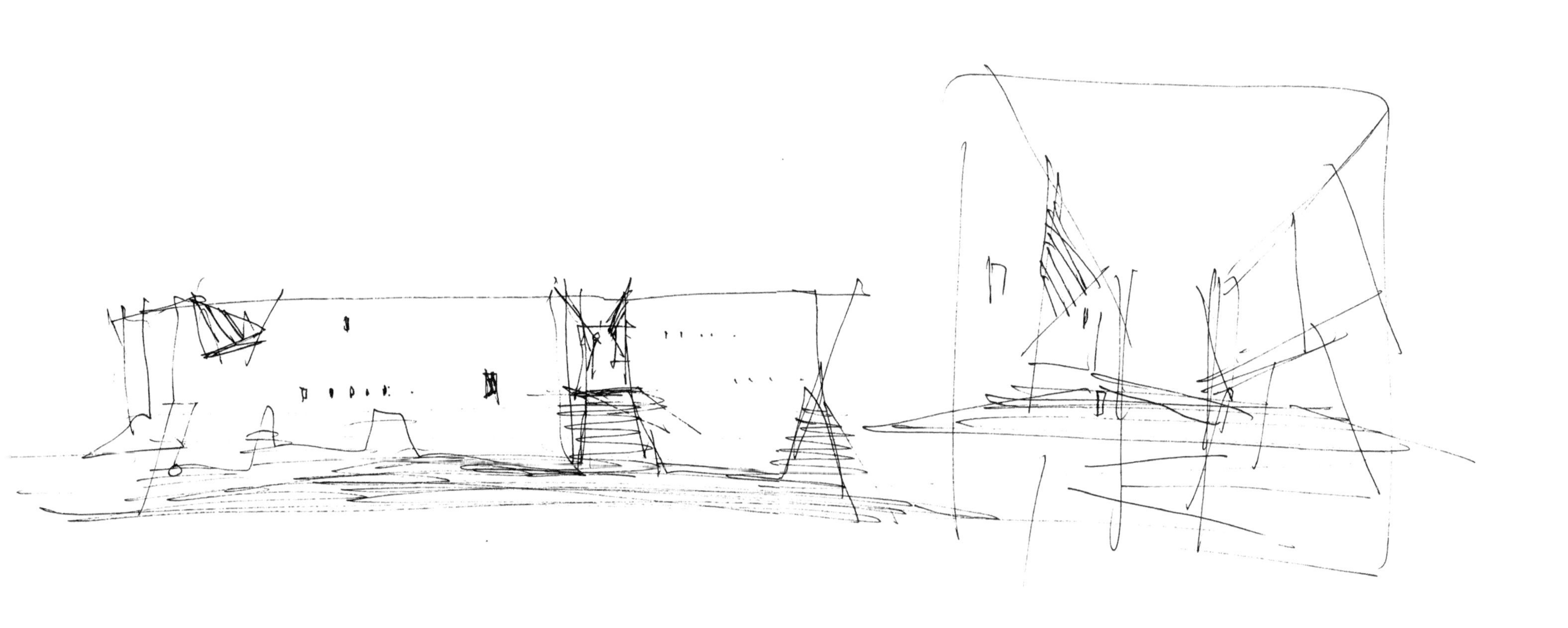

重庆万州三峡移民纪念馆构思草图

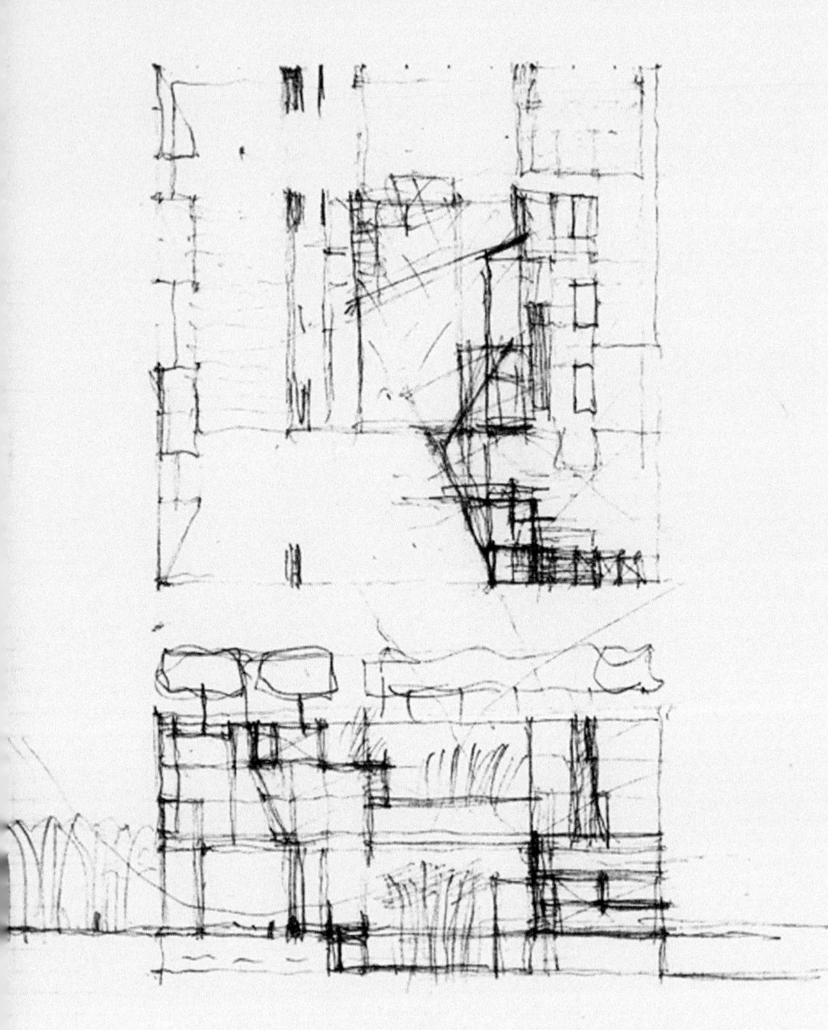

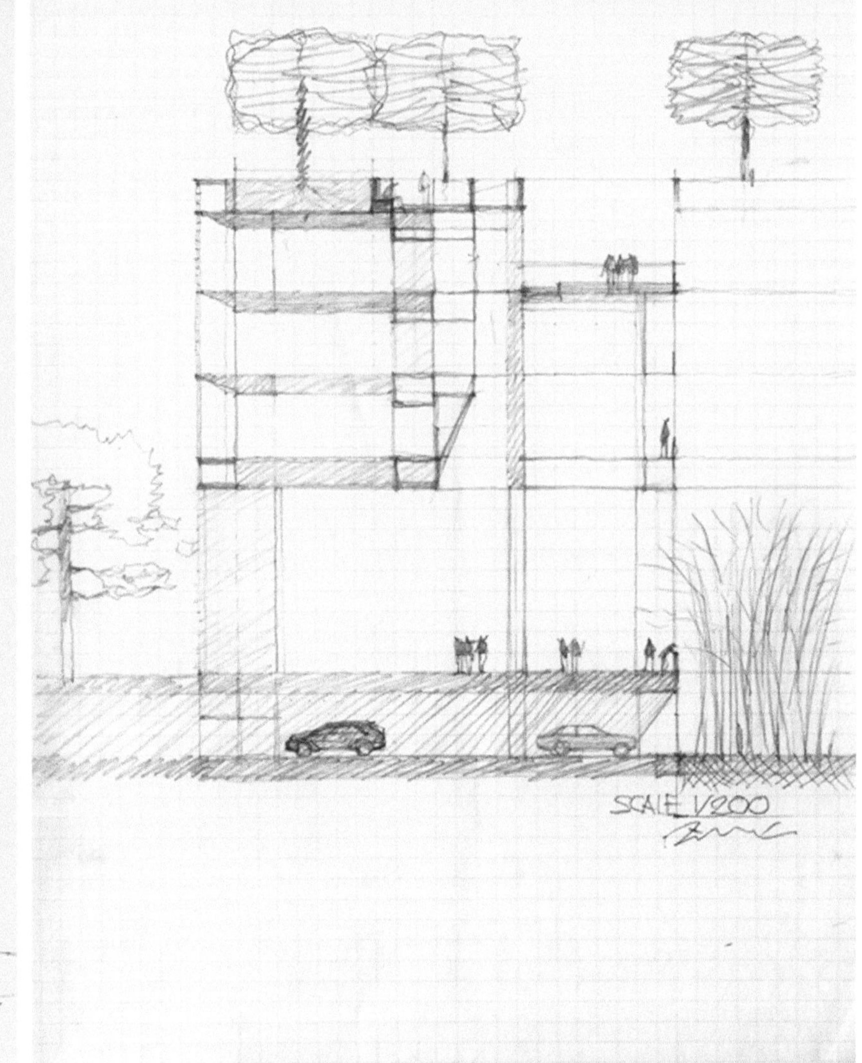

深圳万科中心构思草图

深圳万科中心设计竞赛

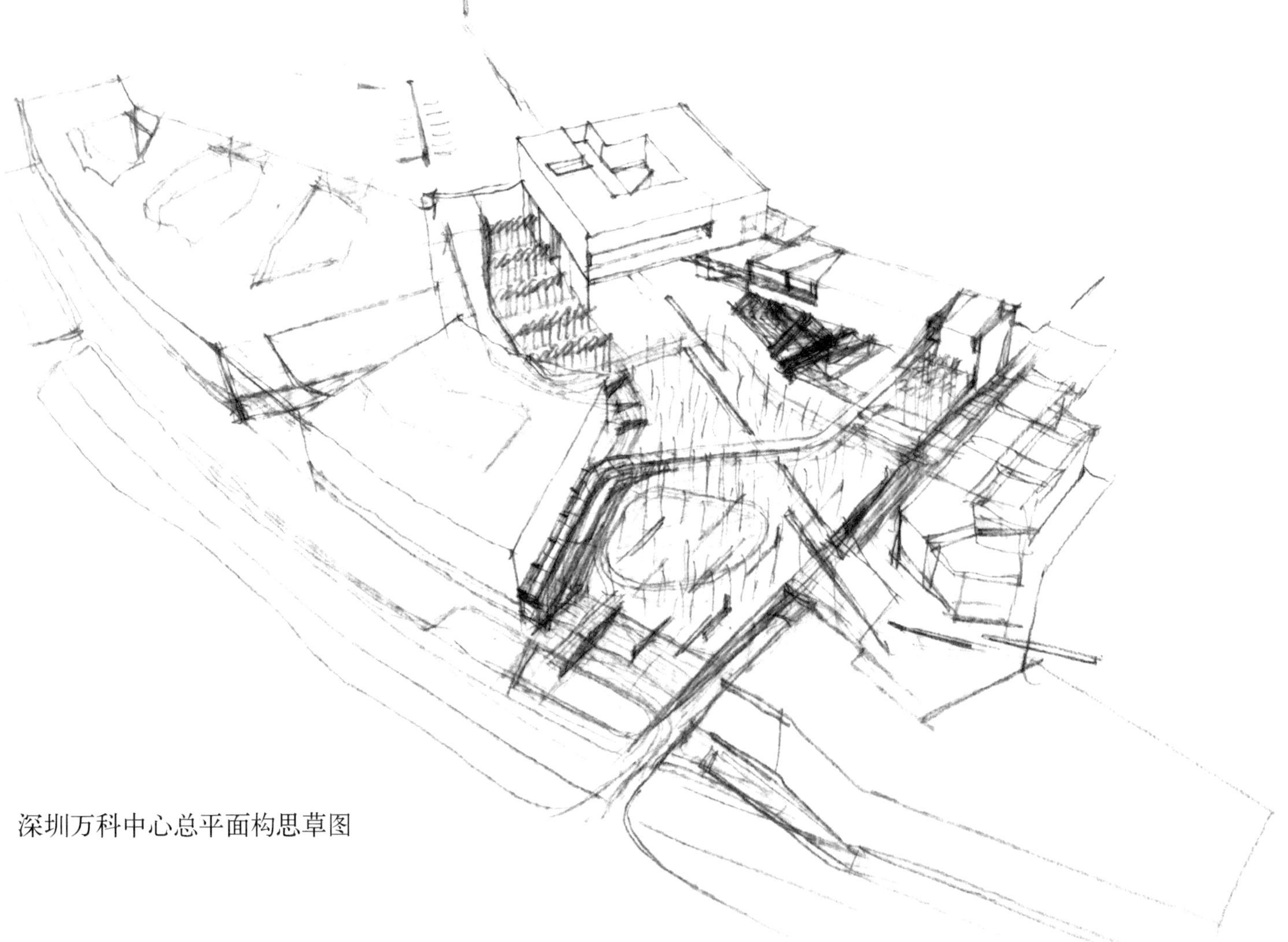

深圳万科中心总平面构思草图

南京佛手湖建筑实践展

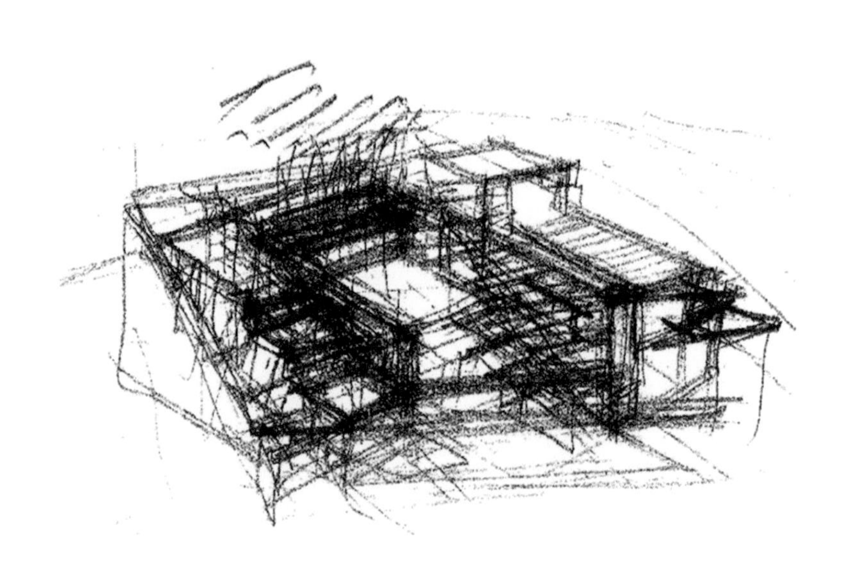

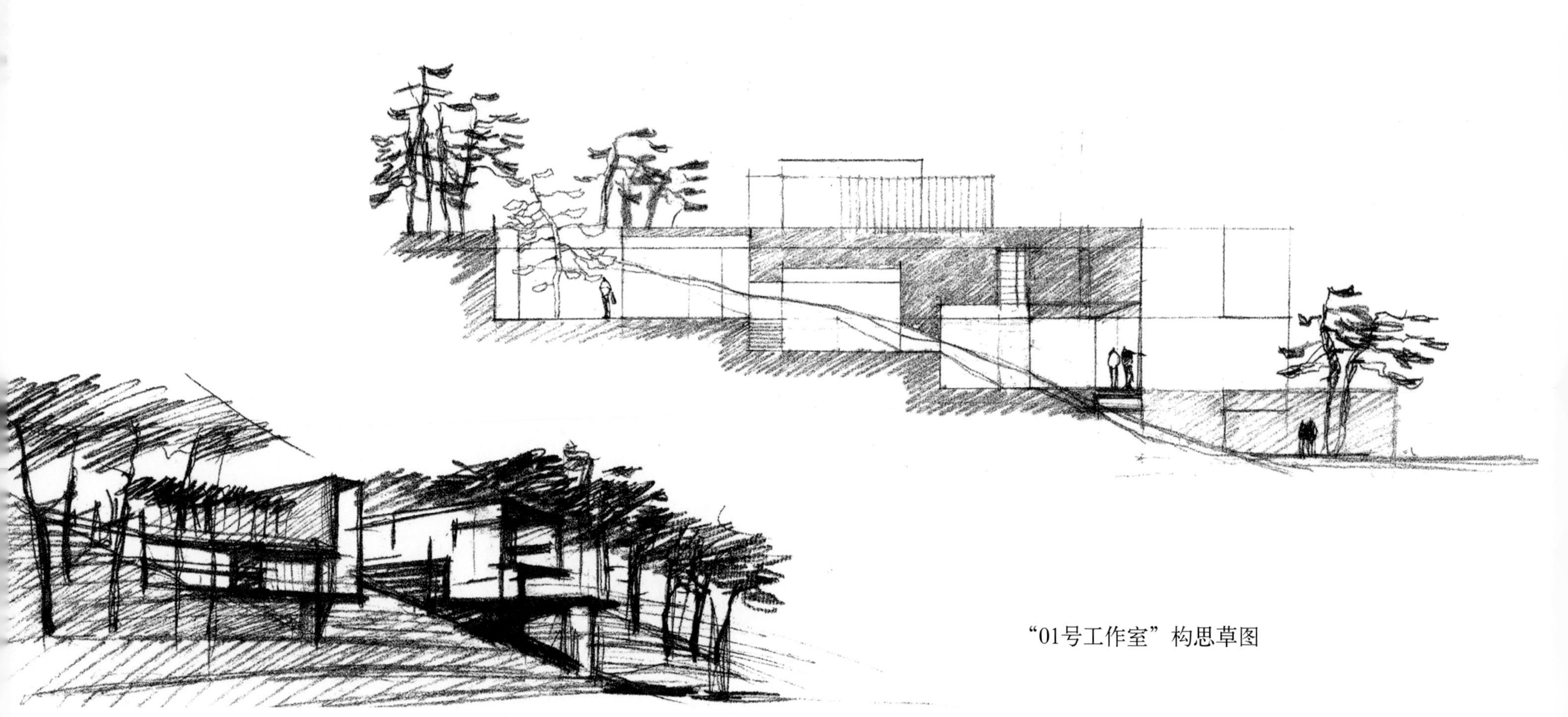

“01号工作室”构思草图

南京佛手湖建筑实践展“01号工作室”构思草图

后记

在本书新版即将修订完稿之际，不免回忆起20年前两位前辈建筑家张开济大师和汪国瑜教授对编纂本书的热情支持、鼓励和从严要求的谆谆教导，深感书中的诸多缺陷愧对了他们的期望。现在自省，时过境迁，随着我国对外开放，经济快速发展和技术进步，书中许多案例已显得陈旧，本不想再版了，但出版社应学生需求望我支持。据此，当然不容推脱。因为榜样在先，记得当年为收集“国内外名家草图作品观摩”的内容，我向汪国瑜教授求索手稿时，先生立即回复：“事关青年教学，意义重大，理当从命”，并约我去清华家中，拿出大量作品任我挑选、拍摄。此后又来信嘱托：“万望择俊定夺，若有失误，将不利于后学”。先生 以重教为己任的治学精神一直让我铭记在心，不敢有所怠慢。张开济大师自策划本书之初就鼎力支持。书出版后，又鼓励以过奖之词，且一再强调铅笔手绘“是每一位建筑师必须具备的基本功。”如今二老已先后作古，为缅怀先辈的教诲，并激励后学，借本书再版之机，特影印了他们的手书，以作纪念。

黄为隽

2014年3月

张开济大师手书

北京市建筑设计研究院

北京市建筑设计研究院

北京市建筑设计研究院

北京市建筑设计研究院

汪国瑜教授手书

清华大学

为民教授：

[illegible]深感荣幸。

[illegible]

第　页

清华大学

[illegible]

以上敬复，即颂

刻佳！

汪国瑜 敬复

十月廿四

第　页

清华大学

为民教授：

大札奉悉。

[illegible]

第　页

清华大学

不知台湾对此有何要求，[illegible]

以上敬复，即颂

夏祺！

[illegible]

汪国瑜 敬复

七月十四

第　页

图书在版编目（CIP）数据

立意·省审·表现 建筑设计草图与手法 /黄为隽著.
北京：中国建筑工业出版社，2014.12（2022.4重印）
ISBN 978-7-112-17499-7

Ⅰ.①立… Ⅱ.①黄… Ⅲ.①建筑设计 Ⅳ.①TU2

中国版本图书馆CIP数据核字(2014)第269767号

责任编辑：李 鸽
装帧设计：肖晋兴
责任校对：姜小莲 关 健

立意·省审·表现
建筑设计草图与手法
黄为隽 著
*
中国建筑工业出版社出版、发行（北京西郊百万庄）
各地新华书店、建筑书店经销
晋兴抒和文化传播制版
北京中科印刷有限公司印刷
*
开本：965×1270毫米 横 1/16 印张：13¼ 字数：344千字
2015年6月第一版 2022年4月第二次印刷
定价：89.00元
ISBN 978-7-112-17499-7
(26699)